高等职业学校"十四五"规划土建类专业立体化新形态教材

建筑装饰施工组织与管理

主　编　余　晖　罗忠萍　吴水珍
副主编　朱　伟　罗　珺　廖　凯　张　强
主　审　汪雄进

华中科技大学出版社
中国·武汉

内 容 简 介

本书精心构建了四大核心模块,分别为建筑装饰工程及建筑装饰企业、建筑装饰工程施工招标投标、单位装饰工程施工组织设计,以及建筑装饰施工项目管理。全书总共涵盖 19 个项目,各项目又细致拆解为多个任务,进行全面、系统的阐述。本书内容深入浅出,通俗易懂,图文并茂,文字简洁,实用性强。书中每个项目结尾都配备了大量紧密结合工程实际的实训案例与习题,助力读者巩固所学知识。

本书是高职高专院校建筑装饰工程技术、建筑工程技术、建筑室内设计及室内艺术设计等相关专业的理想教材,同时也非常适合作为培训机构的教学用书,更是工程技术人员学习参考的优质资料。为了方便读者使用,本书还配备了相关课件,读者可免费获取。

图书在版编目(CIP)数据

建筑装饰施工组织与管理 / 余晖,罗忠萍,吴水珍主编. -- 武汉 : 华中科技大学出版社,2025. 4.
ISBN 978-7-5772-1758-1

Ⅰ. TU767

中国国家版本馆 CIP 数据核字第 2025NQ0841 号

建筑装饰施工组织与管理   余 晖 罗忠萍 吴水珍 主编
Jianzhu Zhuangshi Shigong Zuzhi yu Guanli

策划编辑:胡天金
责任编辑:叶向荣
封面设计:金 刚
责任校对:阮 敏
责任监印:朱 玢
出版发行:华中科技大学出版社(中国·武汉)   电话:(027)81321913
　　　　　武汉市东湖新技术开发区华工科技园   邮编:430223
录　　排:华中科技大学惠友文印中心
印　　刷:武汉市洪林印务有限公司
开　　本:787mm×1092mm　1/16
印　　张:19.25
字　　数:480 千字
版　　次:2025 年 4 月第 1 版第 1 次印刷
定　　价:49.80 元

本书若有印装质量问题,请向出版社营销中心调换
全国免费服务热线:400-6679-118　竭诚为您服务
版权所有　侵权必究

前　言

本书是在多年工学结合人才培养的深厚实践基础上精心编写而成的,深度融合了建筑装饰行业的前沿发展趋势与高等职业教育教学改革的全新理念。其核心聚焦于建筑装饰工程施工组织的基本规律,巧妙融入现代科学的计划管理知识体系,将建筑装饰工程及建筑装饰企业、建筑装饰工程招标投标、流水施工原理、施工网络计划技术、施工组织设计及项目管理等关键内容有机整合,形成了一个系统且实用的知识架构。

在结构编排上,全书分为四大模块:建筑装饰工程及建筑装饰企业、建筑装饰工程施工招标投标、单位装饰工程施工组织设计,以及建筑装饰施工项目管理。这四大模块进一步细分为19个项目,每个项目又拆解为多个具体任务,进行了全面且系统的阐述,以确保读者能够轻松理解和掌握复杂的知识要点。为了强化理论与实践的结合,每个项目后都配备了大量紧密联系工程实际的实训案例与习题。这些内容以图文并茂的形式呈现,文字简洁易懂,突出实用性,帮助读者迅速将所学理论知识应用于实际工作场景。

本书适用于高职高专院校建筑装饰工程技术、建筑工程技术、建筑室内设计及室内艺术设计等相关专业的教学,同时也可作为培训机构的教学参考资料,以及工程技术人员自我提升的学习宝典。本书内容及学时安排见下表。

序号	模块	项目	学时(课时)
1	建筑装饰工程及建筑装饰企业	建筑装饰工程	4 课时
2		建筑装饰的建设程序及施工程序	
3		建筑装饰施工企业	
4	建筑装饰工程施工招标投标	建筑装饰工程施工招标投标相关知识	10 课时
5		建筑装饰工程施工招标	
6		建筑装饰工程施工投标	
7		建筑装饰工程项目开标、评标和中标	
8	单位装饰工程施工组织设计	建筑装饰工程施工组织设计概述	44 课时
9		编制进度计划——横道图	
10		编制进度计划——网络图	
11		编制施工组织设计文件	
12	建筑装饰施工项目管理	建筑装饰施工项目管理基本知识	32 课时
13		建筑装饰施工项目合同管理	
14		建筑装饰施工项目技术管理	
15		建筑装饰施工项目进度管理	
16		建筑装饰施工项目质量管理	

续表

序号	模块	项目	学时(课时)
17	建筑装饰施工项目管理	建筑装饰施工项目成本管理	32课时
18		建筑装饰施工项目安全管理	
19		建筑装饰施工项目绿色施工与环境管理	

  本书由江西建设职业技术学院余晖、罗忠萍、吴水珍担任主编,江西建设职业技术学院朱伟、罗珺、廖凯,以及金昌建设有限公司张强担任副主编,余晖负责统稿,江西建设职业技术学院汪雄进担任主审。

  本书结合现行规范进行编写,同时我们也参考了众多同行的著作,也得到了行业企业专家、高等院校教师的宝贵意见,在此致以诚挚的感谢。编写团队既有教学经验丰富的教师,也有建筑装饰设计、施工领域的专家学者。此书得到金昌建设有限公司的大力支持,金昌建设有限公司的张强参与编写项目案例,使得本书既能满足教学实际需求,又能紧密贴合建筑装饰工程的工作实际。除参考文献中所列署名作者外,部分作品因名称和作者难以详细核实,未能注明,在此深表歉意。

  我们期望《建筑装饰施工组织与管理》能成为建筑装饰行业从业人员的重要参考书籍,为他们的学习和工作提供有力支持。同时,由于编者水平有限,书中难免存在疏漏,期待广大读者提出宝贵的意见和建议,以便我们不断改进和完善。

编者
2025 年 1 月

目 录

模块一 建筑装饰工程及建筑装饰企业

项目一 建筑装饰工程 ··· (3)
    任务一 建筑装饰工程的含义 ··· (3)
    任务二 建筑装饰工程的内容及施工范围 ··································· (3)
    任务三 建筑装饰工程的分类 ··· (6)
    任务四 建筑装饰产品及工程施工的特点 ··································· (6)

项目二 建筑装饰的建设程序及施工程序 ····································· (9)
    任务一 建设项目的分类及其划分 ··· (9)
    任务二 建设项目的建设程序 ··· (12)
    任务三 建筑装饰工程的施工程序 ··· (13)

项目三 建筑装饰施工企业 ·· (17)
    任务一 建筑装饰施工企业的含义、性质及任务 ··························· (17)
    任务二 建筑装饰企业的资质等级和业务范围 ····························· (18)

模块二 建筑装饰工程施工招标投标

项目一 建筑装饰工程施工招标投标相关知识 ······························ (23)
    任务一 建筑装饰工程施工招标投标的概念 ······························· (23)
    任务二 建筑装饰工程施工招标投标的基本原则 ··························· (23)
    任务三 建设工程招标投标项目的范围 ····································· (26)

项目二 建筑装饰工程施工招标 ·· (29)
    任务一 招标人 ··· (29)
    任务二 招标方式 ··· (30)
    任务三 自行招标和委托招标 ··· (31)
    任务四 招标程序 ··· (31)
    任务五 招标信息的发布与修正 ··· (40)

项目三　建筑装饰工程施工投标 (45)
- 任务一　投标人及联合体投标 (45)
- 任务二　投标行为要求 (47)
- 任务三　建筑装饰工程施工投标主要工作流程 (48)
- 任务四　建筑装饰工程施工投标文件 (49)
- 任务五　投标保证金的设置 (50)

项目四　建筑装饰工程项目开标、评标和中标 (55)
- 任务一　建筑装饰工程开标程序 (55)
- 任务二　建筑装饰工程评标程序 (57)
- 任务三　建筑装饰工程中标的确定 (60)

模块三　单位装饰工程施工组织设计

项目一　建筑装饰工程施工组织设计概述 (69)
- 任务一　建筑装饰工程施工组织设计的概念 (69)
- 任务二　建筑装饰工程施工组织设计的内容 (69)
- 任务三　建筑装饰工程施工组织设计的作用 (70)
- 任务四　建筑装饰工程施工组织设计的分类 (71)
- 任务五　建筑装饰工程施工组织设计编制原则 (72)
- 任务六　建筑装饰工程施工组织设计的实施 (73)

项目二　编制进度计划——横道图 (75)
- 任务一　流水施工基础知识 (75)
- 任务二　流水施工主要参数 (81)
- 任务三　流水施工组织方式 (89)

项目三　编制进度计划——网络图 (103)
- 任务一　网络计划技术基本知识 (103)
- 任务二　双代号网络图 (107)
- 任务三　单代号网络图 (130)
- 任务四　双代号时标网络计划 (138)
- 任务五　网络计划优化 (142)

项目四　编制施工组织设计文件 (157)
- 任务一　建筑装饰工程施工组织设计的编制依据和程序 (157)
- 任务二　工程概况 (158)
- 任务三　施工方案的选择 (159)
- 任务四　施工进度计划的编制 (169)

任务五　施工准备工作计划 …………………………………………………… (175)
　　任务六　各项资源需用量计划 …………………………………………………… (177)
　　任务七　施工平面布置图设计 …………………………………………………… (179)
　　任务八　主要技术组织措施 ……………………………………………………… (182)
　　任务九　某单位装饰工程施工组织设计实例 …………………………………… (194)

模块四　建筑装饰施工项目管理

项目一　建筑装饰施工项目管理基本知识 ………………………………………… (221)
　　任务一　建筑装饰施工项目管理的基本概念 …………………………………… (221)
　　任务二　建筑装饰施工项目管理组织机构的设置 ……………………………… (224)
　　任务三　施工项目负责人 ………………………………………………………… (229)

项目二　建筑装饰施工项目合同管理 ……………………………………………… (233)
　　任务一　建筑装饰工程施工合同的特点 ………………………………………… (233)
　　任务二　建筑装饰工程施工合同的作用 ………………………………………… (234)
　　任务三　建筑装饰工程施工合同文件的组成 …………………………………… (234)
　　任务四　建筑装饰工程施工合同管理内容 ……………………………………… (235)
　　任务五　建筑装饰工程施工索赔 ………………………………………………… (237)

项目三　建筑装饰施工项目技术管理 ……………………………………………… (246)
　　任务一　技术管理的基本概念 …………………………………………………… (246)
　　任务二　主要技术管理制度 ……………………………………………………… (247)
　　任务三　主要技术管理工作内容 ………………………………………………… (248)

项目四　建筑装饰施工项目进度管理 ……………………………………………… (251)
　　任务一　建筑装饰施工项目进度控制的基本概念 ……………………………… (251)
　　任务二　建筑装饰施工项目进度计划的比较方法 ……………………………… (252)
　　任务三　建筑装饰施工项目进度计划的检查与调整 …………………………… (257)

项目五　建筑装饰施工项目质量管理 ……………………………………………… (263)
　　任务一　工程质量管理的基本概念 ……………………………………………… (263)
　　任务二　建筑装饰施工项目质量控制 …………………………………………… (264)
　　任务三　建筑装饰施工项目质量验收 …………………………………………… (271)

项目六　建筑装饰施工项目成本管理 ……………………………………………… (281)
　　任务一　建筑装饰施工项目成本的基本概念 …………………………………… (281)
　　任务二　建筑装饰施工项目成本管理的内容 …………………………………… (283)
　　任务三　降低建筑装饰施工项目成本的途径 …………………………………… (285)

项目七　建筑装饰施工项目安全管理 …………………………………………………… (289)
　　任务一　建筑装饰施工项目安全管理的基本概念 ………………………………… (289)
　　任务二　建筑装饰施工项目安全管理的原则 ……………………………………… (289)
　　任务三　建筑装饰施工项目安全管理措施 ………………………………………… (291)

项目八　建筑装饰施工项目绿色施工与环境管理 ……………………………………… (297)
　　任务一　施工项目绿色施工原则 …………………………………………………… (297)
　　任务二　施工项目环境保护 ………………………………………………………… (298)

参考文献 ………………………………………………………………………………… (300)

模块一　建筑装饰工程及建筑装饰企业

学习描述

教学内容

本模块主要介绍了建筑装饰工程、建筑装饰企业的相关知识;阐述了建设项目程序及其相互间的关系;介绍了建筑装饰工程的施工程序。

教学要求

引导学生清晰了解建筑装饰工程的概念、内容、施工范围及分类;深入认识建筑装饰产品及其施工所具备的特点;牢固掌握建设项目的分类及划分细则;精准掌握建设项目的建设流程以及建筑装饰工程的施工程序;充分了解建筑装饰企业的定义、性质、主要任务、资质等级划分以及业务覆盖范围。

实践环节

安排学生深入熟悉建筑装饰工程施工的特点,全面了解与建筑装饰工程相关的法律法规及行业标准。

【任务案例】

背景:

某建筑装饰工程施工企业目前的资质等级为三级,在竞争日益激烈的建筑市场中,为了能够承接更多更大规模的项目,提升企业的竞争力和市场份额,企业决定向二级资质发起冲击。该企业想要从三级资质水平提升为二级资质水平。

问题:

该企业需要达到哪些标准?

项目一　建筑装饰工程

任务一　建筑装饰工程的含义

建筑装饰工程也可称为建筑装饰装修工程。它是在建筑主体结构施工完成后，为保护建筑物的主体结构、完善其物理性能与使用功能，并美化建筑物，而采用装饰装修材料或饰物对建筑物的内外表面及空间进行的各种处理过程。

"建筑装饰""建筑装修"和"建筑装潢"在实际应用中常被提及，它们之间既有联系又有区别。

一、建筑装饰

建筑装饰侧重通过装饰材料、色彩、造型等手段，对建筑物的内外表面及空间进行美化处理，以提升建筑的艺术氛围和视觉效果，如墙面涂饰、地面铺装图案设计等。

二、建筑装修

建筑装修着重于对建筑空间的功能完善和细节处理，除基层处理、龙骨设置等工程外，还包括对水电、暖通等设施的安装与布置，以及门窗、厨卫等空间的改造与优化，以满足人们的使用需求。

三、建筑装潢

建筑装潢的内涵已从原本的裱画延伸至对建筑整体形象的包装与塑造，涵盖了建筑装饰和建筑装修的部分内容，更强调通过各种装饰元素和设计手法，打造出具有独特风格和品质的建筑空间，如商业空间的整体风格设计、品牌形象展示等。

任务二　建筑装饰工程的内容及施工范围

一、建筑装饰工程的内容

建筑装饰工程的内容包括抹灰工程、外墙防水工程、门窗工程、吊顶工程、轻质隔墙工程、饰面板工程、饰面砖工程、幕墙工程、涂饰工程、裱糊与软包工程、细部工程、建筑地面工程等。

（一）抹灰工程

抹灰工程包括一般抹灰工程、装饰抹灰工程等，主要用于对建筑物的墙面、顶棚等进行涂抹，起到保护和装饰作用。

（二）外墙防水工程

外墙防水工程通过各种防水材料和工艺，对建筑物外墙进行防水处理，防止雨水等渗透。

（三）门窗工程

门窗工程涵盖各类材质和形式的门、窗的制作与安装，如木门、铝合金窗等，须满足采光、通风、隔声等功能及美观要求。

（四）吊顶工程

吊顶工程利用不同的龙骨和面层材料，如轻钢龙骨、石膏板等，对室内顶部进行装饰，可起到美化空间、隐藏管线等作用。

（五）轻质隔墙工程

轻质隔墙工程采用石膏砌块、板材等材料，在室内划分空间，具有自重轻、安装方便等特点。

（六）饰面板工程

饰面板工程包括天然石材、人造石材、金属板等饰面板的安装，用于墙、柱面等装饰，提升建筑美观度。

（七）饰面砖工程

饰面砖工程将陶瓷砖、玻化砖等饰面砖粘贴在墙面、地面等部位，具有装饰性强、易清洁等优点。

（八）幕墙工程

幕墙工程包括玻璃幕墙工程、金属幕墙工程等。幕墙是建筑物的外围护结构，既具有装饰性，又有一定的功能性。

（九）涂饰工程

涂饰工程对建筑物的墙面、顶棚等表面进行涂料涂刷或喷涂，起到保护和美化作用，有乳胶漆、硅藻泥等多种涂料可供选择。

（十）裱糊与软包工程

裱糊与软包工程在室内墙面、顶棚等表面裱糊壁纸、墙布或进行软包处理，增加室内的温馨感和美观度。

（十一）细部工程

细部工程包含橱柜、栏杆、扶手、花饰等的制作与安装，注重细节处理，提升建筑装饰的整体品质。

（十二）建筑地面工程

建筑地面工程涉及地砖、木地板、地毯等各种地面材料的铺设，须满足平整、耐磨、防滑等要求。

二、建筑装饰工程的施工范围

建筑装饰工程的施工范围十分广泛，主要涵盖建筑的室外部分和室内部分，具体如下。

（一）室外部分

1. 外墙面

包括外墙面涂料的涂刷、幕墙（如玻璃幕墙、石材幕墙等）施工，以及外墙防水涂料、保温涂料、防火涂料的涂刷，还有外墙石膏线条的制作与安装。

2. 建筑入口

对大门、门廊等进行装饰，如安装装饰性门套、铺设入口处的特色地面材料等。

3. 台阶与坡道

进行台阶的铺砖、石材贴面，或者对坡道表面进行防滑处理与装饰性涂装。

4. 门窗及橱窗

除了门窗的安装，还包括门窗套的制作、橱窗的设计与布置，以及窗帘盒的安装等。

5. 檐口与雨篷

包括檐口线条的装饰、雨篷的造型设计与饰面处理，如安装装饰板、涂刷涂料等。

6. 屋顶

进行屋顶的防水处理后，可能还需进行屋顶花园的打造、太阳能板等设施的装饰性安装。

7. 建筑立柱

对立柱进行贴面、雕花、外挂装饰等处理，增强建筑的美观性。

8. 室外地面

包括地砖、石材、透水材料等的铺设（如广场地面的铺装），以及室外景观小品周围的地面处理。

（二）室内部分

1. 顶棚

包括各类吊顶的安装，如石膏板吊顶、铝合金吊顶、集成吊顶等，以及顶棚的涂料涂刷、装饰线条的安装。

2. 内墙面

进行墙面的抹灰、刮腻子、涂料涂刷，或者铺贴壁纸、墙布、瓷砖等饰面材料。

3. 隔墙与隔断

安装各种材质的隔墙和隔断，如玻璃隔断、轻钢龙骨石膏板隔断、木质隔断等，并进行相应的装饰处理。

4. 梁与柱

对梁和柱进行包装，如使用木料、石材或装饰板材进行包裹，或者进行特殊的造型设计与彩绘。

5. 门窗

包括门窗的安装、门窗五金配件的安装与更换，以及门窗玻璃的贴膜、装饰等。

6. 地面

除铺设地板、地砖、地毯以外，还包括地面的找平、自流平施工等。

7. 楼梯

包括楼梯踏步的铺砖、铺石材，栏杆与扶手的安装与装饰，以及楼梯间墙面和顶棚的装饰。

8. 配套设施

包括灯具、洁具、开关插座、五金挂件等的安装,以及橱柜、衣柜等家具的定制与安装。

任务三 建筑装饰工程的分类

一、按装饰部位分类

(一) 室内装饰工程

室内装饰工程内容包括:建筑地面工程涉及的楼地面;墙柱面工程中的墙柱面、墙裙、踢脚线;吊顶工程对应的顶棚;门窗工程里的室内门窗;楼梯及栏杆工程中的楼梯及栏杆,以及各类室内装饰设施等。

(二) 室外装饰工程

室外装饰工程内容包括:外墙面工程的外墙面;饰面板(砖)工程相关的外墙裙、腰线;屋面工程的屋面;幕墙工程的檐口、檐廊;以及阳台、雨篷、遮阳篷、遮阳板、外墙门窗、台阶、散水、落水管等,还涵盖其他室外装饰部分。

(三) 环境装饰工程

环境装饰工程涉及建筑周边的景观小品、绿化布置、室外休闲设施等与建筑整体环境相关的装饰内容。

二、按时间分类

(一) 一次装饰工程

一次装饰工程是指在建筑物主体结构完成后,依据建筑设计装饰施工图进行的全面室内外装饰施工,例如内墙面的一般抹灰、墙面喷刷涂料,外墙面的水刷石、贴面砖施工等,也可称为初次装修。

(二) 二次装饰工程

二次装饰工程指在建筑物已经完成一次装饰工程后,因用户新的使用需求或功能改变等,对建筑物的局部或全部进行再次装饰的工程,如对已装修房间进行重新布局、更换装饰材料等。

任务四 建筑装饰产品及工程施工的特点

一、建筑装饰产品的特点

(一) 固定性

建筑装饰产品与建筑物紧密结合,一旦施工完成便在空间位置上固定下来,无法像一般工业产品那样随意移动,这是由建筑的特性所决定的,其位置的固定性对设计和施工都提出了特定要求。

(二)时间性

建筑装饰产品的时间性包括耐久性与周期性。建筑装饰产品须具备一定的耐久性,但不必与建筑主体结构寿命完全一致。随着时代发展,建筑装饰风格不断更新,且长期维持装饰效果面临诸多困难,其使用周期往往会根据市场需求、建筑功能变化等因素而有所不同,需要在设计时充分考虑其合理的使用年限和更新周期。

(三)多样性

基于不同的建筑风格、结构形式以及多样化的装饰设计需求,每个建筑的装饰产品都具有独特性,难以像工业产品那样进行标准化批量生产。这种多样性不仅体现在外观造型上,还包括材料选择、工艺手法等多个方面,要求在设计和施工中充分考虑个性化需求。

二、建筑装饰工程施工的特点

(一)建筑性

建筑装饰工程是建筑整体工程不可或缺的部分,是建筑施工的延续和深化。施工过程中,任何工艺操作都要以保护建筑结构主体安全和确保使用功能为根本原则,不能仅追求装饰艺术效果而忽视对建筑结构的维护,要实现装饰与建筑结构的有机统一。

(二)规范性

建筑装饰工程作为正式的工程建设项目,必须严格遵循国家和行业现行的施工及验收规范。从材料、构配件的选用,到施工工艺、工序的处理,再到工程质量的检查验收,都要确保符合相关标准,保证工程质量的可靠性和安全性。

(三)专业性

建筑装饰工程施工复杂程度高,虽传统上存在工程量大、工期长、劳动量大和造价高的特点,但近年来随着行业发展,材料和技术不断创新,工程构件预制化、装饰项目及配套设施专业化程度越来越高,极大地提高了生产效率,推动了建筑装饰工程向工业化、专业化方向发展。

(四)严肃性

建筑装饰工程与使用者的生活和工作密切相关,施工操作必须严格按照规程进行,部分关键工艺要达到较高专业水准。由于很多关键工序处于隐蔽部位,质量问题易被忽视或掩盖,所以要求施工人员必须经过专业培训,持有相关证书上岗,具备良好的职业道德和专业技能,以保障工程质量和安全。

(五)技术经济性

建筑装饰工程的使用功能、艺术效果以及工程造价,受装饰材料、现代声光电及控制系统等设备影响巨大。在当前建筑项目中,结构、安装、装饰的费用比例会因项目类型不同而有所差异,如国家重点工程、高级宾馆等高级建筑装饰工程,装饰费用占总投资比例往往较高。随着科技进步,新材料、新工艺、新设备不断涌现,装饰工程的造价可能还会进一步上升,因此在施工中要注重技术与经济的平衡,实现效益最大化。

习 题

一、名词解释

建筑装饰工程

二、填空题

1. 建筑装饰产品的特点为_____、_____和_____。
2. 建筑装饰装修工程施工的特点为_____、_____、_____、_____和_____。

三、判断题

建筑装饰产品要求与建筑主体结构的寿命一样长。（　　）

四、简答题

简述建筑装饰工程的内容。

项目二　建筑装饰的建设程序及施工程序

任务一　建设项目的分类及其划分

一、项目

(一) 项目的定义

在特定的约束条件下,如明确的时间限制、预算限制及严格的质量标准等,为创造某一独特的产品、服务或成果而开展的一次性工作过程。

(二) 项目的种类

项目通常按其最终成果或专业特征进行划分。按专业特征分,项目主要有科学研究项目、工程项目、航天项目、维修项目、咨询项目等,且可依据实际需求对各类项目进一步细分。工程项目是项目中占比最大的一类,按专业类别可分为建筑工程、公路工程、水电工程、港口工程、铁路工程等;按管理差异可划分为建设项目、设计项目、工程咨询项目、施工项目等。

(三) 项目的四大特征

1. 项目的一次性(单一性)

这是项目的核心特征,也可称作单一性。就任务内容和最终成果而言,不存在完全相同的另一项任务。一次性并非指项目历时短,因为许多大型项目可能持续数年。但所有项目都有有限的历时,并非永无止境地工作。当项目目标达成或因无法实现而终止时,项目即结束。

2. 项目目标的确定性

项目作为一次性任务,必然有明确目标,这些目标一般由成果性目标与约束性目标构成。成果性目标是项目的终极目标,即项目管理主体完成任务时要实现的目的,体现为项目的功能性要求。约束性目标即限制条件,是实现成果性目标的客观及人为约束,通常包括限定时间、投资和质量(即项目的三大目标),是项目管理的核心内容。

3. 项目的整体性

项目不是孤立的活动,而是一系列活动的有机结合,它们共同形成了一个不可分割的完整过程。强调整体性就是注重项目的过程性和系统性,确保局部服从整体,阶段服从全过程。

4. 项目的生命周期性

项目的生命周期性由项目的一次性决定,项目有明确的起始、实施和终结过程。一般项目的生命周期可分为三个阶段:一是前期规划部署阶段;二是实施阶段,根据前期规划组织投入要素、实现目标;三是终结阶段,涵盖项目的总结、收尾和清理工作。

二、建设项目

(一)建设项目的定义

建设项目也被称作基本建设项目,是指在特定的时间、资源、质量等约束条件下,投入一定数量的资金、实物资产及各类要素,具备明确的预期经济与社会效益目标,遵循一系列严格的研究决策、立项审批、勘察设计、施工建设等规范程序,最终形成固定资产或达成特定建设成果的一次性建设活动。

(二)建设项目的分类

依据不同的维度,建设项目的分类方式具体如下。

1. 按建设项目的建设性质分类

1)新建项目

新建项目指从无到有,"平地起家"全新开始建设的项目,即在原有固定资产为零的基础上开展投资建设的项目;或者对原有建设项目重新进行全面的总体设计,在扩大建设规模后,其新增固定资产价值超出原有固定资产价值三倍及以上的建设项目。新建项目通常意味着全新的建设活动,能为经济社会发展带来新的生产力和功能。

2)扩建项目

扩建项目指原有企业、事业单位,为了进一步扩大生产能力、提升经济效益或拓展业务规模,而兴建依附于原单位的工程项目。这类项目以原单位为基础,通过增加设备、场地、人员等资源,实现规模的扩张和业务的增长。

3)改建项目

改建项目指原有企业、事业单位,出于提高生产效率、优化产品质量、调整产品方向等目的,对原有设备、工艺流程进行技术改造升级的项目。改建项目可以是对局部环节的改进,也可以是对整体生产体系的重新规划,以适应市场需求和技术发展的变化。

4)迁建项目

迁建项目指原有企业、事业单位,由于城市规划调整、环境保护要求、资源分布变化等各种原因,搬迁至其他地方进行建设的项目。无论迁建后是否维持原有规模,均归类为迁建项目。迁建过程中可能涉及生产设备的拆卸、运输、重新安装调试,以及人员的调配等工作。

5)恢复项目

恢复项目指企业、事业单位的固定资产因遭受自然灾害(如地震、洪水、火灾等)、战争破坏等不可抗力因素,导致部分或全部被破坏报废,而后又投入资金进行恢复建设的项目。若在恢复建设的同时进行了扩建,应按照扩建项目进行归类统计。恢复项目旨在恢复原有生产能力和功能,保障企业和单位的正常运营。

2. 按建设项目在国民经济中的用途分类

1)生产性建设项目

生产性建设项目指直接服务于物质生产活动或满足物质生产需求的建设项目,主要涵盖工业建设(包括各类制造业、采矿业建设等)、农业建设(如农田水利设施建设、农产品加工基地建设等)、农林水利气象建设(水利工程、气象监测设施建设等)、邮电运输建设(包括通信网络建设和铁路、公路、港口、机场等交通设施建设)、建筑业建设(建筑施工企业的生产设施建设等)、地质资源勘探建设(矿产资源勘探项目等)等领域。生产性建设项目对推动国民经济的物质生产和产业发展起着关键作用。

2) 非生产性建设项目

非生产性建设项目一般是指用于满足人民群众物质和文化生活需求的建设项目,包括住宅建设(普通商品房、保障性住房建设等)、文教卫生建设(学校、图书馆、医院、体育馆等公共服务设施建设)、科学实验研究建设(科研机构的实验室、试验基地建设等)、公用事业建设(城市供水、供电、供气、污水处理等基础设施建设)、行政建设(政府办公场所、公共管理机构设施建设等)。非生产性建设项目对于提高人民生活质量、促进社会公共服务水平提升具有重要意义。

3. 按建设项目的建设规模分类

根据项目的规模大小、投资总量以及其他相关指标,将建设项目划分为大型项目、中型项目和小型项目。针对不同行业的工业建设项目和非工业建设项目,国家发展和改革委员会、住房和城乡建设部、财政部等相关部门制定了明确且具有针对性的大、中、小型划分标准。这些标准会随着经济社会的发展、行业技术的进步以及国家政策的调整而适时更新,以确保建设项目的分类管理更加科学合理。在实际操作中,应依据最新的标准文件对建设项目的规模进行准确划分和界定。

(三)建设项目的划分

一个建设项目,依据现行的建筑工程质量验收规范,可划分为单位(子单位)工程、分部(子分部)工程、分项工程和检验批。

1. 单位(子单位)工程

单位工程是具备独立施工条件,并且能够形成独立使用功能的建筑物或构筑物。当建筑规模较大的单位工程,其内部某些部分能够独立发挥使用功能时,可将这部分认定为一个子单位工程。例如在工业建设项目中,各个独立的生产车间、办公大楼、实验大楼等;在民用建设项目中的教学楼、图书馆、宿舍楼等,均可以看作一个子单位工程。子单位工程的划分有助于对大型建筑项目进行更细致的质量控制和管理,确保各部分功能的完整性和独立性。

2. 分部(子分部)工程

分部工程是单位(子单位)工程的重要组成部分,一个单位(子单位)工程通常由多个分部(子分部)工程构成。它主要依据建筑部位或专业性质进行划分。当分部工程规模较大或者结构较为复杂时,为了便于施工管理和质量控制,可按照材料的种类、施工特点、施工程序、专业系统及类别等因素,进一步划分为若干个子分部工程。以一幢建筑物的土建工程为例,基础工程、主体工程、屋面工程、装饰装修工程等属于其分部工程;而在装饰装修分部工程中,地面工程、墙面工程、顶棚工程、门窗工程、幕墙工程等则为其子分部工程。

分部(子分部)工程是编制建设计划、编制概预算、组织施工以及进行成本核算的重要基本单位,同时也是检验和评定建筑安装工程质量的关键基础环节。

3. 分项工程

分项工程是分部(子分部)工程的组成单元,它按照主要工种、材料、施工工艺、设备类别等因素进行划分。例如在幕墙工程这一分部工程中,可细分为玻璃幕墙、金属幕墙、石材幕墙等分项工程。分项工程的划分有助于明确施工过程中的具体任务和质量要求,便于施工人员操作和质量检查人员进行质量把控。

4. 检验批

检验批是分项工程的基本组成部分,一个分项工程可由一个或多个检验批构成。检验批依据施工及质量控制的实际需要,结合专业验收的要求,按楼层、施工段、变形缝等进行划分。通过对检验批的质量验收,可以及时发现和纠正施工过程中的质量问题,确保整个分项工程乃至整个建设项目的质量符合标准要求。检验批是建筑工程施工质量验收的最小单位,对保证工程质量起着基础性的关键作用。

任务二　建设项目的建设程序

一、建设程序的概念

建设程序是指建设项目从策划、评估、决策、设计、施工到竣工验收、投入生产或交付使用的整个建设过程中,各项工作必须遵循的先后工作次序。

建设项目具有固定性、特定性等特点,建设工作活动涉及国民经济的特定领域且与各部门息息相关。正是由于建设项目的复杂性和特殊性,要求建设活动必须有组织、有计划、按顺序地进行,既不容许混淆,也不允许颠倒与跳跃。建设程序是工程建设过程中客观规律的反映,是人们长期在工程项目建设实践中得出来的经验总结,是建设项目科学决策和顺利进行的重要保证,各相关单位和人员都必须遵守。

二、建设程序的步骤和内容

建设程序一般可分为八个阶段,即项目建议书阶段、可行性研究阶段、设计工作阶段、建设准备阶段、施工安装阶段、生产准备阶段、竣工验收阶段和后评价阶段,其中项目建议书阶段和可行性研究阶段合在一起被称为"前期工作阶段"或"决策阶段"。

(一)项目建议书阶段

对于政府投资工程项目,这是项目建设的最初阶段。该阶段主要是从宏观上对项目的必要性和可行性进行初步分析,推荐建设项目,提出项目建设的初步方案。其内容包括项目提出的背景、依据、产品方案、拟建规模和建设地点的初步设想,资源情况、建设条件、协作关系等方面的初步分析,投资估算和资金筹措设想,以及经济效益和社会效益的初步估计。

(二)可行性研究阶段

该阶段在项目建议书被批准后开展,对项目在技术上和经济上是否可行进行全面、深入的科学分析和论证。要编写详细的可行性研究报告,其内容须涵盖项目提出的背景和依据、市场预测、产品方案和确定建设规模的依据、技术工艺、主要设备、建设标准、资源和原材料供应等协作配合条件等。报告须经过相关部门的审批。

(三)设计工作阶段

设计工作阶段一般划分为初步设计阶段和施工图设计阶段,对于大型复杂项目,可在初步设计阶段之后增加技术设计阶段。初步设计要根据批准的可行性研究报告和准确的设计基础资料,对项目进行通盘研究,编制设计概算。施工图设计则要为施工提供详细准确的图纸和说明,确保设计符合相关规范和标准。

（四）建设准备阶段

建设准备阶段的主要工作包括组建项目法人,征地,拆迁,"三通一平"乃至"七通一平",组织材料、设备订货,办理建设工程质量监督手续,委托工程监理,准备必要的施工图纸,组织施工招标投标,择优选定施工单位,办理施工许可证等。

（五）施工安装阶段

建设工程具备开工条件并取得施工许可证后方可开工。施工单位要按照设计要求和施工合同条款进行施工,建立完善的质量、安全、进度和成本管理体系,确保工程质量、工期、成本及安全等目标达成,严格遵守相关施工的规程和规定。

（六）生产准备阶段

对于生产性建设项目,在其竣工投产前,建设单位应适时地组织专门班子或机构,有计划地做好生产准备工作。具体包括招收、培训生产人员,组织有关人员参加设备安装、调试、工程验收,落实原材料供应,组建生产管理机构,健全生产规章制度等。

（七）竣工验收阶段

项目完成后,按照国家和行业相关标准和程序进行验收,全面考核建设成果、检验设计和施工质量。验收合格后,建设单位编制竣工决算,项目正式投入使用。

（八）后评价阶段

在工程项目竣工投产、生产运营一段时间后,对项目的立项决策、设计施工、竣工投产、生产运营等全过程进行系统评价。通过对项目进行影响、经济效益和过程等方面的评价,总结经验教训,为后续项目提供参考,促进项目管理水平和投资效益的提高。

任务三　建筑装饰工程的施工程序

一、建筑装饰工程施工程序的概念

建筑装饰工程施工是一项十分复杂的生产活动,施工过程中需要按照一定的程序来进行。建筑装饰工程施工程序是在整个施工过程中各项工作中必须遵循的先后顺序。它是多年来建筑装饰工程施工实践经验的总结,也反映了施工过程中必须遵循的客观规律。

二、建筑装饰工程的施工程序

建筑装饰工程的施工程序一般可划分为承接施工任务、签订施工合同,施工准备,全面组织施工,竣工验收、交付使用这四步。大中型建设项目的建筑装饰工程的施工程序如图1-1所示,小型建设项目的施工程序可简单些。

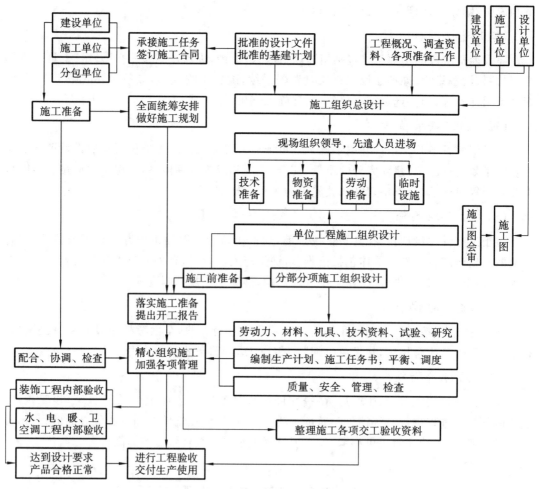

图 1-1 建筑装饰工程的施工程序

（一）承接施工任务、签订施工合同

1. 承接施工任务

建筑装饰工程施工任务的承接方式,同土建工程一样有两种:一是通过招标投标承接,二是由建设单位(业主)向预先选择的几家有承包能力的施工企业发出招标邀请。目前,以前者最为普遍,它有利于建筑装饰行业的竞争与发展,有利于施工单位技术水平的提高,有利于完善管理体制,有利于提高企业素质。

2. 签订施工合同

承接施工任务后,建设单位(业主)与施工单位(或土建分包与装饰分包单位)应根据《民法典》及相关建筑工程合同法规和《建设工程施工合同(示范文本)》等的规定及要求签订施工合同。施工合同应明确承包的内容、要求、工期、质量、造价及材料供应等,清晰界定合同双方应承担的义务和职责以及需完成的施工准备工作。施工合同经双方法人代表签字盖章后具有法律效力,双方必须共同遵守。

(二) 施工准备

施工合同签订后,施工单位应全面展开施工准备工作。施工准备包括开工前的计划准备和现场准备。

1. 开工前的计划准备

开工前的计划准备是确保装饰任务顺利进行的重要环节。要做好计划准备,首先需对所承接工程进行详细摸底,全面了解工程概况、规模、工程特点、工期要求及现场的施工条件,以便统筹安排。同时,要根据工程规模,确定装饰队伍,组织技术力量,组建管理班子,编制切实可行的施工组织设计。

2. 开工前的现场准备

1) 技术准备

建筑装饰工程施工的技术准备主要包括熟悉和审查施工图纸、收集资料、编制施工组织设计、编制施工预算等。熟悉和审查施工图纸方面,施工单位在接到施工任务后,要组织人员熟悉施工图纸,了解设计意图,掌握工程特点,进行设计交底,组织图纸会审,提出设计与施工中的具体要求,各专业图纸中若有错漏、碰缺等问题,可在会审时提出并予以解决,做好记录。收集资料时,要根据装饰施工图纸要求,对现场进行调查,了解建筑物主体的施工质量、空间特点等,以制定切实可行的施工组织设计。这是指导装饰工程进行施工准备和组织施工的基本技术经济文件,是施工准备和组织施工的主要依据,须在工程开工前,根据工程规模、特点、施工期限及工程所在区域的自然条件、技术经济条件等因素进行编制,并报有关部门批准。此外,要根据施工图纸和国家或地方有关部门编制的装饰预算定额,进行施工预算编制,它是控制工程成本支出与工程消耗的依据,可根据施工预算中分部分项的工程量及定额工料用量,对各装饰班组下达施工任务,以便实行限额定料及班组核算,实现降低工程成本和提高管理水平的目的。

2) 施工条件及物资准备

施工条件准备方面,要搭设临时设施(如仓库、加工棚、办公用房、职工宿舍等),做好施工用水、电等各项作业条件的准备以及装饰工程施工的测量及定位放线,设置永久性坐标与参照点等。物资准备上,由于装饰工程涉及的工种较多,所需的材料、机具品种也相应较多,在开工前,要全面落实各种资源的供应,同时,根据工程量大小、工期的长短,合理安排劳动力和各种物资机具供应,以确保装饰施工顺利进行。场地清理工作也很重要,为保证装饰施工如期开工,施工前应清除场地内的障碍物和建筑物内的垃圾、粉尘,设置污水排放沟池等,为文明施工、环保施工创造良好条件。另外,要组织好施工力量,调整和健全施工组织机构及各类分工,对于特殊工种,要做好技术培训和安全教育。

(三) 全面组织施工

在充分做好现场施工准备的基础上,以及具备开工条件的前提下可向建设单位(业主)提交开工报告,提出开工申请,在征得建设单位及有关部门的批准后,方可开工。

在施工过程中,应严格按照《建筑装饰装修工程质量验收标准》(GB 50210)、《住宅室内装饰装修工程质量验收规范》(JGJ/T 304)、《建筑地面工程施工质量验收规范》(GB 50209)、《建筑工程施工质量验收统一标准》(GB 50300)及《民用建筑工程室内环境污染控制标准》(GB 50325)等国家标准与规范进行检查与验收,以确保装饰工程质量达到有关要求,满足用户的需求。

（四）竣工验收、交付使用

竣工验收是施工的最后阶段，在竣工验收前，施工单位内部应先进行预验收，检查各分部分项工程的装饰质量，整理各项交工验收的技术经济资料，由建设单位（业主）或委托监理单位组织竣工验收，经有关部门验收合格后办理验收签证书，即可交付使用。如验收不符合有关规定的标准，必须采取措施进行整改，达到所规定的标准，方可交付使用。

习 题

一、名词解释

1. 项目；2. 建设项目；3. 单位工程；4. 检验批；5. 建设程序；6. 施工程序

二、填空题

1. 建设项目按建设性质可分为_____、_____、_____、_____和_____，按建设项目的用途可分为_____和_____。

2. 建设程序一般可分为_____、_____、_____、_____、_____、_____、_____和_____八个阶段。

三、判断题

1. 装饰装修工程中的木结构工程是单位工程。（   ）

2. 建筑装饰装修工程施工准备工作不仅存在于开工之前，而且贯穿整个施工过程。（   ）

四、单项选择题

1. 下列建筑物中，可以作为一个建设项目的是（   ）。
A. 一个工厂　　　B. 学校的教学楼　　C. 医院的门诊楼　　D. 装修工程

2. 下列属于分部工程的是（   ）。
A. 办公楼　　　　B. 住宅　　　　　　C. 混凝土垫层　　　D. 屋面工程

3. 学校的食堂属于（   ）。
A. 建设项目　　　B. 单位工程　　　　C. 分部工程　　　　D. 分项工程

五、多项选择题

1. 建设项目按照建设性质分类，可分为（   ）。
A. 基本建设项目　B. 生产性建设项目　C. 政府投资项目　　D. 更新改造项目
E. 非生产性建设项目

2. 建筑装饰装修设计企业的资质分为（   ）。
A. 特级　　　　　B. 甲级　　　　　　C. 乙级　　　　　　D. 丙级　　　　　　E. 丁级

六、简答题

1. 建设程序一般可分为哪八个阶段？简述各阶段的主要内容。

2. 建筑装饰工程的施工程序由哪些内容组成？

3. 试述建筑装饰工程施工准备工作的主要任务。

项目三　建筑装饰施工企业

任务一　建筑装饰施工企业的含义、性质及任务

一、建筑装饰施工企业的含义

建筑装饰施工企业是专注于从事房屋建筑室内外装饰装修工程以及部分配套设备安装的专业化企业，是国民经济体系中具备自主经营、独立核算、自负盈亏特征且拥有独立法人资格的基本经济实体，是建筑行业的重要组成部分。这类企业在提升建筑空间的美观性、功能性和舒适性等方面发挥着关键作用。

建筑装饰施工企业必须同时具备下列条件。

(1) 具备独立生产能力。施工企业必须拥有组织生产的完备能力，涵盖劳动力、施工机具(工具)和各类装饰材料等生产的基本要素。劳动力方面，须配备具备不同专业技能和丰富经验的施工人员，以满足各类装饰工程的技术要求；施工机具(工具)方面，要配备齐全且先进的设备，确保施工过程的高效与精准；装饰材料方面，要建立科学的采购与管理体系，保障材料的质量和供应稳定性，为项目顺利开展提供坚实基础。

(2) 拥有自主经营能力。建筑装饰施工企业应具备独立经营的能力和灵活应变的发展能力。在对外经营层面，能够凭借独立法人资格，在国家法律法规和相关政策的指导下，独立进行经营决策，主动参与市场竞争，直接对外承接装饰施工任务，积极参与各类项目的市场投标活动；在内部管理层面，能够自主地调配和管理人力、物力和财力资源，合理规划施工生产流程，确保各项施工活动有序开展。

(3) 实现自负盈亏运营。建筑装饰施工企业要严格进行独立核算，拥有可自主支配的固定资产和流动资金。通过合理的成本控制和有效的市场营销，用销售收入覆盖生产经营过程中的各项支出，实现企业的盈利和可持续发展，同时也应承担经营不善带来的亏损风险，切实做到自负盈亏。

二、建筑装饰施工企业的性质及任务

(一) 建筑装饰施工企业的性质

企业的性质受到多种因素影响，包括所有制形式、经营理念、社会责任等。在我国社会主义市场经济体制下，建筑装饰施工企业涵盖了多种所有制形式，如国有、集体、私营、外资以及混合所有制等。不同所有制的建筑装饰施工企业，都在社会主义市场经济的框架内运行，遵循市场规律，在追求自身经济效益的同时，也为社会创造价值，推动行业发展。它们都

具有社会主义市场经济下企业的共性特征,应依法经营、公平竞争、承担社会责任。

(二)建筑装饰施工企业的任务

建筑装饰施工企业的核心任务是在国家法律法规和政策的引导下,紧密结合市场需求,充分利用自身的技术、人才、资源等优势,精心打造高质量、个性化且符合绿色环保、安全舒适等要求的建筑装饰工程,为各类建筑空间提供优质的装饰装修服务,满足社会多样化的建筑装饰需求,提升人们的生活和工作环境品质。同时,通过科学管理、技术创新等手段,优化成本控制,提高生产效率,增强企业的市场竞争力,实现企业的可持续发展,为国家经济建设和社会发展贡献力量,包括创造税收、提供就业机会等。

任务二 建筑装饰企业的资质等级和业务范围

一、建筑装饰设计资质的分级标准及业务范围

(一)分级标准

1. 甲级资质标准

(1)企业具有独立法人资格且从事建筑装饰设计业务5年以上,独立承担过不少于3项工程造价1000万元以上的建筑装饰设计项目,工程质量合格。

(2)企业社会信誉良好,注册资本不少于300万元。

(3)企业专业技术人员(含技术负责人)不少于15人,其中具有中级以上专业技术职称人员不少于10人,建筑、室内设计专业人员不少于8人,结构、电气、给水排水、暖通空调等专业人员齐全。技术负责人具有10年以上从事建筑装饰设计经历,且主持过工程造价1000万元以上的建筑装饰设计项目。

(4)企业有完善的质量管理体系和技术、经营、人事、财务、档案等管理制度。

(5)企业具有与工程设计有关的计算机辅助设计系统和固定工作场所,人均建筑面积不少于15平方米。

2. 乙级资质标准

(1)企业具有独立法人资格且从事建筑装饰设计业务3年以上,独立承担过不少于2项工程造价500万元以上的建筑装饰设计项目,工程质量合格。

(2)企业社会信誉良好,注册资本不少于100万元。

(3)企业专业技术人员(含技术负责人)不少于10人,其中具有中级以上专业技术职称人员不少于6人,建筑、室内设计专业人员不少于5人,结构、电气、给水排水等专业人员齐全。技术负责人具有8年以上从事建筑装饰设计经历,且主持过工程造价500万元以上的建筑装饰设计项目。

(4)企业有健全的技术、质量、经营、人事、财务、档案等管理制度。

(5)企业具有与工程设计有关的计算机辅助设计系统和固定工作场所,人均建筑面积不少于15平方米。

目前,丙级资质已被取消,相关业务可由乙级资质企业承接或鼓励小型、微型企业通过

与有资质的企业合作等方式参与。

(二)承担的业务范围

(1)甲级资质企业:可承担各类建筑装饰设计项目。

(2)乙级资质企业:可承担中、小型规模的建筑装饰设计项目。一般来说,是指单体建筑面积3万平方米以下的建筑装饰设计项目等。

二、建筑装饰工程专业承包企业的资质标准及承包工程范围

我国建筑装饰工程专业承包企业的资质分为一级、二级、三级。各级企业的资质标准及承包工程范围如下。

(一)企业的资质标准

1. 一级资质标准

(1)工程业绩:近5年承担过单项合同额1500万元以上的建筑装饰工程2项或单项合同额1000万元以上的建筑幕墙工程2项,工程质量合格。

(2)企业人员:技术负责人具有10年以上从事工程施工技术管理工作经历,且具有工程序列高级职称或建筑工程专业一级注册建造师(或一级注册建筑师或一级注册结构工程师)执业资格;建筑美术设计、结构、暖通、给排水、电气等专业中级以上职称人员不少于10人。持有岗位证书的施工现场管理人员不少于30人,且施工员、质量员、安全员、材料员、造价员、劳务员、资料员等人员齐全。经考核或培训合格的木工、砌筑工、镶贴工、油漆工、石作业工、水电工等中级工以上技术工人不少于30人。

(3)企业资产:净资产1500万元以上。

2. 二级资质标准

(1)工程业绩:近5年承担过单项合同额500万元以上的建筑装饰工程2项或单项合同额300万元以上的建筑幕墙工程2项,工程质量合格。

(2)企业人员:技术负责人具有8年以上从事工程施工技术管理工作经历,且具有工程序列中级以上职称或建筑工程专业注册建造师(或注册建筑师或注册结构工程师)执业资格;建筑美术设计、结构、暖通、给排水、电气等专业中级以上职称人员不少于6人。持有岗位证书的施工现场管理人员不少于15人,且施工员、质量员、安全员、材料员、造价员、劳务员、资料员等人员齐全。经考核或培训合格的木工、砌筑工、镶贴工、油漆工、石作业工、水电工等中级工以上技术工人不少于20人。

(3)企业资产:净资产800万元以上。

3. 三级资质标准

(1)企业人员:技术负责人具有5年以上从事工程施工技术管理工作经历,且具有工程序列中级以上职称或建筑工程专业注册建造师执业资格;建筑美术设计、结构、暖通、给排水、电气等专业中级以上职称人员不少于3人。持有岗位证书的施工现场管理人员不少于10人,且施工员、质量员、安全员、材料员、造价员、劳务员、资料员等人员齐全。经考核或培训合格的木工、砌筑工、镶贴工、油漆工、石作业工、水电工等中级工以上技术工人不少于10人。

(2)企业资产:净资产200万元以上。

（二）承包工程范围

（1）一级资质企业：可承担各类建筑装饰工程，以及与建筑装饰工程直接配套的其他工程的施工。

（2）二级资质企业：可承担单项合同额 2000 万元以下的建筑装饰工程，以及与建筑装饰工程直接配套的其他工程的施工。

（3）三级资质企业：可承担单项合同额 1000 万元以下的建筑装饰工程，以及与建筑装饰工程直接配套的其他工程的施工。

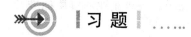

习 题

一、名词解释

建筑装饰施工企业

二、多项选择题

建筑装饰设计企业的资质分为（　　）。

A. 特级　　　　B. 甲级　　　　C. 乙级　　　　D. 丙级　　　　E. 丁级

三、简答题

简述建筑装饰企业的资质等级及业务范围。

模块二　建筑装饰工程施工招标投标

学习描述

教学内容

本模块重点介绍了建筑装饰工程招标投标的基本知识、建筑装饰工程施工招标、建筑装饰工程施工投标、建筑装饰工程项目开标、评标和中标等。

教学要求

在学习本模块时，应紧密联系实际，将招标投标知识灵活运用到建筑装饰工程实践中。学生要熟练掌握招标投标全流程，从项目启动、招标条件准备、招标文件编制与发布，到投标文件递交、开标、评标、定标，再到合同签订等各环节，都要严格遵循法律法规与行业规范，确保合规性与高效性。着重提升学生编制招标文件和投标文件的能力，使其能够准确把握法律法规要求，合理设置招标条件、评审标准，以及精准响应招标文件要求编制投标文件。

实践环节

通过收集、分析与讨论最新的建筑装饰工程招标投标案例，提高学生在实际工作中解决问题的能力，培养学生的合规意识与风险防控能力。

【任务案例】

背景：

1. 项目简介

××大道支行原址位于××大道17号，现拟将原支行搬迁至××市××大道228号×××写字楼(一、三层)。本项目装修预算价为2400111.17元，要约价为2241727.38元(其中甲方材料暂估价为306569.25元，不可预见费为113744.49元)。

2. 项目服务名称、主要服务内容、服务范围、服务周期

项目服务名称：××大道支行迁址装修改造项目。

主要服务内容：按照工程量清单进行施工。

服务范围：××大道支行迁址装修改造项目。

服务周期：××大道支行迁址装修改造工期为 80 个日历天。

3. 项目服务工作范围和工作内容

按照工程量清单及图纸内容执行（工程量清单及图纸以电子版提供）。

4. 服务工作要求

在签订合同后一周内提交进度计划。按施工进度计划组织项目施工。在规定时间内完成装修施工。

5. 服务完成标志

竣工验收合格。

问题：

请结合本案例编写一份招标公告。

项目一 建筑装饰工程施工招标投标相关知识

随着我国市场经济的深入发展,建筑装饰行业已成为重要的产业领域,各类建筑装饰企业蓬勃发展。建筑装饰工程施工招标投标,是在市场经济条件下进行建筑装饰工程施工项目发包与承包的法定竞争和交易方式,受《中华人民共和国招标投标法》《中华人民共和国招标投标法实施条例》等法律法规的严格规范。它不仅是市场经济条件下建筑装饰市场竞争的必然结果,更是提升行业管理水平、保障工程质量的关键举措,对促进建筑装饰行业的高质量发展意义重大。

建筑装饰工程施工实行招标投标制,对于推动建筑装饰施工企业提升经营管理水平和施工技术水平,确保工程质量,加快施工进度、缩短工期,合理控制工程造价、节约建设资金,维护建筑装饰市场的健康秩序,保障发承包双方的合法权益,都具有不可替代的重要作用。

任务一 建筑装饰工程施工招标投标的概念

建筑装饰工程施工招标投标,是指招标人(通常是项目业主或建设单位),依据相关法律法规,在满足项目招标条件的基础上,通过发布招标公告或投标邀请书等方式,邀请具有相应资质和能力,且符合项目特定要求的潜在投标人参与投标竞争。招标人依法组建合规的评标委员会,按照招标文件中预先设定的评标标准和方法,对投标文件进行评审和比较,通过严谨的评标和定标程序,从众多投标人中选择出最符合项目要求、综合实力最优的承包商,与之签订合同,以完成建筑装饰工程施工项目的一系列活动。这是建筑装饰行业中极为重要的经济活动,旨在遵循公开、公平、公正和诚实信用的原则,通过充分的市场竞争,择优选取具备相应资质、技术、管理能力和良好信誉的承包商,确保建筑装饰工程施工项目的顺利实施。

任务二 建筑装饰工程施工招标投标的基本原则

《中华人民共和国建筑法》第十六条明确规定:"建筑工程发包与承包的招标投标活动,应当遵循公开、公正、平等竞争的原则,择优选择承包单位。"同时,《工程建设项目施工招标投标办法》第一章第四条也强调:"招标投标活动应当遵循公开、公平、公正和诚实信用的原则。"这些原则是保障建筑装饰工程施工招标投标活动合法、有序开展的重要准则,贯穿整个招标投标流程。

一、公开原则

公开原则是确保招标投标活动公平、公正的基础,主要体现在以下几个关键方面。

（1）信息公开透明。在采用公开招标方式时，必须通过国家指定的报刊、官方认可的信息网络平台或其他合法的公共媒介公开发布招标公告。无论是招标公告、资格预审公告，还是投标邀请书，都应当清晰、准确地载明能让潜在投标人充分了解项目基本情况并据此决定是否参与投标竞争所必需的信息。这包括但不限于项目的基本概况、招标范围、投标人资格条件、投标文件的递交要求、开标时间和地点等关键信息，使所有潜在投标人都能在同等条件下获取招标信息，为公平竞争创造条件。

（2）程序公开规范。整个招标投标程序的关键环节都应保持公开透明。例如，开标会议必须公开举行，允许所有投标人或其合法授权代表参加。开标时，应当着全体与会人员的面，当众拆封投标文件，并详细宣读各投标人的名称、投标报价、工期承诺、质量标准等关键内容。这样的操作流程确保了开标过程的公开性和公正性，避免暗箱操作。此外，在确定中标人后，招标人应当及时向中标人发出中标通知书，并同时将中标结果以书面或其他法定形式通知所有未中标的投标人，保障所有投标人的知情权，增强招标投标活动的公信力。

（3）评审标准公开明确。评标标准和办法必须在招标文件中清晰、明确地载明，并在评标过程中严格按照既定的标准和办法执行。评审标准应当涵盖对投标文件的技术方案、商务报价、企业资质与业绩、项目管理团队等各个方面的评价要求，且各项评价指标应具有明确的量化标准或客观的评价依据。这不仅有助于减少评标过程中的主观性和随意性，确保评标结果的公正性，还能让投标人在编制投标文件时清楚了解评审规则，有针对性地准备投标材料，提高投标质量。

需要特别强调的是，信息公开是相对的，在保障招标投标活动透明度的同时，对于一些涉及商业秘密、个人隐私以及可能影响评标公正性的保密事项，必须严格遵守相关法律法规的规定，不得随意公开。例如，评标委员会成员的名单在确定中标结果之前必须严格保密，防止投标人与评标委员会成员之间进行不正当的接触，干扰评标工作的正常进行。

二、公平原则

公平原则旨在确保所有参与投标竞争的主体在平等的基础上展开竞争，维护招标投标市场的公平竞争秩序。具体体现在以下几个方面。

（1）平等对待所有投标人。招标人在招标投标活动中，必须平等地对待每一个投标竞争者，不得因投标人的所有制形式、规模大小、地域差异等因素而对其进行歧视或给予特殊待遇。在招标文件的编制、资格审查、投标文件的接收与评审等各个环节，都应当一视同仁，为所有投标人提供相同的竞争机会和条件。

（2）倡导公平竞争行为。投标人应当以合法、正当的手段参与投标竞争，坚决杜绝串通投标、向招标人及其工作人员行贿、提供虚假材料等不正当竞争行为。这些行为不仅严重破坏了招标投标市场的公平竞争环境，损害了其他投标人的合法权益，也影响了建筑装饰工程的质量和效益。一旦发现投标人存在不正当竞争行为，将依法严肃处理，取消其投标资格，并追究相应的法律责任。

（3）统一标准与程序。在招标投标过程中，对所有投标人的资格审查必须适用相同的标准和程序，确保审查的公正性和客观性。提供投标担保的要求应一致且适用于每一个投标者，不能因投标人的不同而有所差异。对于采购标的的技术、质量要求，应尽可能采用通用的国家标准、行业标准或地方标准，避免设置具有倾向性或排他性的技术参数，以保证评价标准的统一性和公正性,为所有投标人提供公平的竞争平台。

三、公正原则

公正原则要求招标人或评标委员会在招标投标活动中秉持公正、客观的态度,严格按照法律法规和招标文件的规定进行操作,确保对所有投标竞争者都给予平等、公正的对待。具体表现在以下几个方面。

(1) 行为公正无偏私。招标人或评标委员会在整个招标投标过程中,尤其是在评标环节,必须严格遵守相关法律法规和招标文件的规定,以客观、公正的态度对所有投标文件进行评审。不得因个人利益、人情关系或其他不正当因素而偏袒或歧视任何一个投标人,确保评标结果真实反映各投标人的综合实力和投标文件的质量。

(2) 地位平等无强加。招标人和投标人在招标投标活动中的法律地位是平等的,任何一方都不得向另一方提出不合理的要求,不得将自己的意志强加给对方。招标人应当依法履行自己的义务,按照招标文件的约定对待每一个投标人;投标人也应当遵守法律法规和招标文件的规定,以合法、诚信的方式参与投标竞争。在合同签订和履行过程中,双方也应当遵循平等、自愿、公平、诚实信用的原则,协商解决合同履行过程中出现的问题。

四、诚实信用原则

诚实信用原则,又称诚信原则,是市场经济活动中最基本的道德准则和法律原则。在建筑装饰工程施工招标投标活动中,诚实信用原则要求所有参与方都应以善意、诚实的态度参与招标投标活动,不得采取欺诈、隐瞒、虚假陈述等不正当手段获取利益,不得损害他人、国家和社会的利益。

(1) 招标人诚信履行义务。招标人应当如实发布招标信息,确保招标文件的内容真实、准确、完整,不得故意隐瞒重要信息或设置不合理的条件限制、排斥潜在投标人。在评标和定标过程中,应当严格按照招标文件规定的标准和程序进行操作,不得随意更改评标标准或违规干预评标结果。在合同签订和履行过程中,应当遵守合同约定,按时支付工程款项,为承包人提供必要的施工条件。

(2) 投标人诚信参与投标。投标人应当按照招标文件的要求,如实编制投标文件,提供真实、有效的资格证明材料、业绩资料和技术方案等。不得提供虚假材料骗取中标,不得在投标过程中与其他投标人串通投标,损害招标人或其他投标人的合法权益。在中标后,应当按照投标文件的承诺和合同约定,认真履行合同义务,确保工程质量、工期和安全等目标的实现。

总之,公开、公平、公正和诚实信用原则是建筑装饰工程施工招标投标活动的基石,只有严格遵循这些原则,才能确保招标投标活动顺利进行,保障建筑装饰工程的质量和效益,促进建筑装饰行业的健康、可持续发展。

【案例 2-1】

背景:

××公司拟装饰一幢办公楼,通过电台发布招标公告。在众多投标单位中,甲公司报价为 500 万元(接近成本价),甲公司认为肯定中标。开标后发现,乙公司报价为 450 万元。虽然甲、乙两家公司的报价均低于招标控制价,但由于乙公司报价最低,遂中标,且签订了总价不变合同。竣工后,实际结算为510万元。事后,××公司一管理人员透露,在招标前,他们已经和乙公司多次接触,报价等许多实质条件已谈妥。甲公司认为这种做法违反法律法规,于是向法院提起诉讼,要求××公司赔偿其在投标过程中的损失。

问题:甲公司的诉求能否得到支持?为什么?

解:能。因为按照法律规定,总价不变合同意味着价格不因工程量的变化、设备和材料价格的变化而改变。当事人自行变更价格,实际上剥夺了其他投标人公平竞争的权利,也纵容了招标人与投标人串通,因此,这种行为违反了公平、公正、公开和诚实信用的原则,构成对其他投标人权益的侵害,所以甲公司的主张会得到支持。

任务三　建设工程招标投标项目的范围

建筑装饰工程是建筑工程的关键构成部分,而建筑工程又是建设工程的重要分支领域。依据中华人民共和国国家发展和改革委员会令第16号《必须招标的工程项目规定》,以下几类项目,必须开展招标投标活动。

1. 全部或者部分使用国有资金投资或者国家融资的项目

(1)使用预算资金达到200万元人民币以上,且该资金在项目投资额中所占比例达10%以上的项目。此类项目关乎公共资源的合理配置与有效利用,通过招标确保项目实施的公开透明与公平竞争。

(2)使用国有企业事业单位资金,并且该资金占据控股或者主导地位的项目。国有企业事业单位资金具有公共属性,招标有助于保障资金使用效益与项目建设质量。

2. 使用国际组织或者外国政府贷款、援助资金的项目

(1)使用世界银行、亚洲开发银行等国际组织贷款、援助资金的项目。此类项目涉及国际合作与资金使用规范,招标是遵循国际惯例与相关要求的必要举措。

(2)使用外国政府及其机构贷款、援助资金的项目。为确保这类资金合理使用与项目顺利实施,需通过招标选择合适的实施主体。

在上述规定范围内的项目,其勘察、设计、施工、监理以及与工程建设有关的重要设备、材料等采购,若达到以下标准之一,同样必须进行招标。

(1)施工单项合同。施工单项合同估算价在400万元人民币以上。施工环节是项目建设的核心阶段,较高金额的合同通过招标能吸引优质企业,保障工程顺利推进。

(2)货物采购单项合同。重要设备、材料等货物的采购,单项合同估算价在200万元人民币以上。重要货物的采购质量直接影响项目整体效果,招标有利于保证货物品质与性价比。

(3)服务采购单项合同。勘察、设计、监理等服务的采购,单项合同估算价在100万元人民币以上。专业服务对于项目规划、质量把控等至关重要,招标可选择具备专业能力的服务提供商。

同一项目中可合并进行的勘察、设计、施工、监理以及与工程建设有关的重要设备、材料等的采购,合同估算价合计达到前款规定标准的,必须招标。这避免了通过拆分项目规避招标,确保项目整体采购的合规性与合理性。

对于不属于上述规定情形,但属于大型基础设施、公用事业等关系社会公共利益、公众安全的项目,其必须招标的具体范围由国务院发展改革部门会同国务院有关部门,按照确有必要、严格限定的原则制订,并报国务院批准。这一规定旨在精准确定必须招标的项目范围,既保障公共利益与安全,又避免过度干预市场,促进资源的有效配置与市场活力的激发。

习 题

一、简答题

1. 简述建筑装饰工程施工招标投标。
2. 简述建筑装饰工程施工招标投标的基本原则。
3. 简述建设工程招标投标项目的范围。

二、单项选择题

1. 在招标活动的基本原则中,依法必须进行招标的项目的招标公告,必须通过国家制定的报刊、信息网络或者其他公共媒介发布,体现了(　　)原则。
   A. 公开 B. 公平 C. 公正 D. 诚实信用
2. 在招标活动的基本原则中,招标人不得以任何方式限制或者排斥本地区、本系统以外的法人或者其他组织参加投标,体现了(　　)原则。
   A. 公开 B. 公平 C. 公正 D. 诚实信用
3. 在招标活动的基本原则中,与投标人有利害关系的人员不得作为评标委员会的成员,体现了(　　)原则。
   A. 公开 B. 公平 C. 公正 D. 诚实信用
4. 某招标人在招标文件中规定了对本省的投标人在同等条件下将优先于外省的投标人中标,根据《中华人民共和国招标投标法》,这个规定违反了(　　)原则。
   A. 公开 B. 公平 C. 公正 D. 诚实信用
5. 建筑装饰工程施工招标投标的主要目的是(　　)。
   A. 增加施工单位的利润 B. 提高管理水平和工程质量
   C. 减少施工工期 D. 降低工程造价

三、判断题

1. 建筑装饰工程施工招标投标是市场经济条件下的必然产物。(　　)
2. 建筑装饰工程施工招标投标的目的是提高管理水平和工程质量。(　　)
3. 建筑装饰工程施工招标投标活动不需要遵循公开原则。(　　)
4. 在招标投标活动中,招标人可以公开评标委员会成员的名单。(　　)
5. 公平原则要求招标人同等地对待每一个投标竞争者,不得有亲疏之分。(　　)
6. 诚实信用原则允许投标人以损害他人利益为代价获取不法利益。(　　)

【技能实训】

【实训 2-1】
背景:某市政府计划对一座城市公园进行建筑装饰改造,项目预算资金为 800 万元人民币,其中400万元来自市级财政拨款,其余400万元来自社会捐赠。市政府决定通过招标投标方式选择施工单位。在招标过程中,有A、B、C三家公司参与了投标,其中A公司报价最低,但B公司与市政府某部门负责人有私下联系,并在开标前得知了部分评标信息。最终,B公司以略高于A公司的报价中标,并签订了施工合同。

问题:

1. 该城市公园建筑装饰改造项目是否属于必须招标的工程项目范围?

2. B公司与市政府某部门负责人的私下联系以及在开标前得知评标信息的行为是否违反了招标投标的基本原则?

3. 如果A公司发现B公司与市政府部门的私下联系并提起诉讼,A公司的诉求有可能得到支持吗?为什么?

解:

1. 该城市公园建筑装饰改造项目属于必须招标的工程项目。因为该项目使用了400万元人民币的市级财政拨款,占项目总预算的50%,超过了规定的"使用预算资金200万元人民币以上,并且该资金占投资额10%以上"的标准。

2. B公司与市政府某部门负责人的私下联系以及在开标前得知评标信息的行为违反了招标投标的基本原则,特别是公正原则和诚实信用原则。这种行为可能导致招标结果的不公平,损害其他投标人的合法权益。

3. 如果A公司发现B公司与市政府部门的私下联系并提起诉讼,A公司的诉求有可能得到支持。因为B公司的行为违反了招标投标的基本原则,构成了对其他投标人权益的侵害。法院可能会认定招标过程存在不公,从而支持A公司的诉求。同时,相关部门也可能对B公司和市政府某部门负责人进行处罚,以维护招标投标的公正性和市场秩序。

项目二　建筑装饰工程施工招标

建筑装饰工程施工招标，是指招标人（又称发包方）根据建筑装饰工程项目的规模、条件和要求编制招标文件，通过发布招标公告或邀请承包商来参加该工程的招标竞争，从中择优选择能够保证工程质量、工期及报价合适的承包商的活动。

任务一　招　标　人

招标人是"招标单位"或"委托招标单位"的别称。在我国，招标活动一般是法人或其他组织之间的经济活动。建筑装饰工程施工招标人是指能够依法独立享有民事权利和承担民事义务的法人或其他组织，他们通过招标方式选择合适的承包商来完成建筑装饰工程施工项目。下面简要地介绍与招标人有关的一些知识要点。

一、招标人的招标资质

依法必须进行施工招标的建设工程，招标人自行办理招标事宜的，应当具备编制招标文件和组织评标的能力，且应当在发布招标公告或者发出投标邀请书5日前，向工程所在地县级以上地方人民政府建设行政主管部门备案，并报送相关材料。

二、招标人进行投标资格审查的权利

招标人有权要求参加投标的潜在投标人提供资质情况的资料，进行资质审查、筛选，拒绝不合格的潜在投标人参加投标。招标人对投标者的资格审查内容主要包括：

（1）企业注册证明和技术等级；
（2）主要施工经历；
（3）质量保证措施；
（4）技术力量简况；
（5）正在施工的承建项目；
（6）施工机械设备简况；
（7）资金或财务状况；
（8）企业的商业信誉；
（9）准备在招标工程上使用的施工机械设备；
（10）准备在招标工程上采用的施工方法和施工进度安排。

工程招标单位对投标者的资格审查内容除上述10项内容外，还可能需要审查投标人是否存在不良信用记录、是否符合最新的行业准入标准等。

三、招标人应遵守法律、法规、规章和方针、政策

招标人应遵守相关法律法规,如《中华人民共和国招标投标法》等。招标人可以对已发出的招标文件进行必要的澄清或修改,但澄清或修改的内容可能影响投标文件编制的,应当在投标截止时间至少15日前,以书面形式通知所有获取招标文件的潜在投标人;不足15日的,招标人应当顺延提交投标文件的截止时间。此外,招标人应当自确定中标人之日起15日内,向有关行政监督部门提交招标投标情况的书面报告。同时,招标人与中标人应在中标通知书发出之日起30日内签订合同。

任务二 招标方式

招标分为公开招标和邀请招标两种方式。《中华人民共和国招标投标法》第十条明确规定:"招标分为公开招标和邀请招标。公开招标,是指招标人以招标公告的方式邀请不特定的法人或者其他组织投标。邀请招标,是指招标人以投标邀请书的方式邀请特定的法人或者其他组织投标。"公开招标和邀请招标主要区别如下。

一、发布信息的方式不同

(1)公开招标:招标人应通过国家指定的报刊、信息网络或者其他公共媒介发布招标公告,公告内容应包括项目概况、招标条件、投标资格要求、获取招标文件的时间和地点等所有必要信息,以确保潜在投标人能充分了解招标项目情况。

(2)邀请招标:招标人向特定的法人或者其他组织直接发送投标邀请书,邀请书内容同样应涵盖项目基本情况、招标要求等详细信息,且针对性更强,直接面向受邀对象。

二、选择的范围不同

(1)公开招标:面向全社会所有符合条件的不特定法人或其他组织,只要满足招标公告中规定的条件,任何潜在投标人都可参与投标,投标人范围不受限制,极为广泛。

(2)邀请招标:招标人根据项目特点、自身经验等,选择特定的、有限的法人或其他组织发出邀请,通常是招标人了解其资质、业绩、信誉等情况的潜在投标人,投标人数量相对有限。

三、竞争的范围不同

(1)公开招标:所有符合条件的潜在投标人都有机会参与,竞争范围广,能充分体现市场竞争机制,使招标人有更多选择,更易获得质量优、价格合理的投标方案,实现最佳招标效果。

(2)邀请招标:由于受邀投标人数量有限,竞争范围相对较窄,招标人的选择余地相对较小,可能导致中标的合同价偏高,也可能遗漏一些在技术或报价上更具竞争力的供应商或承包商。

此外,根据相关规定,国有资金占控股或者主导地位的依法必须进行招标的项目,应当公开招标,但存在技术复杂、有特殊要求或者受自然环境限制,只有少量潜在投标人可供选

择,或采用公开招标方式的费用占项目合同金额的比例过大等情形时,可以邀请招标。

任务三　自行招标和委托招标

一、自行招标

《中华人民共和国招标投标法》第十二条规定,招标人具有编制招标文件和组织评标能力的,可以自行办理招标事宜,任何单位和个人不得强制其委托招标代理机构办理招标事宜。依法必须进行招标的项目,招标人自行办理招标事宜的,应当向有关行政监督部门备案。

二、委托招标

招标代理机构是依法设立、从事招标代理业务并提供相关服务的社会中介组织。招标人有权自行选择招标代理机构,委托其办理招标事宜,任何单位和个人不得以任何方式为招标人指定招标代理机构。

招标代理机构应当具备下列条件。
(1) 有从事招标代理业务的营业场所和相应资金。
(2) 有能够编制招标文件和组织评标的相应专业力量。

招标代理机构在招标人委托的范围内开展招标代理业务,任何单位和个人不得非法干涉。招标代理机构不得在所代理的招标项目中投标或者代理投标,也不得为所代理的招标项目的投标人提供咨询。

任务四　招　标　程　序

一、组建招标工作机构

招标工作机构通常由建设方负责或授权的代表和建筑师、室内设计师、预算经济师、水电工程师、通信工程师、设备工程师、装饰工程师等专业技术人员组成。招标工作机构的组成形式主要有三种:一是由建设方的基本建设主管部门抽调或聘请各专业人员负责招标、投标的全部工作;二是由政府主管部门设立的招标、投标办公机构,统一办理招标、投标工作;三是有资格的建筑咨询机构受建设方的委托,负责招标的技术性和事务性工作,但决策权还在建设方。

二、履行项目审批手续

招标项目按照国家有关规定需要履行项目审批手续的,应当先履行审批手续,取得批准。招标人应当有进行招标项目的相应资金或资金来源已经落实,并应在招标文件中如实载明。需要履行项目审批、核准手续的依法必须进行招标的项目,其招标范围、招标方式、招标组织形式应当报项目审批、核准部门审批、核准。项目审批、核准部门应当及时将审批、核准确定的招标范围、招标方式、招标组织形式通报有关行政监督部门。对于实行容缺后补的地区,如江西省,工程资金或资金来源已到位或落实等条件经招标人申请并书面承诺,在办理招标文件备案时可容缺受理,但所缺材料应在招标投标情况书面报告备案前补齐。

三、编制招标文件

招标人应当根据招标项目的特点和需要编制招标文件。招标文件应当包括招标项目的技术要求、对投标人资格审查的标准、投标报价要求和评标标准等所有实质性要求和条件,以及拟签订合同的主要条款。招标文件不得要求或标明特定的生产供应者及含有倾向或排斥潜在投标人的其他内容。部分地区(如江西省)房屋市政工程设计招标项目取消招标文件备案环节,招标人应当在招标公告、中标候选人公示中载明负责监督的住房城乡建设主管部门名称及联系方式。

四、编制工程招标控制价

建筑装饰工程招标控制价是招标人在建筑装饰工程施工招标过程中,根据国家或省级、行业建设主管部门颁发的计价依据和办法,以及拟定的招标文件和招标工程量清单,结合工程具体情况编制的招标工程的最高投标限价。招标人应按照国家有关规定编制最高限价,同时要公布最高限价及编制依据。投标人认为招标人公布的最高限价未按照招标文件要求和国家行业有关规定进行编制或存在不合理的,可在规定的时间内以书面形式向招标人提出异议。招标人在规定时间内对投标人异议要作出答复,招标人不在规定时间答复的或回复后仍然存在不合理的,投标人可以在投标截止前规定时间内向有关行政监督机构反映。

招标控制价主要作用有以下几点。

(1)确保预算和成本控制:通过控制投标人的报价,确保项目在预算或成本核算的范围内进行,避免成本超支或预算不足。

(2)促进市场竞争:明确项目要求和范围,增强建筑市场竞争的公平性。

(3)保障投标人利益:避免投标人因过高或过低的报价而失去项目或损失利润。

(4)实现经济性:在保证质量的前提下,以最小的成本获得最大的收益。

五、发布招标公告或投标邀请函

招标人采用公开招标方式的,应当发布招标公告。招标公告应当载明招标人的名称和地址、招标项目的性质、数量、实施地点和时间,以及获取招标文件的办法等事项。对于邀请招标的项目,应向投标人发出投标邀请书。其作用是让潜在投标人获得招标信息,确定自己是否参加竞争。依法必须招标的工程项目若实行暗标评审,应注意盲抽评选专家、隐藏投标人的信息等操作要求。

【招标公告示例】

江西省××招标咨询有限公司关于中国××银行股份有限公司××分行××大道支行

迁址装修改造项目公开招标公告（招标编号：JXBJ23121300201），见表2-1。

表 2-1　招标条件及工程基本情况

招标条件及工程基本情况			
招标单位名称	中国××银行股份有限公司××分行		
招标工程项目	××大道支行迁址装修改造项目		
工程项目建设地址	××市××大道228号世纪××写字楼（一、三层）		
工期	80个日历天		
招标控制价	2400111.17元（其中甲方材料暂估价为306569.25元，不可预见费为113744.49元）		
资格审查方式	资格后审	资金已落实	100.00%
招标范围及标段划分			
招标范围	施工图纸范围内工程量清单的所有工程，详见工程量清单		
标段划分	一标段	(001)中国××银行股份有限公司××分行××大道支行迁址装修改造项目	
投标（申请）人应具备的资格条件			

(001中国××银行股份有限公司××分行××大道支行迁址装修改造项目)的投标人资格能力要求：
1. 具有独立承担民事责任能力的法人（提供营业执照或单位法人证书复印件并加盖公章）；
2. 在最近三年内的经营活动中没有重大违法记录，未被列入失信行为记录名单，没有发生泄漏银行商业秘密或技术秘密等事件；
3. 近三年（2020年1月1日至投标截止日，以合同签订时间为准）以来至少完成了1个合同金额不低于120万元的单项装修工程业绩（业绩不含港澳台地区）（提供业绩合同复印件并加盖公章）；
4. 投标人具备建设行政主管部门颁发的建筑装修装饰工程专业承包（2015年新标准）二级及以上资质，并具备有效的安全生产许可证（提供资质证书复印件并加盖公章）；
5. 投标人拟派项目经理须具有注册二级或以上建造师（建筑工程）执业资格证书，持有安全生产考核合格证书（B证）（提供证书复印件并加盖公章）；
6. 投标人拟派八大员（施工员、安全员、材料员、质量员、资料员、机械员、劳务员、标准员）须具有有效的岗位证书或培训证书，安全员可提供建设行政主管部门核发的经年检合格有效的安全生产考核合格证书（C证）替代岗位证书（提供证书复印件并加盖公章）；
7. 投标人须具有足够的经济实力，利润表中的"净利润"，2019—2021年内至少两年不为负数；投标人须具有依法缴纳税收的良好记录，提供近一年（开标之月前12个月内，不含开标当月）内不少于3个月的依法缴纳税收的证明；投标人须具有依法缴纳社会保障资金的良好记录，提供近一年（开标之月前12个月内，不含开标当月）内不少于3个月的依法缴纳社会保险的证明；
8. 被中国××银行股份有限公司列入采购供应商禁入名单，且在执行期中的，其资格审查不合格；
9. 外埠来赣施工单位根据《关于优化省外进赣建设工程企业信息登记服务和管理的通知》（赣建字[2021]4号）要求办理企业进赣信息管理系统登记（提供能够充分反映企业备案成功的网页截图，截图数量不限且需加盖投标人单位公章），根据赣建城镇[2021]19号文，江西住建云不再办理省外进赣施工企业单项工程投标信息登记；
10. 本项目不接受联合体投标

续表

招标条件及工程基本情况	
招标文件的获取	
获取时间:从 2023 年 1 月 17 日 8 时 30 分到 2023 年 1 月 29 日 17 时 30 分。 获取方式:请将获取文件所需资料扫描发至邮箱,工本费 600 元,售后不退	
投标文件的递交	
递交截止时间:2023 年 2 月 7 日 9 时 30 分。 递交方式:在开标地点现场递交投标文件;逾期送达或者未送达指定地点的或未按照招标文件要求密封的,招标人/招标代理机构不予接收	
开标时间及地点	
开标时间:2023 年 2 月 7 日 9 时 30 分。 开标地点:江西省××招标咨询有限公司(江西省南昌市××区××大道 1999 号 ××公共配套中心 3♯商业楼店面 110-113 室)一楼开标厅	
其他	
1.本项目公告发布网站: 中国招标投标公共服务平台 http://www.cebpubservice.com/ 江西省××招标咨询有限公司官网 https://www.baijuzb.cn/ 2.获取文件所需资料:提供符合投标人资格要求的证明材料	
联系方式	
招标人:中国××银行股份有限公司××分行 地址:××市××区××大道 888 号 联系人:××先生 电话:×××××××× 电子邮件:/ 招标代理机构:江西省××招标咨询有限公司 联系人:××、××、 电话:×××××××× 电子邮件:××××.com	

招标代理机构:(单位章) 法定代表人:(章) 年 月 日	招标人:(单位章) 法定代表人:(章) 年 月 日	招投标监管机构:(单位章) 经办人:(章) 年 月 日

六、资格预审

对申请资格预审的投标人送交填报的资格预审文件和资料进行评比分析,确定出合格的投标人名单。应注意,不得在区域、行业、所有制形式等方面违法设置限制条件来进行资格审查。对于依法必须进行招标的项目,合格投标人名单确定后,可能还需要报相关招标管理机构备案等(具体按当地及项目所属行业规定执行)。

七、发放招标文件

招标人(或招标代理机构)应当根据招标项目的特点和需要编制招标文件,并通过适当的方式向资格预审合格的潜在投标人提供这些文件。招标文件应符合公平竞争审查规则,不得含有倾向或排斥潜在投标人的内容,且尽可能采用标准模板。

八、现场勘察

招标人组织投标人进行现场勘察,让其了解工程场地和周围环境情况,以获取投标单位认为有必要的信息。招标人应确保所有投标人有平等的现场勘察机会,不得对不同投标人区别对待。

九、招标预备会

招标预备会旨在澄清招标文件中的疑问,解答投标人对招标文件和现场勘察中所提出的问题。会议内容及结果应以书面形式告知所有投标人,确保信息公开透明。

十、投标文件的接收

投标人根据招标文件的要求,编制投标文件,并进行密封和标志,在投标截止时间前在规定的地点递交至招标人。招标人接收投标文件并将其密封保存,不得提前开启或泄露投标文件内容。如有电子投标等新形式,应按照相关规定执行操作。

十一、开标

建筑装饰工程开标是指在建筑装饰工程项目中,投标人提交投标文件后,招标人依据招标文件规定的时间和地点,开启投标人提交的投标文件并唱标。电子开标中,开标信息在电子平台上展示,包括投标人名称、投标报价等关键信息。主持人按照既定程序进行唱标,公布各投标人的投标报价等关键数据。

十二、评标

建筑装饰工程评标是指在建筑装饰工程招标投标过程中,对投标人提交的投标文件进行系统评审、比较和分析,以确定中标候选人的过程。2025年起必须招标的工程项目实行暗标评审,推行评标过程"盲抽暗评",评标专家对评标行为终身负责,如有现场评标,甲方代表、代理机构、评标专家要物理隔开,通过视频语音开展评标。

十三、定标

定标,又称决标,是在建筑装饰工程或其他招标项目中,招标人或其委托的评标委员会经过评标程序后,从投标者中最终选定中标者作为工程承包方或商品供应方的活动。招标人自主确定中标人,不能通过抽签、摇号、抓阄等方式确定。

十四、合同签订

招标人与中标人应当自中标通知书发出之日起 30 日内,按照招标文件和中标人的投标文件签订工程承包合同。合同内容应符合相关法律法规及政策要求,保障双方的合法权益。

【招标文件示例】

招标文件的组成:

第一章:投标人须知

一、投标人须知前附表(附表格,见表 2-2)

二、总则(附表格,见表 2-3)

三、招标文件

四、投标文件

五、投标

六、开标

七、评标

八、合同授予

九、纪律和监督

十、需要补充的其他内容

十一、电子招标投标

第二章:评标办法(附表格,见表 2-4)

一、评标方法

二、评审标准

三、评标程序

第三章:合同条款及格式

一、通用合同条款

二、专用合同条款

三、合同附件格式

第四章:工程量清单

一、工程量清单说明

二、投标报价说明

三、其他说明

四、工程量清单

第五章:技术标准和要求

第六章:投标文件格式

一、投标函及投标函附录
二、法定代表人身份证明
三、授权委托书
四、投标保证金
五、已标价工程量清单

表 2-2 投标人须知前附表

序号	内容
1	项目名称:中国××银行股份有限公司××分行××大道支行迁址装修改造项目 招标编号:JXBJ23121300201
2	投标人资格要求:详见"投标邀请书(招标公告)"
3	本项目资金来源:已落实。 本项目招标控制价:人民币贰佰肆拾万零壹佰壹拾壹元壹角柒分(￥2400111.17 元)。 本项目要约价:人民币贰佰贰拾肆万壹仟柒佰贰拾柒元叁角捌分(￥2241727.38 元)。 投标报价:投标人就《招标项目需求一览表》中的内容作完整唯一报价
4	投标有效期:投标截止日期后 180 个日历日
5	1. 本项目投标保证金:人民币肆万元整(￥40000 元)(须足额按时交纳)。 2. 投标保证金支付形式:投标保证金以银行转账、支票、汇票、本票、电汇或者金融机构、担保机构出具的保函(见索即付)等非现金形式提交给本项目招标代理机构指定接收保证金账户。 3. 投标保证金递交截止日期:投标人应在投标截止时间前将投标保证金递交至招标代理机构指定接收账户。 4. 其他:请投标人在(提交投标保证金时)汇款时注明所投标项目的招标编号,否则,因款项用途不明或未及时到账导致被否决(投标无效)等后果由投标人自行承担。 5. 指定接收保证金账户: 户名:江西省××××招标咨询有限公司 开户银行:交通银行南昌迎宾支行 账号:36160310001801001×××× 6. 投标保证金应在投标截止之日起 180 天内保持有效(投标保证金有效期应当与投标有效期一致)

表 2-3 总则

序号	内容
1 项目说明	1.1 项目名称:中国××银行股份有限公司××分行××大道支行迁址装修改造项目 1.2 招标编号:JXBJ23121300201 1.3 招标方式:公开招标

续表

序号	内容
2 定义	2.1 "招标人"是指：中国××银行股份有限公司××分行。 2.2 "招标代理机构"是指：江西省××招标咨询有限公司。 2.3 "招标单位"是指：招标人及其招标代理机构。 2.4 "投标人"是指：在招标投标活动中以中标为目的响应招标、参与竞争的法人或其他组织；满足招标文件规定的资格要求及特殊条件要求，响应招标、参加投标，并符合规定的供应商。 2.5 "中标人"是指：经法定程序确定并授予合同的投标人。 2.6 "投标文件"是指：投标人应招标文件要求编制的响应性文件，一般由商务文件、技术文件、报价文件和其他部分组成。 2.7 "投标保证金"是指：投标人按照招标文件的要求向招标人出具的，以一定金额表示的投标责任担保。其实质是为了避免因投标人在投标有效期内随意撤回、撤销投标或中标后不能提交履约保证金和签署合同等行为而给招标人造成损失。投标保证金除现金外，可以是银行出具的银行保函、保兑支票、银行汇票或现金支票
3 合格的工程（服务）	3.1 "工程"是指与本项目招标工程范围内有关的工程内容。招标文件中没有提及工程材料来源地的，均应是本国材料，优先采购节能、环保材料。提供的材料必须是其合法生产的符合国家有关标准要求的材料，并满足招标文件规定的合理使用年限、相关技术指标、规格、参数、质量、价格等要求
4 投标费用	4.1 投标人应自行承担所有与准备和参加投标有关的全部费用。不论投标的结果如何，招标人和招标代理机构在任何情况下均无义务和责任承担此等费用
5 禁止事项	5.1 招标人、投标人和招标代理机构不得相互串通损害国家利益、社会公共利益和其他当事人的合法权益；不得以任何非法手段排斥其他投标人参与竞争。 5.2 投标人不得向招标人、招标代理机构、评标委员会的组成人员行贿或者采取其他不正当手段谋取中标。 5.3 《中华人民共和国招标投标法》及相关法规规定的其他禁止事项

本任务案例评标办法如下。

本次招标采用综合评分法，满分 100 分。

F1：报价部分评分。

F2：技术部分评分。

F3：商务部分评分。

F2、F3 部分的各项最终得分：各评委评分的算术平均值，计算分数时四舍五入取小数点后两位。

综合得分：F＝F1＋F2＋F3。

评分说明：评标委员会根据招标文件对各投标人的投标文件中的技术部分和商务部分响应情况进行评审和综合评估并打分；评标委员会成员打分时不得协商，应独立完成。根据评标委员会的综合打分结果，得出投标人的评标名次排序。

表 2-4　评标办法

评分指标	评议内容	分值
价格评审(20分)		
投标报价	响应要约价得20分,否则投标无效。 评审依据:开标一览表	20分
技术评审(60分)		
技术要求	投标人完全响应招标文件第五章"技术标准和要求"得30分,否则投标无效。 评审依据:技术响应(偏离)说明表	30分
施工合理化建议和降低成本措施	提供了施工合理化建议的,得2分。 施工合理化建议满足工程需要并有针对性,得4分。 施工合理化建议满足工程需要并有针对性,施工合理化建议有采纳价值及社会和经济效益,降低成本措施切实可行,得6分。 评审依据:施工组织设计	6分
施工进度计划及工期保证措施	提供了施工进度计划网络图及横道图的,得2分。 施工进度计划网络图及横道图基本合理、可行,控制措施有力,得4分。 施工进度计划网络图及横道图优化合理紧凑、费用较低及工期保证措施合理、可行,控制措施强有力,得6分。 评审依据:施工组织设计	6分
施工安全保证措施	提供了施工安全保证体系的,得2分。 施工安全保证体系基本完善,措施操作性基本可行,得4分。 施工安全保证体系完善,措施操作可行,得6分。 评审依据:施工组织设计	6分
施工质量保证措施	提供了施工质量保证体系的,得2分。 施工质量保证体系基本完善,措施操作性基本可行,得4分。 施工质量保证体系完善,措施操作可行,得6分。 评审依据:施工组织设计	6分
工序质量控制措施和自检、自控措施	提供了工序质量控制措施和自检、自控措施的,得2分。 提供的工序质量控制措施和自检、自控措施较完善、较合理,没有明显错误,得4分。 提供的工序质量控制措施和自检、自控措施完善、合理,没有错误,得6分。 评审依据:施工组织设计	6分
商务评审(20分)		
商务要求	投标人完全响应招标文件合同条款要求,得10分,否则投标无效。 评审依据:合同条款响应(偏离)说明表	10分

续表

评分指标	评议内容	分值
业绩	满足资格要求基础上： 1. 每提供1个单项不低于120万元银行装饰或改造工程项目，每有1个业绩得2分。 2. 每提供1个单项低于120万元银行装饰或改造工程项目，每有1个业绩得1分。 注：同一业绩不重复计算，合计最多得10分。 评审依据：在投标文件中提供合同、中标通知书、竣工验收报告三项材料的复印件并加盖公章，在评标现场核查原件，否则不得分	10分

任务五　招标信息的发布与修正

一、招标信息的发布

（1）发布平台：根据国家发展改革委第10号令《招标公告和公示信息发布管理办法》，依法必须招标项目的招标公告和公示信息应当在"中国招标投标公共服务平台"或者项目所在地省级电子招标投标公共服务平台发布。

（2）多平台发布与转载：依法必须招标项目的招标公告和公示信息除在发布媒介发布外，招标人或其招标代理机构也可以同步在其他媒介公开，并确保内容一致。其他媒介可以依法全文转载依法必须招标项目的招标公告和公示信息，但不得改变其内容，同时必须注明信息来源。

（3）文件出售时限：招标人应当按招标公告或投标邀请书规定的时间、地点出售招标文件或资格预审文件。对于依法必须进行招标的项目，自招标文件开始发出之日起至投标人提交投标文件截止之日止，最短不得少于20日。

（4）文件购买与收费：投标人必须自费购买相关招标或资格预审文件。招标人发售资格预审文件、招标文件收取的费用应当限于补偿印刷、邮寄的成本支出，不得以营利为目的。

（5）不得擅自终止：招标人在发布招标公告、发出投标邀请书后或者售出招标文件或资格预审文件后不得擅自终止招标。

二、招标信息的修正

招标人在招标文件已经发布之后，发现有问题需要进一步澄清或修改的，必须依据以下原则进行。

（1）时限：招标人对已发出的招标文件进行必要的澄清或修改，应当在招标文件要求提交投标文件截止时间至少15日前发出。如果澄清或者修改的内容可能影响投标文件编制，招标人应当在投标截止时间至少15日前，以书面形式通知所有获取招标文件的潜在投标人；不足15日的，招标人应当顺延提交投标文件的截止时间。

(2) 形式：所有澄清文件必须以书面形式进行。

(3) 全面：所有澄清文件必须直接通知所有招标文件收受人。澄清或修改的内容应为招标文件的有效组成部分。

由于修正和澄清文件是对原招标文件的进一步补充和说明，因此澄清或修改的内容应为招标文件的有效组成部分。

 习 题

一、名词解释

1. 招标人；2. 招标资质；3. 公开招标；4. 邀请招标；5. 招标代理机构；6. 招标文件；7. 招标控制价；8. 资格预审；9. 评标；10. 定标

二、单项选择题

1. 与邀请招标相比，公开招标最大的优点是(　　)。

A. 节省招标费用

B. 招标时间短

C. 减小合同履行过程中承包商不违约的风险

D. 竞争激烈

2. 对一个邀请招标的工程，参加招标的单位不得少于(　　)。

A. 2家　　　　　B. 3家　　　　　C. 5家　　　　　D. 没有限制

3. 关于招标代理的叙述中，下列错误的是(　　)。

A. 招标人有权自行选择招标代理机构，委托其办理招标事宜

B. 招标人具有编制招标文件和组织评标能力的，可以自行办理招标事宜

C. 任何单位和个人不得以任何方式为招标人指定招标代理机构

D. 住房城乡建设主管部门可以为招标人指定招标代理机构

4. 从事工程建设项目招标代理业务的招标代理机构，其资格由(　　)认定。

A. 县级以上人民政府的住房城乡建设主管部门

B. 市级以上人民政府的住房城乡建设主管部门

C. 省级以上人民政府的住房城乡建设主管部门

D. 国务院或者省、自治区、直辖市人民政府的住房城乡建设主管部门

5. 招标代理机构与行政机关和其他国家机关不得存在(　　)。

A. 管辖关系　　　　　　　　　B. 隶属关系或其他利益关系

C. 监督关系　　　　　　　　　D. 服务关系

6. 某中型化工厂施工图设计完成后进行设备安装招标，此时宜采用(　　)方式选择承包商。

A. 公开招标　　　B. 邀请招标　　　C. 直接委托　　　D. 议标

7. 下列排序符合《中华人民共和国招标投标法》和《工程建设项目施工招标投标办法》规定的招标程序的是(　　)。

①发布招标公告　②资质审查　③接受投标书　④开标、评标

A. ①②③④   B. ②①③④   C. ①③④②   D. ①③②④

8. 招标单位组织勘查现场时,对某投标者提出的问题,应(　　)。
A. 以书面形式向提出人作答复   B. 以口头形式向提出人作答复
C. 以书面形式向全部投标人作答复   D. 可不向其他投标者作答复

9. 一个施工招标工程,应编制(　　)招标控制价(标底)。
A. 1个   B. 2个   C. 最多3个   D. 可多个

10. 按《工程建设项目施工招标投标办法》的规定,不得对(　　)进行招标。
A. 项目的全部工程   B. 单位工程的分部分项工程
C. 单位工程   D. 特殊专业工程

11. 住房城乡建设主管部门派出监督招标投标活动的人员可以(　　)。
A. 参加开标会   B. 作为评标委员   C. 决定中标人   D. 参加定标投票

12. 招标人串通招标,抬高标价或者压低标价的行为是(　　)。
A. 市场行为   B. 企业行为
C. 正当竞争行为   D. 不正当竞争行为

三、多项选择题

1. 有资格代理招标的机构应具备的条件包括(　　)。
A. 必须是法人组织   B. 不得与行政机关有隶属关系
C. 有从事招标代理业务的场所   D. 有编制招标文件的能力
E. 有自己的评标专家库

2. 选择招标方式时主要考虑因素包括(　　)
A. 工程项目的特点   B. 图纸和技术资料的准备情况
C. 招标单位的管理能力   D. 业主与某一施工单位的关系
E. 施工的专业技术特点

3. 施工招标划分合同工作范围时,应考虑的影响因素包括(　　)。
A. 有利于本地区的承包商   B. 有利于本系统的承包商
C. 施工内容的专业要求   D. 避免施工现场的交叉干扰
E. 对项目建设总投资的影响

4. 属于招标文件主要内容的是(　　)。
A. 设计文件   B. 工程量清单
C. 投标书的编制要求   D. 选用的主要施工机械
E. 施工方案

5. 住房城乡建设主管部门发现(　　)情况时,可视为招标人违反《中华人民共和国招标投标法》的规定。
A. 没有编制招标控制价(标底)
B. 在资格审查条件中设置不允许外地承包商参与投标的规定
C. 在评标方法中设置对部分投标人压低分数的规定
D. 强制投标人必须组成联合体投标
E. 没有委托代理机构招标

6. 对投标单位有约束力的招标文件,其组成内容包括(　　)。

A. 招标广告　　B. 工程量清单　　C. 技术规范　　D. 合同条件
E. 图纸和技术资料

四、判断题

1. 建筑装饰工程施工招标是指招标人通过发布招标公告或邀请承包商来参加竞争,从中选择承包商的活动。(　　)
2. 招标人必须是法人代表,不能是其他组织。(　　)
3. 招标人的招标资质是指招标人进行招标活动所必须具备的资质证书。(　　)
4. 招标人有权对参加投标的潜在投标人进行资质审查,拒绝不合格的潜在投标人。(　　)
5. 招标人进行投标资格审查时,不需要考虑投标人的资金或财务状况。(　　)
6. 招标人应接受招标投标管理机构的管理和监督,但无须遵守法律、法规。(　　)
7. 公开招标和邀请招标的主要区别在于发布信息的方式和选择的范围。(　　)
8. 招标人具有编制招标文件和组织评标能力的,可以自行办理招标事宜,无须备案。(　　)
9. 招标代理机构是依法设立、从事招标代理业务并提供相关服务的社会中介组织,可以代理投标。(　　)
10. 招标文件的编制应当包括招标项目的技术要求、投标报价要求和评标标准等实质性要求。(　　)
11. 招标控制价是招标人在招标过程中编制的最高投标限价,用于确保预算和成本控制。(　　)
12. 招标人采用公开招标方式的,应当发布招标公告,但无须载明招标人的名称和地址。(　　)
13. 资格预审是对申请资格预审的投标人送交的资格预审文件和资料进行评比分析,以确定合格的投标人名单。(　　)
14. 招标人在招标文件已经发布后,发现有问题需要澄清或修改的,应当在开标前进行。(　　)
15. 招标人发售招标文件收取的费用可以高于印刷、邮寄的成本支出,以营利为目的。(　　)

五、简答题

1. 简述招标人的主要职责。
2. 公开招标和邀请招标的主要区别有哪些?
3. 招标代理机构应具备哪些条件?
4. 简述招标程序的主要步骤。
5. 招标信息发布与修正应遵循哪些原则?

【技能实训】

【实训 2-2】
背景:某大型商业地产开发商计划对其旗下的一处购物中心进行内部装修升级,项目涉及多个楼层,总面积超过5万平方米,预算高达2亿元。为了确保工程质量、工期及成本控制,开发商决定通过招标方式选择合适的建筑装饰工程施工承包商。

问题：

1. 作为该商业地产开发商,其作为招标人应具备哪些招标资质？在招标过程中,如何对潜在投标人的资质进行有效审查？

2. 考虑到项目的规模、预算及重要性,开发商应选择公开招标还是邀请招标？请分析两种招标方式的优缺点,并给出建议。

解答：

1. 招标人(商业地产开发商)应具备独立法人资格,能够依法独立享有民事权利和承担民事义务。招标人应具备组织招标活动所必需的条件和素质,包括专业的招标团队、完善的招标管理制度等。在资质审查方面,招标人应要求潜在投标人提供企业注册证明、技术等级证书、主要施工经历、质量保证措施、技术力量简况等相关资料,并进行全面审查,确保投标人的资质符合项目要求。

2. 招标方式选择：

公开招标：优点在于能够吸引更多潜在投标人参与竞争,提高招标项目的透明度和公正性；缺点在于招标过程可能较为复杂,需要投入较多的人力、物力和时间。

邀请招标：优点在于招标过程相对简单,能够节省时间和成本；缺点在于投标人的选择范围有限,可能无法充分竞争,导致中标价格偏高或工程质量难以保证。

考虑到项目的规模、预算及重要性,建议采用公开招标方式,以吸引更多优质承包商参与竞争,确保工程质量、工期及成本控制。

项目三　建筑装饰工程施工投标

建筑装饰工程施工投标是建筑装饰施工企业在激烈的竞争中,凭借本企业的实力和优势、经验和信誉,以及投标水平和技巧获得工程项目承包任务的过程。

建筑装饰工程施工投标是指投标人(又称"承包商")获得招标信息后,根据招标文件所提出的各项条件和要求,结合本企业的承包能力、工程质量、工程价格编制投标文件,并通过投标竞争而获得承包该建筑装饰工程施工的活动。

任务一　投标人及联合体投标

一、投标人

建筑装饰工程施工投标人是指在建筑装饰工程施工项目招标过程中,根据招标公告或邀请书,具备相应资质和条件,参与投标竞争,希望承接该建筑装饰工程项目的设计、施工或相关服务的法人、其他组织或个人。依据相关规定,招标人的任何不具独立法人资格的附属机构(单位),或者为招标项目的前期准备或者监理工作提供设计、咨询服务的任何法人及其任何附属机构(单位),都无资格参加该招标项目的投标。同时,根据《中华人民共和国建筑法》,承包建筑工程的单位应当持有依法取得的资质证书,并在其资质等级许可的范围内承揽工程。此外,投标人还应注意投标文件的形式等要求,如招标文件要求加盖公司印章并且要法定代表人签字并盖章等,应按要求执行。

二、联合体投标

对于一些大型或结构复杂的装饰工程项目,法律允许几个投标人组成一个联合体,以一个投标人的身份共同投标。根据《中华人民共和国招标投标法》及相关规定,联合体投标是指两个以上法人或者其他组织可以组成一个联合体,以一个投标人的身份共同投标。具体规定如下:

(1)资质要求:联合体各方均应当具备承担招标项目的相应能力,国家有关规定或者招标文件对投标人资格条件有规定的,联合体各方均应具备规定的相应资格条件。由同一专业的单位组成的联合体,按照资质等级较低的单位确定资质等级。

(2)协议要求:联合体各方应签订联合体协议书,明确约定各方在拟承包的工程中所承担的义务和责任,并指定牵头人,同时应当向招标人提交由所有联合体成员法定代表人签署的授权书。联合体协议书应同投标文件一并提交给招标人。

(3)法律责任:若联合体中标,各方应当共同与招标人签订合同,并就中标项目向招标人承担连带责任。

(4) 其他限制:招标人不得强制投标人组成联合体共同投标,不得限制投标人之间的竞争。招标人应当在资格预审公告、招标公告或者投标邀请书中载明是否接受联合体投标。招标人接受联合体投标并进行资格预审的,联合体应当在提交资格预审申请文件前组成。资格预审后联合体增减、更换成员的,其投标无效。联合体各方在同一招标项目中以自己名义单独投标或者参加其他联合体投标的,相关投标均无效。

(5) 保证金规定:联合体投标的,应当以联合体各方或联合体中牵头人的名义提交投标保证金。以联合体中牵头人名义提交的投标保证金,对联合体各成员具有约束力。

下面给出两个联合体投标协议书格式。

联合体投标协议书(1)

甲方:＿＿＿＿＿＿＿＿＿＿＿＿
乙方:＿＿＿＿＿＿＿＿＿＿＿＿
为共同参加＿＿＿＿＿＿＿＿＿＿＿＿项目的投标,甲乙双方经友好协商,达成以下协议:

一、双方关系

甲、乙双方组成一个联合体,以一个联合体的身份共同参加本项目的投标。甲方作为主办单位,乙方作为联合体成员单位,双方愿对投标结果承担相应的责任和义务,并自觉履行标书规定。

二、双方责权

1. 甲方负责＿＿＿＿＿＿＿＿＿＿＿＿施工,并确保相关项目达到国家标准规范,工程质量达到合格(一次性通过验收)。

2. 乙方负责＿＿＿＿＿＿＿＿＿＿＿＿施工,并确保相关项目达到国家标准规范,工程质量达到合格(一次性通过验收)。

3. 若本项目中标,甲、乙双方共同与招标人签订承包合同,签署的合同协议书对联合体各方均具法律约束力。

4. 双方参与施工,乙方必须服从甲方现场项目经理的现场管理。

5. 甲方作为联合体双方的代表,承担责任和接受指令,并负责整个合同的全面履行和接受本项目工程款的支付;甲方接受到属乙方的工程款,应当在工程款到达甲方的账户当天拨付给乙方。

6. 甲、乙双方在项目合作中必须密切配合、尽职尽责,双方优质、高效地完成各自施工的项目,承担各自施工项目的一切责任。

7. 本协议一经签订,双方必须全面履行,任何一方不得擅自变更或解除协议条款,本协议未尽事宜,由双方另行商定补充协议。

三、协议份数

本协议一式八份,甲、乙双方各执一份,六份用于投标报名、资审文件和投标文件。

甲方:＿＿＿＿＿＿＿＿＿＿＿＿ 法定代表人:＿＿＿＿＿＿＿＿＿＿＿＿
乙方:＿＿＿＿＿＿＿＿＿＿＿＿ 法定代表人:＿＿＿＿＿＿＿＿＿＿＿＿
签约日期:＿＿＿＿年＿＿＿＿月＿＿＿＿日
签约地点:＿＿＿＿＿＿＿＿＿＿＿＿

联合体投标协议书(2)

立约方：＿＿＿＿＿＿＿＿＿＿＿＿（下简称甲方）
　　　　＿＿＿＿＿＿＿＿＿＿＿＿（下简称乙方）

甲、乙双方自愿组成联合体，以一个投标人的身份共同参加＿＿＿＿＿＿项目的投标。双方在平等互利的基础上，就工程的投标和合同实施阶段的有关事务协商一致，订立如下协议，共同遵守执行：

1. ＿＿＿＿＿＿＿＿＿＿＿方作为联合体的牵头单位指定＿＿＿＿＿＿为牵头人，授权其代表联合体双方负责投标和合同实施阶段的主办、协调工作。（附双方法定代表人签署的《授权书》）

2. 双方均有义务提供足够的资料，以满足招标人对投标资格的要求。

3. 参加本项目的投标时，投标保证金由＿＿＿＿＿＿负责提交。

4. 联合体的投标文件、招标人的招标文件、联合体与招标人签订的合同均对双方具有约束力。

5. 如果本联合体中标，甲方将享有和承担完成本工程中的＿＿＿＿＿＿＿＿＿＿的施工工作的权利和义务，并获得由此而得到的收益和承担相关的责任；乙方将享有和承担完成本工程中的＿＿＿＿＿＿＿＿＿＿的施工工作的权利和义务，并获得由此而得到的收益和承担相关的责任。

6. 联合体的一方没有履行自己的义务时，应承担另一方由此而造成的直接损失。

7. 因联合体的一方或双方没有履行自己的义务，造成联合体在履行与招标人的合同时违约或联合体与招标人的合同无法继续履行时，直接责任方应承担相关责任。

8. 如果本联合体中标，在与招标人签订承包合同之前，双方应就本项目实施过程的有关问题协商一致后，另行签订补充协议，补充协议与本协议具有同等的约束力。

甲方：(盖章)＿＿＿＿＿＿＿＿＿＿＿＿＿　　乙方：(盖章)＿＿＿＿＿＿＿＿＿＿＿＿＿

法定代表人：(签名)＿＿＿＿＿＿＿＿＿　　法定代表人：(签名)＿＿＿＿＿＿＿＿＿
　　　　　　　　　　　　　　　　　　　　　　　　　　　　　　年　　月　　日

任务二　投标行为要求

一、保密要求

为切实保障投标竞争的公平、公正，必须对招标投标活动中的各方当事人提出严格的保密要求。招标控制价(标底)属于重要的项目信息，直接影响到投标的公平性，必须严格保密；潜在投标人的名称和数量以及其他可能影响公平竞争的招标相关情况，同样严禁泄露。投标文件及其修改、补充的内容必须进行密封处理，招标人在签收后，不得擅自开启，必须确保投标文件以原样保存,直至开标环节。在采用电子招标投标的项目中,相关数据和信息也应采取严格的加密措施,防止信息泄露。

二、严厉禁止以低于成本的价格竞标

依据《中华人民共和国招标投标法》,投标人绝对不得以低于成本的报价参与竞标。这一规定具有重要意义:一方面,能够有效避免投标人在以低于成本的报价中标后,通过粗制滥造、偷工减料、以次充好等违法违规手段,不正当降低成本以挽回损失,从而对工程质量造成严重危害;另一方面,有利于维护正常的投标竞争秩序,防止出现投标人以低于其成本的报价进行不正当竞争,损害其他以合理报价参与竞争的投标人的合法利益。对于如何界定"低于成本",通常由相关行政监督部门根据国家或地方的工程造价管理规定、市场价格信息以及企业的实际成本情况进行综合判定。

三、诚实信用要求

《中华人民共和国招标投标法》明确规定,投标人严禁相互串通投标报价,不得排挤其他投标人的公平竞争,损害招标人或者其他投标人的合法权益;同时,投标人也不得与招标人串通投标,损害国家利益、社会公共利益或者他人的合法权益;坚决禁止投标人以向招标人或者评标委员会成员行贿的手段谋取中标。具体来说,凡是投标人之间相互约定抬高或压低投标报价,或者约定分别以高、中、低价位报价;投标人之间先进行内部议价,内定中标人后再进行投标;以及存在其他明显的串通投标行为的,均被认定为投标人串通投标行为。一旦发现此类行为,将依据相关法律法规进行严厉惩处,包括但不限于取消投标资格、罚款、禁止一定期限内参与招标投标活动等。

任务三　建筑装饰工程施工投标主要工作流程

一、成立投标机构

机构成员包括经营管理类人才、专业技术人才、财经类人才,明确各成员职责,确保投标工作顺利开展。

二、参加资格预审和获取招标文件

投标企业按照招标公告或投标邀请函的要求,在规定时间内通过指定平台或渠道向招标企业提交相关资料。投标企业资格预审通过后,按规定的方式和费用获取招标文件及相关工程资料。

三、参加现场踏勘和投标答疑会

招标人通常会组织现场踏勘,投标人应积极参加,全面了解项目实施现场的地质、气候、周边环境等客观条件以及现场障碍物、水电供应等情况。同时,招标人可能会召开投标答疑会,投标人可在会上就招标文件和现场踏勘中存在的疑问进行提问,招标人应进行统一解答并形成书面文件,作为招标文件的补充。

四、编制施工组织设计

施工组织设计应结合项目特点和企业自身优势,详细规划人员机构配置、施工机具选型与调配、安全保障措施、技术创新与质量控制措施、施工进度计划与方案、绿色施工与节能降耗措施等内容,突出科学性、合理性和可行性。

五、编制投标报价

根据招标文件规定的计价方式、工程量清单等,结合市场价格信息和企业成本核算,准确、合理地编制投标报价。报价编制完成后,应进行多轮核对和分析,确保无计算错误和漏项,同时注意报价的保密性,为决策层提供准确的报价依据。

六、制作投标文件

投标机构应将所有投标文件,包括商务文件、技术文件、资格证明文件等,按照招标文件规定的格式、顺序和要求进行整理、装订成册。对于商务标和技术标,应严格按照要求分开装订,并在规定位置加盖公章、签字等,确保投标文件的完整性和规范性。

七、递交投标文件、保证金和参加开标会

投标人应在投标截止时间前,将密封完好的投标文件和足额的投标保证金按照招标文件规定的方式和地点递交。建议提前安排好时间,避免因交通、技术等问题导致逾期送达。开标时,投标人应派授权代表准时参加开标会议,携带好相关身份证明文件和授权委托书等,配合招标人或招标代理机构进行开标流程,如检查投标文件密封情况、唱标等,并对开标过程进行记录和签字确认。

任务四 建筑装饰工程施工投标文件

一、建筑装饰工程施工投标文件的组成

(1) 投标函及投标函附录:对投标项目的报价、工期、质量等关键内容进行明确承诺。
(2) 法定代表人身份证明或附有法定代表人身份证明的授权委托书:证明投标主体的合法性及代理人的授权合法性。
(3) 联合体协议书:若为联合体投标,应明确联合体各方的权利义务、责任分担等。
(4) 投标保证金:作为投标担保,确保投标人遵守投标承诺。
(5) 已标价工程量清单:详细列出各分项工程的工程量及对应的报价。

(6) 施工组织设计：包括施工方案、施工进度计划、施工平面布置图、资源配置计划等。

(7) 项目管理机构：展示项目管理团队的人员构成、资质、职责分工等。

(8) 拟分包项目情况表：如有拟分包的项目，应说明分包内容、分包商情况等。

(9) 资格审查资料：如营业执照、资质证书、安全生产许可证、业绩证明、财务状况证明、人员资格证书等。

(10) 其他材料：如投标人承诺书、类似项目经验证明、新技术新工艺应用证明等。

二、建筑装饰工程施工投标文件的编制

(1) 格式规范：投标文件应按招标文件及现行相关标准规范的投标文件格式编写，可增加附页。投标函附录在满足实质要求基础上，可提出更有利招标人的承诺。

(2) 实质响应：必须对招标文件的工期、投标有效期、质量、技术标准与要求、招标范围等实质性内容精准响应。

(3) 签字盖章：应用不褪色材料书写或打印，由法定代表人或委托代理人签字或盖单位章，委托代理应附授权委托书。尽量避免涂改，如有改动应按要求盖章或签字确认。

(4) 正副本要求：正本通常1份，副本数量按招标文件规定。正副本封面标记清晰，不一致时以正本为准，且应分别装订成册并编制目录。

任务五　投标保证金的设置

一、相关法律规定汇总

(1)《中华人民共和国招标投标法实施条例》：招标人要求提交投标保证金的，投标保证金不得超过招标项目估算价的2%，有效期应与投标有效期一致。依法必须招标的境内项目，以现金或支票形式的投标保证金应从基本账户转出，招标人不得挪用。

(2)《工程建设项目施工招标投标办法》和《工程建设项目货物招标投标办法》：投标保证金一般不得超过投标总价的2%，最高不得超过80万元人民币。

(3)《工程建设项目勘察设计招标投标办法》：招标文件要求提交投标保证金的，保证金数额一般不超过勘察设计费投标报价的2%，最多不超过10万元人民币。

(4)《政府采购货物和服务招标投标管理办法》：招标采购单位规定的投标保证金数额，不得超过采购项目概算的1%。

二、其他相关规定

(1) 缴纳方式：投标保证金除现金外，还可采用银行保函、保付支票、银行汇票、现金支票或招标人认可的其他合法担保形式。

(2) 退款规定：招标人最迟应在书面合同签订后5日内向中标人和未中标的投标人退还投标保证金及银行同期存款利息。投标人在投标截止前撤回投标文件的，招标人收到书面撤回通知之日起5日内退还保证金。

下面根据招标文件要求,给出投标文件部分内容的格式。

投标函

致:_____(招标人名称)

1. 根据已收到的招标编号为 JXBJ23121300201 ××银行装修工程的招标文件,我单位经考察现场和研究上述工程招标文件的投标须知、合同条件、技术规范、图纸和其他有关文件后,我方愿以人民币(大写)_____元(_____元)的总价或根据上述招标文件核实后确定的另一金额,遵照招标文件的要求承担本工程的施工、竣工备案、交付使用和保修责任。

2. 我方已详细审核全部文件及有关附件,并响应招标文件所有条款。

3. 一旦我方中标,我方保证承包工程按合同的开工日期开工,按合同中规定的竣工日期交付招标人正常使用。

4. 我方同意所递交的投标文件在招标文件规定的投标有效期内有效,此期间内我方的投标书始终对我方具有约束力,并随时接受中标。

5. 除非另外达成协议并生效,贵方的招标文件、中标通知书和本投标文件将构成我们双方之间共同遵守的文件,对双方具有约束力。

6. 我方金额为人民币(大写)_____元(_____元)的投标保证金,在领取招标资料时递交。

7. 我方同意一旦发生下列情况,我方的保证金将被没收。
(1)投标人在投标有效期内撤回其投标文件。
(2)投标人在领取中标通知书七日内不与招标人签订合同。

8. 我方法定代表人郑重保证:我方所提交的投标文件严格遵守诚实信用的原则,并随时接受招标人的核查,如果有不真实的资料被查实,我方承担一切责任。

投标单位:_____(盖章)
法定代表人:_____(盖章)
日期 :_____年____月____日

授权委托书、法定代表人资格证明

授权委托书

本人_____(姓名)系_____(投标单位名称)的法定代表人,现授权委托_____(姓名)为我单位代理人,并以我单位名义参加××银行×××分行××支行装修工程施工的投标活动。代理人在投标、开标、评标、合同谈判过程中所签署的一切文件和处理与之有关的一切事务,我均予以承认,并承担相应的法律责任。

委托期限:_____
代理人无权转让委托,特此委托。
附:法定代表人身份证明
投标单位:(盖章)

法定代表人：_____（签字或印章）
身份证号码：_____
委托代理人：_____（签字）
身份证号码：_____
日期：   年   月   日

法定代表人资格证明

单位名称：_____ 地　址：_____
姓　名：_____ 性　别：_____ 年龄：_____ 职称：_____ 系_____
_____的法定代表人。为施工、竣工和保修的工程，签署上述工程的投标文件，进行合同谈判，签署合同和处理与之有关的一切事务。

特此证明。

投标单位：（盖章）

日　期：   年   月   日

习题

一、名词解释

1. 投标人；2. 联合体投标；3. 投标保证金；4. 施工组织设计；5. 施工图预算；
6. 资格预审；7. 投标有效期；8. 招标控制价；9. 共同投标协议

二、单项选择题

1. 根据《中华人民共和国招标投标法》，两个以上法人或者其他组织组成一个联合体，以一个投标人的身份共同投标是（　　）。

  A. 联合体投标　　B. 共同投标　　C. 合作投标　　D. 协作投标

2. 当出现招标文件中的某项规定与招标会对投标人质疑问题的书面回答不一致时，应以（　　）为准。

  A. 招标文件中的规定　　　　　B. 现场考察时招标单位的口头解释
  C. 招标单位在会议上的口头解答　D. 发给每个投标人的书面质疑解答文件

3. 下列选项中（　　）不是关于投标的禁止性规定。

  A. 投标人之间串通投标　　　　B. 投标人与招标人之间串通投标
  C. 招标者向投标者泄露标底　　D. 投标人以高于成本的报价竞标

4. 建筑装饰工程施工投标的主要目的是（　　）。

  A. 获得工程项目承包任务　　　B. 展示企业实力
  C. 积累投标经验　　　　　　　D. 提升企业信誉

5. 根据《中华人民共和国建筑法》的规定，承包建筑工程的单位应具备（　　）条件。

  A. 拥有足够的资金　　　　　　B. 持有依法取得的资质证书
  C. 有良好的社会关系　　　　　D. 有丰富的投标经验

三、判断题

1. 所有感兴趣的法人或其他组织都可以参加建筑装饰工程施工投标。（   ）
2. 投标保证金在领取中标通知书后应立即退还投标人。（   ）
3. 联合体投标中,联合体各方可以随意增减或更换成员。（   ）
4. 投标人不得以低于成本的报价竞标,这是为了维护正常的投标竞争秩序。（   ）
5. 投标文件的编制可以随意涂改,只要最终由法定代表人或其授权的代理人签字确认即可。（   ）

四、简答题

1. 什么是建筑装饰工程施工投标?
2. 哪些单位或个人无资格参加建筑装饰工程施工项目的投标?
3. 联合体投标需要满足哪些条件?
4. 投标保证金有何规定?
5. 投标文件由哪些部分组成?

【技能实训】

【实训 2-3】

背景:某大型购物中心计划进行内部装修工程,该工程规模庞大且技术复杂,因此决定采用公开招标的方式选择合适的建筑装饰施工企业。招标文件明确指出接受联合体投标,并要求联合体各方应具备相应的建筑装饰工程设计与施工资质。现有两家企业,A 公司和 B 公司,有意向组成联合体参与投标。

A 公司资质情况:持有建筑装饰工程设计与施工一级资质,具有良好的社会信誉和经济实力。近五年独立承担过多项大型装饰工程项目,技术和管理水平高。

B 公司资质情况:持有建筑装饰工程设计与施工二级资质,具有一定的社会信誉和经济实力。近五年内也独立承担过不少装饰工程项目,但规模和复杂性较 A 公司略低。

问题:

1. A 公司和 B 公司是否可以组成联合体参与投标?如果可以,联合体在投标过程中需要注意哪些关键点?
2. 联合体投标协议书中应明确哪些关键条款以确保双方权益?

解答:

1. 联合体投标资格:根据《中华人民共和国招标投标法》及相关规定,A 公司和 B 公司可以组成联合体参与投标,因为联合体各方均具备承担招标项目的相应能力,且资质等级符合要求(联合体资质等级按较低方确定,但不影响整体投标资格)。

投标关键点:

联合体各方须签订共同投标协议,明确各方在拟承包工程中的义务和责任。
联合体应共同准备投标文件,确保投标文件的完整性和合规性。
联合体应指定一个牵头单位负责投标和合同实施阶段的主导、协调工作。

2. 联合体投标协议书关键条款:

明确联合体各方的职责分工,包括各自负责的施工部分和质量标准。

约定中标后共同与招标人签订承包合同,并承担连带责任。

约定投标保证金的提交方式和分担比例。

约定联合体内部的沟通协调机制及决策流程。

约定违约责任和解决争议的方式。

A公司和B公司可以组成联合体参与投标,但应注意上述关键点,并在联合体投标协议书中明确关键条款,以确保双方权益并顺利中标。

项目四　建筑装饰工程项目开标、评标和中标

任务一　建筑装饰工程开标程序

一、开标的概念

建筑装饰工程项目的开标,是指招标人依据招标文件规定的时间和地点,当众开启所有投标人按时提交的投标文件,并公开宣布投标人的名称、投标报价以及投标文件中其他关键内容的行为。当参与投标的投标人数量少于3个时,不得进行开标操作,招标人需要重新组织招标工作。若投标人对开标过程存在异议,必须在开标现场当场提出,招标人应立即给予答复,并对整个答复过程进行详细记录,以备后续查证。

开标工作由招标人或其委托的具有相应资质的招标代理机构主持开展,同时应邀请所有参与投标的投标人参加。为确保开标过程的公正、透明,还可邀请招标主管部门、评标委员会、监察部门的相关人员到现场监督。此外,也可委托专业的公证部门,依据相关法律法规对整个开标过程进行公证,以增强开标的权威性和公信力。

二、开标的时间和地点

开标时间必须与招标文件中确定的提交投标文件截止时间保持一致,且应在该时间点公开进行开标。这一规定旨在保证每一位投标人都能提前准确知晓开标的具体时间,确保开标过程公开透明,有效防止部分投标人在投标截止后至开标前的时间段内,对已提交的投标文件进行不正当操作,从而破坏公平竞争的市场环境。

开标地点应当是招标文件中预先确定的地点,这样可使所有投标人都能事先知道开标的地点,事先做好充分准备。

三、开标的程序

开标时,首先由投标人或其推选的代表对投标文件的密封情况进行检查;若投标人同意,也可由招标人委托的公证机构对投标文件的密封情况进行检查并出具公证证明。在确认投标文件密封完好、检查无误后,由现场工作人员当众拆封投标文件,并依次宣读投标人名称、投标报价以及投标文件中的其他关键内容。若投标文件存在未密封或有被开启的痕迹等异常情况,应判定该投标文件无效,其内容不予宣读。

开标过程应进行详细记录,包括但不限于开标时间、地点、参与人员、开标程序、各投标人的投标信息、对异议的处理情况等,并形成规范的开标记录表(如表2-5)。开标记录表应

由主持人和其他相关工作人员签字确认后,作为重要资料存档备查,以便后续对开标过程进行追溯和审查。

表 2-5 开标一览表(格式)

项目名称: 招标编号:

标题	内容
投标报价	(大写)_____元整 (¥_____元)
保证金	(大写)_____元整 (¥_____元)
工期	

投标人名称: （加盖公章）
日期: 年 月 日

开标结束后,严禁任何投标人对投标文件的内容进行修改,也不允许投标人再增加优惠条件。此项规定旨在提高开标的透明度,便于各方监督,确保整个招标活动的公平、公正性。

在开标过程中,若发现投标文件出现以下情形之一的,应判定为无效投标文件,该投标文件将不再进入评标环节:

(1) 投标文件未按照招标文件的明确要求进行密封处理;

(2) 投标文件中的投标函未加盖投标人的企业公章及企业法定代表人印章;或者企业法定代表人委托代理人参与投标时,没有提供合法、有效的委托书(原件)以及委托代理人印章;

(3) 投标文件中的关键内容字迹模糊不清、难以辨认,导致无法准确理解其投标意图和关键信息;

(4) 投标人未按照招标文件的要求提供足额、有效的投标保证金或者投标保函;

(5) 对于组成联合体投标的项目,投标文件中未附上联合体各方共同签署的投标协议。

值得注意的是,近年来,各省相关部门推动招标投标全流程电子化,如:陕西省发展和改革委员会发布的《招标投标领域推行暗标评审实施意见》于 2025 年 1 月起实施。该意见要求,在陕西省全省依法必须招标的工程建设项目试行招标投标暗标评审、网络远程异地评标或席位制分散评标,并推动招标、投标、开标、评标、定标、合同签订等事项实现全流程在线办理,实现全程留痕、可追溯。

电子开标是通过互联网以及联接的交易平台,在线完成数据电文形式投标文件的拆封、解密,展示唱标内容并形成开标记录的工作程序。电子开标的流程如下。

(1) 开标前准备:检查系统与平台,确保所有系统和平台正常运行。

(2) 信息核对与确认:核对投标人信息,确认无误。

(3) 登录平台:投标人登录电子开标平台。

(4) 在线签到:投标人在规定时间内完成在线签到。

(5) 时间确认:确认开标时间已到。

(6) 文件提取:交易平台自动提取投标文件。

(7) 系统检测:交易平台自动检测投标文件数量,在投标文件数量少于 3 个时进行提示,主持人根据实际情况和相关规定决定继续开标或终止开标。

(8) 解密操作:主持人按招标文件规定的解密方式发出指令,要求招标人和(或)投标人准时并在约定时间内同步完成在线解密。解密完成后,交易平台向投标人展示已解密投标文件开标记录信息。

(9) 信息展示与唱标:展示投标人的投标信息,包括投标报价、技术方案等,并进行唱标。

(10) 异议处理:投标人对开标过程有异议的,可通过交易平台即时提出,主持人或相关人员应及时处理。

(11) 生成与确认记录:交易平台生成开标记录,参加开标的投标人在线电子签名确认。开标记录经电子签名确认后,向各投标人公布。

任务二　建筑装饰工程评标程序

建筑装饰工程项目的评标是指按照招标文件的规定和要求,对投标人报送的投标文件进行审查和评议,从而找出符合法定条件的最佳投标的过程。评标由招标人组建的评标委员会负责进行。

一、评标委员会

评标委员会是根据不同的招标项目而设立的临时性机构,对于依法必须招标的项目,其组建应遵循以下规定。

(1) 评标委员会由招标人代表和有关技术、经济等方面的专家组成,成员人数为五人以上的单数。其中技术、经济等方面的专家不得少于评标委员会成员总数的三分之二,应当从国务院或省、自治区、直辖市人民政府有关部门提供的专家名册或招标代理机构的专家库内的相关专业的专家名单中随机抽取。

(2) 招标人应当选派本单位或者上级主管单位的在职人员担任招标人代表;确实无法派出的,应当申请从上文规定的评标专家库中随机抽取评标专家作为招标人代表。

(3) 评标委员会设负责人的,其负责人由评标委员会成员推举产生或由招标人确定,且与评标委员会的其他成员有同等的表决权。评标委员会成员的名单在中标结果确定前应当保密。

二、评标的标准

评标时,应严格按照招标文件确定的评标标准和方法,对投标文件进行评审和比较。设有标底的,应参考标底。任何未在招标文件中列明的标准和方法,均不得采用。

目前评标方法包括综合评估法、经评审的最低投标价法或者法律法规允许的其他评标方法等。

有下列情形之一的,评标委员会应当否决其投标。

(1) 投标文件未经投标单位盖章和单位负责人签字。

(2) 投标联合体没有提交共同投标协议。

(3) 投标人不符合国家或招标文件规定的资格条件。

(4) 同一投标人提交两个以上不同的投标文件或投标报价(招标文件要求提交备选投标的除外)。

(5) 投标报价低于成本或高于招标文件设定的最高投标限价。

(6) 投标文件没有对招标文件的实质性要求和条件作出响应。

(7) 投标人有串通投标、弄虚作假、行贿等违法行为。

三、评标程序

大型建筑装饰工程项目的评标一般可分为初步评审和详细评审两个阶段。

(一) 初步评审

初步评审一般包括形式评审、资格评审和响应性评审。具体如下。

(1) 形式评审:审查投标人名称是否与营业执照、资质证书一致;投标函及投标函附录是否有法人代表或其委托代理人的签字或加盖单位章;投标文件格式是否符合规定;联合体投标人是否提交了符合招标文件要求的联合体协议书、明确了联合体牵头人和各方承担的连带责任;是否遵守了除招标文件明确允许提交备选投标方案外,投标人不得提交备选投标方案的规定。

(2) 资格评审:审查投标人营业执照和组织机构代码证;资质要求;财务要求;业绩要求;信誉要求;项目负责人;其他主要人员;其他要求;联合体投标人;不存在禁止投标的情形等各项内容是否符合投标人须知的规定。

(3) 响应性评审:审查投标报价、投标内容、服务期限、质量标准、投标有效期、投标保证金、权利义务等是否符合投标人须知的规定;投标文件是否符合招标文件中的实质性要求和条件。

评审中,评标委员会可以用书面方式要求投标人对投标文件中含义不明确、对同类问题表述不一致或有明显文字和计算错误的内容作必要的澄清、说明或者补正。澄清、说明或者补正应以书面方式进行并不得超出投标文件的范围或者改变投标文件的实质性内容。投标文件中的大写金额和小写金额不一致的,以大写金额为准;总价金额与单价金额不一致的,以单价金额为准(单价金额小数点有明显错误的除外);对不同语言文本投标文件的解释发生异议的,以中文文本为准。

(二) 详细评审

经初步评审合格的投标文件,评标委员会应依据招标文件确定的评标标准和方法,对其技术标与商务标作进一步评审、比较。评标方法一般有经评审的最低投标价法、综合评估法、有担保的最低价中标法、澄清低价法或者法律、行政法规允许的其他评标方法。

(1) 经评审的最低投标价法适用于所有类型的标段。该方法对通过初步评审且技术合格、投标评审价高于合理低价的投标文件进行商务打分,按照得分由高到低的顺序推荐中标候选人。应计算合理低价和评标评审价,甄别异常报价项。对于进入报价甄别的投标人,计算分部分项清单各子目所有投标人的子目评审价的算术平均值,并由高到低排序,取前30%的子目为甄别项,计算每项各投标人分部分项清单子目评审价与其对应算术平均值相对偏差的绝对值。若偏差绝对值大于 m（m 取值范围为 30%～40%），则认定为异常报价项。将异常报价情况纳入商务标得分计算。

(2) 综合评估法。

综合评估法(一)适用于标段规模为大型或施工技术复杂的标段。该方法对通过初步评审的投标文件进行技术、商务打分，按照总得分由高到低的顺序推荐中标候选人。

综合评估法(二)适用于至少符合下列两项条件的标段：施工技术复杂的；标段规模为大型的；市、区两级重大工程。该方法进行技术、商务两阶段评审，对通过技术标、商务标评审的，选取技术标得分前七名的投标文件进行商务打分，按照技术、商务总得分由高到低的顺序推荐中标候选人。

招标文件应载明投标有效期。评标和定标通常应在投标有效期内完成。在特殊情况下，如不可抗力等特殊原因导致无法在原投标有效期内完成评标、定标，招标人可与投标人协商延长投标有效期。投标人有权拒绝延长，拒绝的可收回其投标保证金；同意延长的，应相应延长投标担保有效期，且不得修改投标文件实质性内容。若因招标人原因延长投标有效期给投标人造成损失，招标人应给予补偿。

四、评标报告

评标委员会完成评标后，应当向招标人提出书面评标报告，并抄送有关行政监督部门。评标报告应当如实记载以下内容。

(1) 基本情况和数据表：包含项目基本信息、招标方式、开标时间等基本情况以及相关数据统计。

(2) 评标委员会成员名单：列出参与评标的所有成员姓名等信息。

(3) 开标记录：记录开标时的具体情况，如各投标人的投标文件开启情况等。

(4) 符合要求的投标一览表：汇总符合要求进入评审环节的投标情况。

(5) 否决投标的情况说明：对于被否决的投标，详细说明原因。

(6) 评标标准、评标方法或者评标因素一览表：呈现评标所依据的标准、采用的方法及涉及的因素。

(7) 经评审的价格或者评分比较一览表：记录各投标人经评审后的价格或评分对比情况。

(8) 经评审的投标人排序：按照评审结果对投标人进行排序。

(9) 推荐中标候选人名单与签订合同前要处理的事宜：推荐的中标候选人不超过3个，并标明排序，同时注明签订合同前应处理的问题。

(10) 澄清、说明、补正事项纪要：记录评标过程中投标人对相关内容的澄清等情况。

采用经评审的最低投标价法的，应当拟定一份"标价比较表"；采用综合评估法的，应当拟定一份"综合评估比较表"，一并连同评标报告提交给招标人。评标报告应当由评标委员会全体成员签字。对评标结果有不同意见的评标委员会成员应当以书面形式说明其不同意见和理由，评标报告应当注明该不同意见。评标委员会成员拒绝在评标报告上签字又不书面说明其不同意见和理由的，视为同意评标结果。

评标委员会经过评审，认为所有投标都不符合招标文件要求的，可以否决所有投标。对于依法必须进行招标的项目的所有投标都被否决后，招标人应当依法重新招标。

对于依法必须进行招标的项目,一旦出现所有投标都被否决的情况,招标人应当依法重新招标。在重新招标前,招标人应认真分析总结首次招标失败的原因,必要时可对招标文件进行适当调整和完善,以确保重新招标工作的顺利开展。同时,招标人应按照相关法律法规规定的程序和要求,重新发布招标公告、发售招标文件等,重新组织招标活动,以保障项目能够按照既定目标推进。重新招标的过程中,同样要严格遵循招标投标的公平、公正、公开和诚实信用原则,接受有关行政监督部门的监督管理。

【评标报告示例】

某装饰工程评标报告见表2-6。

20××年××月××日

表2-6 评标报告

×××银行装饰工程施工招标,投标企业有:××建筑装饰工程集团公司、××建筑装饰工程有限公司、××装饰装潢公司、××装饰设计工程有限公司、××建筑装饰工程集团、××建筑工程有限责任公司。开标后六家企业的投标书均为有效投标书。依据《中华人民共和国招标投标法》等相关法律,招标单位依法组建了评标委员会,评标委员会由招标单位2人、专家库中随机抽取的工程经济专家5人共7人组成。评标委员会经推举产生的主任委员,由招标单位代表担任。	
评标委员会认真讨论了×××银行装饰工程施工招标评标细则,对所有有效投标书在投标报价、工期、质量、企业社会信誉和拟派项目部人员及施工业绩、施工组织设计等几方面综合评价,现按综合得分排序如下。	
第一名:××建筑装饰工程集团公司	得分:96.26分
第二名:××建筑工程有限责任公司	得分:89.19分
第三名:××建筑装饰工程有限公司	得分:86.47分
评标委员会 委员签名	评标委员会成员签名

监督人员签字:

任务三 建筑装饰工程中标的确定

建筑装饰工程项目的中标是指通过对投标人各项条件的对比、分析和平衡,选定最优中标人的过程,相关内容如下。

一、中标条件

依法必须进行招标的项目,除满足以下条件外,国有资金占控股或者主导地位的项目,招标人应当确定排名第一的中标候选人为中标人。中标人的投标一般应当满足以下两个条件。

(1) 能够最大限度地满足招标文件中规定的各项综合评价标准。

(2) 能够满足招标文件的实质性要求,并且经评审的投标价格最低(投标价格低于成本的除外)。

二、中标通知与报告

中标人确定后,招标人应向中标人发出中标通知书,并同时将中标结果通知所有未中标的投标人。依法必须进行招标的项目,招标人应当自收到评标报告之日起 3 日内公示中标候选人,公示期不得少于 3 日。招标人应当自确定中标人之日起 15 日内,向有关行政监督部门提交招标投标情况的书面报告。

三、合同订立

招标人和中标人应当自中标通知书发出之日起 30 日内,按照招标文件和中标的投标文件订立书面合同,招标人和中标人在合同上签字盖章后合同生效。招标人和中标人不得再行订立背离合同实质内容的其他协议。

四、履约保证金

招标文件要求投标人提交履约保证金的,投标人应当提交。拒绝提交的视为放弃中标项目,履约保证金不得超过中标合同金额的 10%。

五、项目实施

中标人应当按照合同约定履行义务,完成中标项目。中标人可以按照合同约定或者经招标人同意,将中标项目的部分非主体、非关键性工作分包;中标人不得将中标项目转包,也不得肢解后以分包的名义转让。

【中标通知书示例】

招标编号:JXBJ23121300201

××建筑装饰工程公司:

××银行拟建的实业银行装饰工程,于 2023 年 7 月 9 日公开开标,已完成评标工作和向住房城乡建设主管部门提交该施工招标投标情况的书面报告工作,现确定你单位为中标人,中标价为××××元,中标工期自 2023 年××月××日开工,2024 年××月××日竣工,总工期为 80 个日历天,工程质量要求应符合《建筑工程施工质量验收统一标准》(GB 50300—2013),达到优良工程标准。你单位收到中标通知书后,应在 30 日内与招标人签订施工合同。

招标人:××银行
招标代理机构:××招标有限责任公司
20×× 年 ×× 月 ×× 日

【案例 2-2】
背景：
建设单位对某写字楼装饰工程进行施工招标。在施工招标前，建设单位拟订了招标过程中可能涉及的各种有关文件。建设单位据以编制招标文件的有关文件如下：
(1) 装饰工程的综合说明；
(2) 设计图纸和技术说明；
(3) 工程量清单；
(4) 装饰工程的施工方案；
(5) 主要设备及材料供应方式；
(6) 保证工程质量、进度、安全的主要技术组织措施；
(7) 特殊工程的施工要求；
(8) 施工项目管理机构；
(9) 合同条件。

该工程采取公开招标方式，并在招标公告中要求具有一级建筑装饰资质等级的施工单位参加投标。参加投标的施工单位与施工联合体共有 8 家。在开标会上，与会人员除参与投标的施工单位与施工联合体的有关人员外，还有市招标办公室、评标小组成员及建设单位代表。开标前，评标小组成员提出要对各投标单位的资质进行审查。在开标中，评标小组对参与投标的金盾建筑公司的资质提出了质疑，虽然该公司资质材料齐全，并盖有公章和项目负责人的签字，但法律顾问认定该公司不符合投标资格要求，撤销了该标书。另一投标的三星建筑施工联合体是由三家建筑公司联合组成的施工联合体，其中甲建筑公司为一级施工企业，乙、丙建筑公司为三级施工企业；该施工联合体也被认定为不符合投标资格要求，撤销了其标书。

问题：
(1) 在招标准备阶段应编制和准备好招标过程中可能涉及的各种文件，你认为这些文件主要包括哪些方面的内容？
(2) 上述施工招标文件内容中哪些不正确？为什么？除所提施工招标文件中的正确内容外，还缺少哪些内容？
(3) 开标会上能否加入"审查投标单位资质"这一程序？为什么？
(4) 为什么金盾建筑公司被认定为不符合投标资格？
(5) 为什么三星建筑施工联合体也被认定为不符合投标资格？

解：
(1) 在招标阶段应编制好招标过程可能涉及的有关文件，包括招标公告/广告、资格预审文件、招标文件、合同协议书、资格预审和评标方法，以及编制标底的有关文件。
(2) 文件中第(4)、(6)、(8)条内容不正确。因为第(4)条施工方案和第(6)条保证工程质量、进度、安全的主要技术组织措施，以及第(8)条施工项目管理机构均属于投标单位编制投标文件中的内容，而不是招标文件内容。除文件中第(1)、(2)、(3)、(5)、(7)、(9)条外，在招标文件中还应有投标人须知、技术规范和规程、标准，投标书(标函)格式及其附件，各种保函或保证书格式等。

(3)投标单位的资格审查应放在发放招标文件之前进行,即所谓的资格预审。故在开标会议上,一般不再进行此项议程。

(4)因为金盾建筑公司的资质资料没有法人签字,所以该文件不具有法律效力。项目负责人签字没有法律效力。

(5)根据《中华人民共和国建筑法》第二十七条第二款:"两个以上不同资质等级的单位实行联合共同承包的,应当按照资质等级低的单位的业务许可范围承揽工程。"即该联合体应视为三级施工企业,不符合招标要求一级企业投标的资质规定。

习 题

一、名词解释

1. 开标;2. 投标文件;3. 评标委员会;4. 细微偏差;5. 重大偏差;6. 中标通知书;7. 履约保证金;8. 联合体投标

二、单项选择题

1. 应以(　　)为最优投标书。
   A. 投标价最低　　　　　　　B. 评审标价最低
   C. 评审标价最高　　　　　　D. 评标得分最低
2. 招标人在中标通知书中写明的中标合同价应是(　　)。
   A. 初步设计编制的概算价　　B. 施工图设计编制的预算价
   C. 投标书标明的报价　　　　D. 评标委员会算出的评标价
3. 投标文件对招标文件的响应有细微偏差,包括(　　)。
   A. 提供的投标担保有瑕疵　　B. 货物包装方式不符合招标文件的要求
   C. 个别地方存在漏项　　　　D. 明显不符合技术规格要求
4. 根据《中华人民共和国招标投标法》的有关规定,下列不符合开标程序的是(　　)。
   A. 开标应当在招标文件确定的提交投标文件截止时间的同一时间公开进行
   B. 开标地点应当为招标文件中预先确定的地点
   C. 开标由招标人主持,邀请中标人参加
   D. 开标过程应当记录,并存档备案
5. 根据《中华人民共和国招标投标法》的有关规定,下列不符合开标程序的是(　　)。
   A. 开标应当在招标文件确定的提交投标文件截止时间的同一时间公开进行
   B. 开标地点由招标人在开标前通知
   C. 开标由住房城乡建设主管部门主持,邀请中标人参加
   D. 开标由住房城乡建设主管部门主持,邀请所有投标人参加
6. 根据《中华人民共和国招标投标法》的有关规定,评标委员会由(　　)依法组建。
   A. 县级以上人民政府　　　　B. 市级以上人民政府
   C. 招标人　　　　　　　　　D. 住房城乡建设主管部门
7. 根据《中华人民共和国招标投标法》的有关规定,评标委员会由招标人和有关的技术、经济等方面的专家组成,成员人数为(　　)人以上单数,其中技术、经济等方面的专家不

得少于成员总数的三分之二。

  A. 3   B. 5   C. 7   D. 9

 8. 关于评标委员会成员应尽义务的说法中,下列错误的是(　　)。

  A. 评标委员会成员应当客观、公正地履行职务

  B. 评标委员会成员可以私下接触投标人,但不得接受投标人的财务或者其他好处

  C. 评标委员会成员不得透露对投标文件的评审和比较的情况

  D. 评标委员会成员不得透露对中标候选人的推荐情况

 9. 根据《中华人民共和国招标投标法》的有关规定,(　　)应当采取必要的措施,保证评标在严格保密的情况下进行。

  A. 评标委员会   B. 工程所在地县级以上人民政府

  C. 招标人   D. 工程所在地住房城乡建设主管部门

 10. 根据《中华人民共和国招标投标法》的有关规定,评标委员会完成评标后,应当(　　)。

  A. 向招标人提出口头评标报告,并推荐合格的中标候选人

  B. 向招标人提出书面评标报告,并决定合格的中标候选人

  C. 向招标人提出口头评标报告,并决定合格的中标候选人

  D. 向招标人提出书面评标报告,并推荐合格的中标候选人

 11. 根据《中华人民共和国招标投标法》的有关规定,中标通知书对招标人和中标人具有法律效力。中标通知书发出后,招标人改变中标结果的,或者中标人放弃中标项目的,应当依法承担(　　)。

  A. 民事责任   B. 经济责任   C. 刑事责任   D. 行政责任

 12. 根据《中华人民共和国招标投标法》的有关规定,招标人和中标人应当自中标通知书发出之日起(　　)内,按照招标文件和中标人的投标文件订立书面合同。

  A. 10 日   B. 15 日   C. 30 日   D. 3 个月

三、多项选择题

开标时,所列(　　)情况之一视为废标。

  A. 投标书逾期到达   B. 投标书未密封

  C. 报价不合理   D. 招标文件要求保函而无保函

  E. 无单位和法定代表人或其他代理人印鉴

四、判断题

 1. 建筑装饰工程开标时,如果投标人少于 3 个,则可以继续开标。(　　)

 2. 开标应当由招标人或其委托的招标代理机构主持,并邀请所有投标人参加。(　　)

 3. 开标时间可以在招标文件确定的提交投标文件截止时间之后。(　　)

 4. 如果投标文件未按照招标文件的要求密封,应被认定为投标无效。(　　)

 5. 在开标过程中,如果发现投标文件有细微偏差,应直接作废标处理。(　　)

 6. 评标委员会成员人数为 5 人以上的单数,其中技术、经济、法律等方面的专家不得少于成员总数的三分之二。(　　)

 7. 评标时,设有标底的,投标报价必须接近标底才能中标。(　　)

8. 评标委员会可以书面方式要求投标人对投标文件中不明确的内容进行澄清或补正。（　　）

9. 所有存在重大偏差的投标文件都应在详细评审阶段被淘汰。（　　）

10. 中标通知书发出后，招标人改变中标结果的，不需要承担法律责任。（　　）

五、简答题

1. 简述建筑装饰工程电子开标的程序。
2. 开标的时间和地点是如何规定的？
3. 评标委员会的成员组成有哪些要求？
4. 中标通知书发出后，招标人和中标人应如何操作？

模块三　单位装饰工程施工组织设计

学习描述

教学内容

本模块深入讲解了建筑装饰施工的方式，阐释了流水施工的概念、分类和表达方式，介绍了不同的流水施工组织方式，重点介绍了流水施工的基本参数及其确定方法，并结合实际案例阐述流水施工方式在实际中的应用方法。

系统阐述网络计划的基本概念，讲解网络图的绘制方法，介绍网络计划的编制流程，深入分析双代号和单代号网络计划时间参数的计算方法，探讨网络计划的优化，对比网络计划与流水原理在安排进度计划上的异同。

介绍单位装饰工程施工组织设计编制的作用、依据、原则和程序，讲解其具体内容，着重分析施工方案的选择要点、进度计划的编制步骤和方法、施工现场平面设计的内容和步骤，以及各项技术及组织措施和技术经济分析的要点。

教学要求

通过本模块的学习，学生能够熟练掌握流水施工的组织要点和必备条件，深刻理解组织流水施工的基本理论和不同组织方式。

本模块能够让学生了解网络计划的基本原理和分类，熟悉双代号网络图的构成及工作之间常见的逻辑关系，熟练掌握双代号网络图的绘制方法；掌握双代号网络计划中的工作计算法、标号法和时标网络计划的应用，熟悉双代号网络计划的节点计算法以及单代号网络计划时间参数的计算方法；熟悉工期优化、费用优化的原理，明确网络计划与流水施工在安排进度计划方面的本质区别。

使学生明确单位装饰工程施工组织设计的基本内容和编制程序，掌握单位工程特点的具体分析方法，熟悉施工顺序的选择技巧，熟练掌握施工进度计划的各项编制步骤和要求，掌握施工现场平面图设计的内容和步骤。

实践环节

能够准确确定施工过程数、施工段数,熟练计算流水节拍、流水步距,精准计算流水作业总工期,并能够绘制流水作业施工进度图。

能够独立完成网络图的绘制,并进行网络图时间参数的计算。

能够编制单位装饰工程施工组织设计,并绘制出规范的施工现场平面图。

【任务案例】

背景:

随着城市的快速发展以及金融服务需求的不断增长,为了更好地服务客户,提升金融服务的便利性和效率,同时塑造更为专业、舒适的营业环境,中国××银行股份有限公司××分行决定对××大道支行进行迁址升级。原位于××大道17号的××大道支行,现计划搬迁至××市××大道228号的××写字楼(一、三层)。此次迁址装修改造项目旨在打造一个功能齐全、布局合理、环境舒适且符合银行品牌形象的现代化金融服务场所。该项目涵盖一、三层的银行办公空间室内装饰装修工程,建筑面积达2306.18 m^2,还包含外立面装饰装修工程,对提升银行整体形象和客户体验具有重要意义。

项目名称:中国××银行股份有限公司××分行××大道支行迁址装修改造项目

建设地点:××市××大道228号××写字楼

质量控制:本项目质量目标为竣工验收合格,在施工过程中,将严格按照国家及地方现行的建筑装饰装修工程质量验收规范、标准以及银行相关的装修要求进行施工和质量把控,确保每一个施工环节都符合质量标准,为银行打造高品质的营业空间。

工期:装修改造计划工期为80个日历天,自开工之日起,项目团队将合理安排施工进度,精心组织施工,确保在规定时间内完成项目的各项施工任务,按时交付使用,尽量减少对银行业务运营的影响。

安全文明施工要求:严格按照"中国××银行股份有限公司××分行××大道支行迁址装修改造项目"的要求组织施工,全面遵守工程建设安全文明施工的有关规定。在施工现场设置明显的安全警示标志,做好安全防护措施,确保施工人员和周边人员的安全。同时,保持施工现场的整洁有序,做到文明施工,减少施工对周边环境和居民的干扰。

服务范围以及工作的内容:本项目涉及室内两个楼层以及外立面的装饰装修工程,共划分为三个工作段。施工内容涵盖了室内空间的布局调整、墙面地面装饰、天花板吊顶、电气照明系统安装、给排水系统改造、智能化系统布置等,以及外立面的造型设计、幕墙安装、门窗更换等。需要在80天的紧张工期中,科学组织施工人员、材料和机械设备,高效完成项目施工,达到竣工验收合格水平。具体工作内容详见本项目施工图,施工过程中将严格按照施工图进行施工,确保施工的准确性和完整性。

问题:

请结合本案例编写一份单位装饰工程施工组织设计。

项目一　建筑装饰工程施工组织设计概述

任务一　建筑装饰工程施工组织设计的概念

　　建筑装饰工程施工组织设计是对建筑装饰工程从工程投标、签订承包合同,到施工准备、施工过程以及竣工交验全过程进行科学规划和指导的综合性技术经济文件。

　　在建筑装饰工程招标投标阶段,投标单位应依据招标文件的要求编制施工组织设计,即标前设计,它是投标文件的关键组成部分,其编制质量对投标单位能否中标至关重要。工程招标投标结束后,中标单位应结合工程实际情况,按照《建筑施工组织设计规范》(GB/T 50502)等相关标准和规定,编制更为具体、详细的能指导施工的标后设计。

　　建筑装饰工程施工通常在有限空间内进行,具有作业场地狭小、施工工期紧的特点。对于新建工程项目,装饰工程作为最后一道工序,为尽早投入使用发挥投资效益,往往需要加快施工进度。而扩建、改造工程,常常需要在使用过程中进行施工。同时,建筑装饰工程工序繁多,施工人员工种复杂,工序间需要平行、交叉、轮流作业,材料、机具搬运频繁,易造成施工现场拥挤,这无疑增加了施工组织的难度。因此,必须依靠专业的组织管理人员,以施工组织设计为指导文件和科学管理方案,依据相关规范和标准,对材料的进场顺序、堆放位置、施工顺序、施工操作方式、工艺检验、质量标准等进行严格控制,实时指挥调度,确保建筑装饰工程施工有序、高效、高质量地顺利进行。

任务二　建筑装饰工程施工组织设计的内容

一、工程概况

　　应简要说明本装饰工程的性质、规模、装饰地点、装饰面积、施工期限等基本信息。详细介绍工程参建单位的相关情况。阐述工程施工条件,包括气候条件、建筑装饰材料的供应情况等。

二、施工方案

　　依据工程概况,结合人力、材料、机械设备等条件,全面安排施工任务,确定施工顺序及施工流水段的划分。明确主要工种的施工方法,对主要分部、分项工程制订有针对性的施工工艺和技术措施。对可能采用的几种施工方案进行定性、定量分析,通过经济、技术、质量、安全等多方面评价,选择最优方案。

三、施工进度计划

采用科学的计划方法,编制施工进度计划,合理安排各阶段、各工序的开始和结束时间,全面反映最佳方案在时间上的安排。通过计算和调整,使工期、成本、资源等方面达到预定目标,并以此为基础安排人力和各项资源需用量计划。施工进度计划可采用网络图或横道图表示,并附必要说明。

四、施工准备工作及各项资源需用量计划

施工准备工作:施工准备工作贯穿整个施工过程,包括:技术准备(如施工所需技术资料的准备、图纸深化和技术交底的要求等);现场准备(如生产、生活等临时设施的准备等);资金准备(如编制资金使用计划等)。

资源需用量计划包括:劳动力配置计划,确定工程用工量并编制各专业工种劳动力计划表;物资配置计划,包括工程材料和设备配置计划、周转材料和施工机具配置计划等。

五、施工平面图

施工平面图是施工方案及进度在空间上的全面安排。应将投入的各项资源和生产、生活活动场地合理地布置在施工现场,绘制出施工区域、材料堆放区域、临时设施区域等的布置图,使整个现场实现有组织、有计划地文明施工。

六、主要技术组织措施

技术组织措施是指在技术和组织方面对保证工程质量安全、节约和文明施工所采用的方法。制订这些措施是施工组织设计编制者的创造性工作。主要技术组织措施包括保证质量措施、保证安全措施、成品保护措施、保证进度措施、消防措施、保卫措施、环保措施、冬雨期施工措施。

七、主要技术经济指标

对确定的施工方案及施工部署的技术经济效益进行全面评价,包括工期指标、质量指标、安全指标、成本指标、资源利用指标等。通过对这些指标的分析和对比,衡量组织施工的水平,为后续工程提供参考和借鉴。

任务三 建筑装饰工程施工组织设计的作用

建筑装饰工程的施工组织设计,是一个非常重要、不可缺少的技术经济文件,是合理组织施工和加强施工管理的一项重要措施。它对保质、保量、按时完成整个建筑装饰工程的施工任务具有决定性作用。

具体而言,建筑装饰工程施工组织设计的作用,主要表现在以下几个方面。

(1) 沟通协调作用:建筑装饰工程施工组织设计是连接设计、施工和监理等各方的关键纽带,不仅要充分彰显装饰工程设计意图与使用功能需求,还要契合建筑装饰工程施工的客观规律,为施工全过程进行战略规划与战术安排。

(2) 施工准备促进作用:建筑装饰工程施工组织设计作为施工准备工作的核心部分,有力推动各项施工准备工作的及时开展。

(3) 全程指导作用:建筑装饰工程施工组织设计对拟建装饰工程从施工准备直至竣工验收的全流程活动,发挥着全面的指导功效。

(4) 关系协调作用:建筑装饰工程施工组织设计有效协调施工过程中各工种之间以及各项资源供应之间的关系,确保施工有序进行。

(5) 科学管理支撑作用:建筑装饰工程施工组织设计为施工全过程所有活动的科学管理提供关键手段,保障施工活动高效、有序、规范。

(6) 预算编制依据作用:建筑装饰工程施工组织设计是编制工程概算、施工图预算和施工预算的重要依据,为工程造价控制提供基础。

(7) 企业生产管理作用:建筑装饰工程施工组织设计是施工企业整个生产管理工作的关键,反映企业的经营管理水平,影响企业的经济效益与社会效益。

任务四　建筑装饰工程施工组织设计的分类

建筑装饰工程施工组织设计根据设计阶段和编制对象的不同可分为三大类,即建筑装饰工程施工组织总设计、单位装饰工程施工组织设计和分部(分项)装饰工程作业设计。

一、建筑装饰工程施工组织总设计

建筑装饰工程施工组织总设计是以民用建筑群以及结构复杂、技术要求高、建设工期长、施工难度大的大型公共建筑物和高层建筑的装饰施工为主要对象编制的。通常在扩大初步设计或方案设计获得批准后,由总承包单位牵头,联合建设单位、设计单位与分包单位共同编制。它是对整个建筑装饰工程施工的总体战略部署和统一规划,为修建工地大型临时设施、编制年(季)度施工计划以及单位装饰工程施工组织设计提供依据。

二、单位装饰工程施工组织设计

单位装饰工程施工组织设计是以单位装饰工程为对象进行编制的,比如一座公共建筑、一栋高级公寓或一个合同内的装饰项目等。在施工图纸设计完成并会审后,由直接负责施工的基层单位编制,用于指导该装饰工程的具体施工,也是编制季、月、旬工作计划的依据。

三、分部(分项)装饰工程作业设计

分部(分项)装饰工程施工组织设计以特殊的、结构复杂、施工难度大,或采用新工艺、新技术、新材料以及缺乏施工经验的分部(分项)装饰施工为对象编制的。它对现场施工起到直接的指导作用,是编制月、旬作业计划的依据。

任务五　建筑装饰工程施工组织设计编制原则

由于施工组织设计是指导施工的技术经济性文件,对保证顺利施工、确保工程质量、降低工程投资均起着重要作用,因此,应十分重视施工组织设计的编制,在编制过程中应遵循以下原则。

一、严格遵循法规政策

在编制建筑装饰工程施工组织设计时,应全面贯彻国家基本建设方针政策,严格遵守基本建设程序,认真执行相关法律法规以及建筑装饰工程和相关专业的规范、规程,严格履行施工合同。

二、科学规划施工程序

对于规模大、工期长的装饰工程,依据施工客观规律,合理安排分期分段施工,通过优化施工程序和顺序,减少重复、返工与窝工现象,加快施工进度,缩短工期,尽早实现投资经济效益。

三、积极应用先进技术

积极引入新工艺、新技术、新材料、新设备,结合工程特点,满足装饰设计效果,符合施工验收规范及操作规程,实现技术先进性、适用性与经济性的统一,提高劳动生产率、工程质量,加快施工进度,降低工程成本。

四、优化施工进度安排

运用流水施工和网络计划技术,保证装饰施工的连续性、均衡性与节奏性,合理配置人力、物力、财力,减少资源浪费。可选用横道图或网络技术,科学安排工序搭接和技术间歇,做好资源综合平衡。

五、强化质量安全保障

贯彻"百年大计,质量第一"和"预防为主"的方针,以现行建筑装饰施工验收规范及操作规程为依据,从人、机、料、法、环等方面制定质量保证措施,预防和控制质量影响因素。同时,重视施工安全,建立健全安全管理制度,突出安全用电、防火等重点措施。

六、注重绿色环保与可持续发展

采取技术和管理措施,推广建筑节能与绿色施工,减少施工对环境的影响,实现资源的合理利用和可持续发展。

七、确保与管理体系结合

将施工组织设计与质量、环境和职业健康安全三个管理体系有效结合,确保施工过程的规范化、标准化和系统化。

任务六 建筑装饰工程施工组织设计的实施

施工组织设计一经批准,即成为装饰施工准备和组织整个施工活动的指导性文件,必须严肃对待,认真贯彻实施。在实施过程中,要做好以下几项工作。

一、做好施工组织设计的交底与培训工作

工程施工前,应进行施工组织设计的逐级交底。组织召开各级生产、技术会议,详细讲解其内容要求、施工关键、技术难点、保证措施以及各专业配合协调措施。

针对施工组织设计中的重点和难点内容,组织相关人员进行专项培训,确保施工人员熟悉施工要求和技术要点。要求有关部门制定具体的实施计划和技术细则,并形成书面文件,以便于执行和检查。

二、建立健全施工规章制度与监督机制

依据国家相关法律法规、行业标准以及项目实际情况,制定严格、科学、健全的施工规章制度,涵盖施工质量控制、安全管理、进度管理、成本控制、材料管理等各个方面。

设立专门的监督小组,定期对施工过程进行检查和监督,确保各项规章制度得到有效执行,对违反规定的行为及时进行纠正和处理。

三、全面落实技术经济承包责任制

将技术经济责任制与企业职工的经济利益紧密挂钩,明确各部门和岗位的职责和考核指标,签订承包责任书,形成相互监督、相互约束的机制。

细化各类奖励措施,如节约材料奖、技术进步奖、文明施工奖、工期提前奖和优良工程综合奖等,制定具体的奖励标准和兑现方式,充分调动干部职工的积极性和创造性。

四、确保工程施工的连续性与均衡性

根据施工组织设计的要求,工程开工后,及时做好人力、物力和财力的统筹安排,建立资源动态管理机制,根据施工进度和实际需求,及时调整资源配置,使装饰施工能保持均衡、有节奏地进行。

通过月、旬作业计划,对施工进度进行细化和分解,及时分析各种不均衡因素,综合多方面的施工条件,不断进行各专业、各工种间的综合平衡。

定期对施工组织设计文件进行评估和完善,根据实际施工情况和变化的条件,适时调整

施工顺序、施工方法和资源配置等,确保装饰工程施工的节奏性、均衡性和连续性。

同时,在施工组织设计实施过程中,若遇到工程设计有重大修改、有关法律及标准实施修订和废止、主要施工方法有重大调整等情况,应及时对施工组织设计进行修改或补充,并重新审批后实施。

习题

简答题

1. 试述建筑装饰工程施工组织设计的概念与作用。
2. 试述建筑装饰工程施工组织设计的分类。
3. 编制建筑装饰工程的施工组织设计应遵循哪些原则?

项目二　编制进度计划——横道图

任务一　流水施工基础知识

一、概述

一个工程由众多施工过程构成,合理组织施工就是对工程系统内的所有生产要素予以合理安排,以最优方式整合各类生产要素,使其形成协调系统,达成作业时间短、物资资源消耗少、产品和服务质量佳的目标。根据《建筑施工组织设计规范》(GB/T 50502)等相关规定,合理组织施工过程,有以下基本要求。

(一) 施工过程的连续性

施工各阶段、各施工区域的人流、物流应持续处于流动状态,杜绝不必要的停顿与等待,尽可能缩短流程,如通过合理规划施工顺序和运输路线,减少材料和人员的闲置时间。

(二) 施工过程的协调性

施工中的基本施工过程与辅助施工过程间、各道工序间以及各类机械设备间,在生产能力方面要符合规定的数量和质量协调(比例)关系。例如,混凝土浇筑速度应与混凝土搅拌和运输能力相匹配。

(三) 施工过程的均衡性

在工程施工全阶段,要依据进度计划和资源配置,保持稳定的工作节奏,规避忙闲不均、前松后紧、突击加班等情况,实现资源的均衡利用和施工的平稳推进。

(四) 施工过程的平行性

各项施工活动应在时间上进行平行交叉作业,在满足施工工艺和安全要求的前提下,尽可能加快施工速度、缩短工期,如主体施工时,可同时进行部分室内装修的准备工作。

(五) 施工过程的适应性

工程施工易受多种内外部因素影响,应依据《建设工程项目管理规范》(GB/T 50326)建立高效的信息反馈机制,对施工全过程进行严格控制和监督,及时调整施工计划和资源配置,以增强应对变动的能力。

1913年,美国福特汽车公司的创始人亨利·福特创造了全世界第一条汽车装配流水线,开创了工业生产的"流水作业",极大提高了产品生产速度。

建筑装饰工程的"流水施工"源于工业生产中的"流水作业",是项目施工中极为有效的科学组织方法。不过,因建筑装饰施工项目产品及施工具有独特特点,其流水施工在概念、特点和效果等方面与其他产品的流水作业存在差异。

二、流水施工的表达方式

流水施工的表达方式主要有线条图和网络图，线条图是建筑装饰工程中常用的表达方式，它具有绘制简单、直观清晰、形象易懂、使用便捷等优点。线条图根据绘制方法又分为水平指示图表（即横道图）和垂直指示图表（即斜线图）。

（一）水平指示图表

水平指示图表以横坐标表示持续时间，纵坐标表示施工过程或专业工作队编号，带有编号的圆圈代表施工项目或施工段的编号。它通过时间坐标上横线条的长度和位置，来体现工程中各施工过程的相互关系和施工进度。在图的下方，还能够绘制出单位时间需要的资源曲线，该曲线是依据横道图中各施工过程在单位时间内某资源的需要量叠加而成的，用于展示某资源需要量在时间维度上的动态变化。水平指示图表如图 3-1 所示。

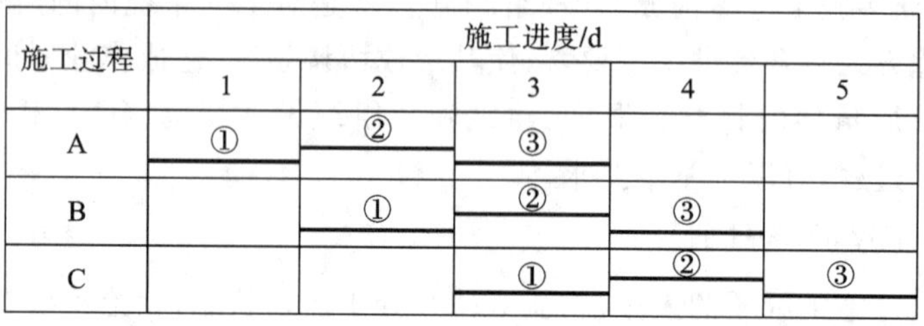

施工过程
施工进度/d
1
2
3
4
5
A
①
②
③
B
①
②
③
C
①
②
③

图 3-1　水平指示图表

（二）垂直指示图表

垂直指示图表的横坐标表示持续时间，纵坐标表示施工段的编号，斜向指示线段的代号表示施工过程或专业工作队的编号。垂直指示图表如图 3-2 所示。

垂直指示图表能够直观、清晰地反映出在一个施工段或整个工程对象中各施工过程的先后顺序和配合关系。图表中斜线的斜率可形象地反映各施工过程进行的快慢程度。斜率越大，表明在相同时间内完成的工作量越多，施工速度越快；反之，斜率越小，施工速度越慢。这种表达方式有助于施工管理者快速掌握各施工环节的进度情况，及时发现施工进度偏差，进而依据《建设工程项目管理规范》(GB/T 50326)等规范要求，采取有效的进度调整措施，保障工程顺利推进。

施工过程
施工进度/d
1
2
3
4
5
③
②
①
A
B
C

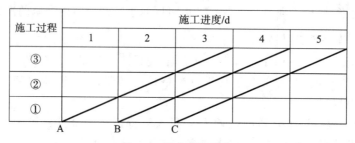

图 3-2　垂直指示图表

三、组织施工的三种方式

通常情况下,组织施工可以采用依次施工、平行施工、流水施工等三种方式。现就三种方式的施工特点和效果分析如下。

【案例 3-1】

背景:

现有三幢同类型房屋进行同样的建筑装饰施工,一幢作为一个施工段。已知每幢房屋建筑装饰施工均大致分为顶棚、墙面、地面、踢脚线四个施工过程,各施工过程所花时间分别为 4 周、1 周、3 周、2 周。顶棚施工班组的人数为 10 人,墙面施工班组的人数为 15 人,地面施工班组的人数为 10 人,踢脚线施工班组的人数为 5 人。

问题:

要求分别采用依次施工、平行施工、流水施工的方式对其组织施工,并分析各种施工方式的特点。

解:

(一) 依次施工

依次施工也叫顺序施工,是各施工段或各施工过程依次开工、依次完工的一种组织施工的方式。具体说,依次施工可以分为按施工段依次施工和按施工过程依次施工两大类,下面以按施工过程依次施工为例进行分析。

1. 按施工过程依次施工的定义及计算公式

按施工过程依次施工是指同一施工过程的若干个施工段全部施工完毕后,再开始进行第二个施工过程的施工,依次类推的一种组织施工的方式。其中,施工段是指工程量大致相等的若干个施工区段。按施工过程依次施工的进度安排如图 3-3 所示。

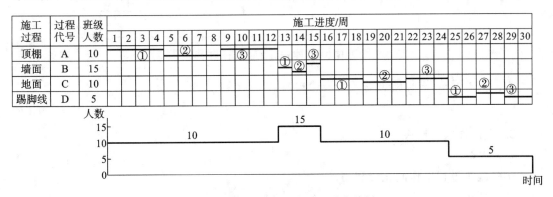

图 3-3 按施工过程依次施工进度计划

由图 3-3 可知,依次施工的工期表达式为:

$$T = m \sum t_i \tag{3-1}$$

式中: m ——施工段数或房屋幢数;

t_i ——各施工过程在一个施工段上完成施工任务所需时间;

T ——完成该工程所需总工期。

2. 按施工过程依次施工的特点

(1) 优点：

①单位时间内投入的劳动力和各项物资较少，施工现场管理简单；

②从事某施工过程的施工班组能连续均衡地施工，工人不存在窝工情况。

(2) 缺点：

①工作面不能充分利用；

②施工工期长。

因此，根据以上分析可知，依次施工一般适用于规模较小、工作面有限的小型装饰工程。

(二) 平行施工

1. 平行施工的定义及计算公式

平行施工是指各个施工段的同一施工过程的同时开工、同时结束的一种施工组织方式。

【案例 3-1】如果采用平行施工组织方式，则进度计划如图 3-4 所示。

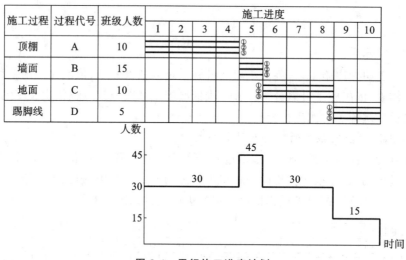

图 3-4 平行施工进度计划

由图 3-4 可知，平行施工的工期表达式为：

$$T = \sum t_i \tag{3-2}$$

2. 平行施工的特点

(1) 优点：

①各施工过程工作面充分利用；

②工期短。

(2) 缺点：

①施工班组成倍增加，机具设备也相应增加，材料供应集中，临时设施设备也需增加，造成组织安排和施工现场管理困难，增加施工管理费用；

②施工班组不存在连续或不连续施工情况，仅在一个施工段上施工。如果工程结束后再无其他工程，则可能出现窝工。

平行施工方式一般适用于工期要求紧，大规模同类型的建筑群装饰工程或分期分批工程。

（三）流水施工

1. 流水施工的基本定义及计算公式

流水施工是指所有的施工过程均按一定的时间间隔投入施工，各个施工过程陆续开工、陆续竣工，使同一施工过程的施工班组保持连续均衡地施工，不同施工过程尽可能平行搭接施工的组织方式。

【案例3-1】如果按照流水施工组织，则进度计划如图3-5所示。

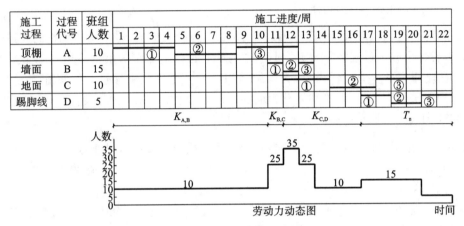

图 3-5　流水施工进度计划

从图 3-5 可知，流水施工的工期 T 计算公式可以表示为：

$$T = \sum K_{i,i+1} + T_\mathrm{n} \tag{3-3}$$

式中：$K_{i,i+1}$——相邻两个施工过程的施工班组开始投入同一施工段施工的时间间隔；

T_n——施工班组完成最后一个施工过程的全部施工任务所需的时间；

$\sum K_{i,i+1}$——所有相邻施工过程开始投入施工的时间间隔之和。

2. 流水施工的特点

流水施工综合平行施工和依次施工的优点，是一种目前在施工现场广泛采用的组织施工的方式，它具有以下几个特点。

（1）流水施工中，各施工过程的施工班组都尽可能连续均衡地施工，且各班组专业化程度较高，因此，流水施工不仅提高了工人的技术水平和熟练程度，而且有利于提高企业管理水平和经济效益。

（2）流水施工能够最大限度地充分利用工作面，因此，在不增加施工人数的基础上，合理地缩短了工期。

（3）流水施工既有利于机械设备的充分利用，又有利于资源的均衡使用，便于施工现场的管理。

（4）流水施工工期较为合理。首先，流水施工的工期虽然比平行施工的工期长，却没成倍增加班组数；其次，流水施工的工期比同样的施工班组情况下的依次施工的工期短很多。因此，流水施工工期较为合理。

现代建筑装饰施工是一项非常复杂的组织管理工作，尽管理论上流水施工组织方式和实际情况存在差异，甚至差异很大，但是，它所总结的一套安排施工的原理和方法对于实际工程有一定的指导意义。

当然，用流水施工组织方式来表示工程进度计划时，也存在不足之处，比如，各过程的逻辑关系不能直接看出，不能进行目标优化等。

四、组织流水施工的条件

组织流水施工，必须具备以下条件。

（一）合理划分施工过程

依据《建筑施工组织设计规范》（GB/T 50502）等相关标准，将整幢建筑物的建造过程细致分解为若干个施工过程，每个施工过程均由固定的专业工作队负责实施。施工过程的划分，旨在清晰界定各专业工作内容，为后续组织各专业施工队有序进行工程施工提供便利。例如，对于建筑装饰工程，可将其划分为墙面基层处理、涂料粉刷、地面铺设等施工过程。

（二）科学划分施工段

把建筑物按照结构特点、施工工艺要求等，尽可能地划分成劳动量或工作量大致相等的施工段（区），也可称为流水段（区）。施工段（区）的划分是为了形成流水作业的空间基础。每个施工段（区）类似于工业产品生产中的独立产品单元，需要通过多个专业施工环节来完成。与工业产品生产流水作业不同，工程施工中产品（施工段）位置固定，专业队在各施工段间流动；而工业生产中产品流动，专业队位置固定。在划分施工段时，应充分考虑施工机械的作业范围、施工人员的操作空间等因素，确保各施工段的施工效率和质量。

（三）组织独立施工班组

在一个流水施工部分中，每个施工过程应尽可能组织独立的施工班组。这样能使每个施工班组按照既定的施工顺序，依次、连续且均衡地从一个施工段转移至另一个施工段，重复完成同类施工任务。独立施工班组的组建，有助于提高施工人员的专业技能和工作效率，保证施工质量的稳定性。

（四）确保主要施工过程必须连续、均衡地施工

主要施工过程是指那些工程量较大、作业时间较长，对整个工程进度起关键控制作用的施工过程。根据施工组织设计要求，对于主要施工过程，必须保证其连续、均衡地施工，以确保工程进度的可控性。对于其他施工过程，可结合实际情况，考虑将其与相邻的施工过程进行合理合并。若无法合并，为有效缩短工期，可在满足施工工艺和质量要求的前提下，安排间断施工，但需要对间断时间进行严格把控。

（五）促进不同施工过程平行搭接施工

不同施工过程之间的关系，关键在于实现工作时间和工作空间上的合理搭接。在具备施工工作面的条件下，除必要的技术和组织间歇时间外，应尽可能组织平行搭接施工，以充分利用时间和空间资源，提高施工效率。例如，在主体结构施工过程中，可同时穿插进行部分建筑装饰施工的前期准备工作。

若一个工程规模较小，无法划分施工区段，且没有其他工程任务与之配合组织流水施工，则该工程难以实现流水施工的组织模式。

任务二　流水施工主要参数

流水施工参数是在组织流水施工时,用于表示各施工过程在时间和空间上相互依存关系的关键指标。通过引入这些参数,能够精准描述施工进度计划图的特征以及各种数量关系。

按照性质的差异,流水施工参数一般可分为工艺参数、空间参数和时间参数三种类型。

一、工艺参数

工艺参数是指在组织流水施工时,用以表达流水施工在施工工艺方面进展状态的参数,通常涵盖施工过程数和流水强度两个参数。

(一)施工过程数 n

施工过程数是指一组流水施工过程的个数,用符号"n"表示。

在组织建筑装饰工程流水施工时,首要任务是将施工对象细致划分成若干个施工过程。施工过程划分的数目多少以及粗细程度,通常与以下因素紧密相关。

1. 施工计划的性质和作用

依据《建筑施工组织设计规范》(GB/T 50502),对于规模大、工期长的工程施工控制性进度计划,施工过程划分可适当粗略一些,具有更强的综合性。而对于中小型单位工程及工期不长的工程施工实施性计划,划分则应更细、更具体,一般可细化至分项工程。对于月度作业性计划,部分施工过程甚至可进一步分解为工序,如刮腻子、油漆等。

2. 施工方案

对于施工工艺相同的施工过程,应依据施工方案的具体要求来确定施工过程的划分。既可以将它们合并为一个施工过程,也能根据施工先后顺序分为两个施工过程。例如,油漆木门窗,若无特殊施工方案说明,可作为一个施工过程;若施工方案有明确要求,也可分为两个施工过程。

3. 工程量的大小与劳动力的组织

施工过程的划分与工程量大小密切相关。当工程量较小的施工过程在组织流水施工时存在困难,可考虑与其他施工过程合并。比如地面工程,若垫层工程量较小,可与混凝土面层合并为一个施工过程,以平衡各施工过程的工程量,便于组织流水施工。

此外,施工过程的划分还与施工班组及施工习惯有关。例如安装玻璃和油漆施工,既可以合并为一个玻璃油漆施工过程,配备混合施工班组;也可以分为玻璃安装和油漆施工两个过程,分别由单一工种的施工班组负责。

4. 施工的内容和范围

施工过程的划分取决于其工作内容和范围。根据《建筑工程施工质量验收统一标准》(GB 50300),直接在施工现场与工程对象上进行的施工过程,可纳入流水施工过程;而场外的施工内容(如零配件的加工)通常不划入流水施工过程。

若流水施工的每一施工过程均由一个专业施工班组负责施工,那么施工过程数 n 与专业施工班组数相等;否则,两者不相等。

对建筑装饰施工工期影响最大或对整个流水施工起决定性作用的装饰施工过程,被称为主导施工过程。在完成施工过程划分后,应首先找出主导施工过程,从而抓住流水施工的关键环节。

建筑装饰施工过程主要分为三类:一是为制造装饰成品、半成品而进行的制备类施工过程;二是把材料和制品运至工地仓库或转运至装饰施工现场的运输类施工过程;三是在施工过程中占据主要地位的装饰安装类施工过程。

（二）流水强度 V

在组织建筑装饰工程流水施工时,每一装饰施工过程在单位时间内所能完成的工程量被称为流水强度,它是衡量施工过程进展速度和效率的重要指标。根据施工过程的主导因素不同,依据现行的《建筑施工组织设计规范》(GB/T 50502)等相关规范要求,可将施工过程划分为机械施工过程和手工操作施工过程这两种类型。

1. 机械施工过程的流水强度

机械施工过程的流水强度,主要取决于所投入机械设备的性能、数量以及机械的工作时间等因素。通过合理配置机械设备,充分发挥其作业能力,能有效提高该类施工过程的流水强度,加快施工进度。在计算机械施工过程的流水强度时,应综合考虑机械的额定生产率、利用率以及每天的工作班数等参数,以确保数据的准确性和实用性。其计算公式为:

$$V = \sum_{i=1}^{x} R_i S_i \quad (3-4)$$

式中:V——某施工过程的流水强度;

R_i——某种施工机械台数;

S_i——该种施工机械台班生产率;

x——用于同一施工过程的主导施工机械的种数。

2. 手工操作施工过程的流水强度

手工操作施工过程的流水强度则主要受施工人员的技能水平、数量以及工作时间的影响。为提高手工操作施工过程的流水强度,需合理组织施工人员,加强技能培训,提高工作效率,同时确保施工人员的工作时间得到充分利用。在确定手工操作施工过程的流水强度时,应结合工程实际情况,对施工人员的工作效率进行科学评估,以保障施工进度的顺利推进。其计算公式为:

$$V = RS \quad (3-5)$$

式中:V——某施工过程的流水强度;

R——每一工作队工人人数(R 应小于工作面上允许容纳的最多人数);

S——每个工人的每班产量定额。

二、空间参数

空间参数是指在组织流水施工时,用以表达流水施工在空间布置上开展状态的参数。通常包括施工段数和工作面。

（一）施工段数 m

在组织流水施工时，通常将装饰施工对象划分为劳动量相等或大致相等的若干段，这些段被称为施工流水段，简称流水段或施工段，一般用符号"m"表示。若为多层建筑物的装饰工程，施工段数等于单层划分的施工段数 m_0 乘以该建筑物的层数，即：

$$m = m_0 \times 建筑物层数$$

每一个施工段在某一时间段内，一般仅能供一个施工过程的工作队使用。

划分施工段的目的在于组织流水施工，确保不同的施工班组能够在不同的施工段上同时开展施工，进而使各施工班组按照一定的时间间隔，从一个施工段转移至另一个施工段进行连续施工。如此一来，既能避免等待、停歇现象，又能保证各施工班组互不干扰，同时有效缩短工期。

划分施工段应遵循以下基本要求。

(1) 施工段的数目及分界要合理。施工段数目划分过少，可能导致劳动力、机械、材料供应过度集中，甚至出现供应不足的情况；若划分过多，则会延长施工持续总时间，且工作面无法得到充分利用。划分施工段时，应确保结构不受影响，施工段的分界应与施工对象的结构界限一致，尽量利用单元、伸缩缝、沉降缝等自然分界线。

(2) 各施工段劳动量均衡。各施工段上所消耗的劳动量应相等或大致相等（相差宜控制在 15% 以内），以保障各施工班组施工的连续性和均衡性，使施工进度更加稳定。

(3) 提供足够的工作面。划分的施工段必须为后续施工提供充足的工作面，满足施工人员和机械设备的操作空间需求，保证施工安全和效率。

(4) 保证主要施工过程连续施工。由于各施工过程的工程量、所需最小工作面以及施工工艺要求存在差异，要使所有工作队都连续工作且所有施工段都始终有工作队作业，有时难以实现。因此，应重点组织主要施工过程的工作队连续施工，抓住施工的关键环节。

(5) 当组织流水施工对象有层间关系时，应使各工作队能够连续施工。即各施工过程的工作队做完第一段，能立即转入第二段；做完第一层的最后一段，能立即转入第二层的第一段。因此每层最少施工段数目 m_0' 应大于或等于其施工过程数 n，即 $m_0' \geq n$。

当 $m_0' = n$ 时，工作队能够连续施工，施工段上始终有施工班组作业，工作面得以充分利用，无停歇现象，也不会出现工人窝工的情况，这是较为理想的状态。

当 $m_0' > n$ 时，工作队仍可连续施工，虽然存在停歇的工作面，但这并不一定是不利的，有时还可利用停歇时间进行养护、干燥、备料、弹线等工作，合理安排施工流程。

当 $m_0' < n$ 时，工作队无法连续施工，会出现窝工现象，这对于建筑装饰施工组织流水施工是不合适的，应尽量避免。

（二）工作面 A

工作面，又称工作前线，是指在施工对象上可供安置操作工人或布置施工机械的场地空间，它反映了施工过程在空间上布置的可行性与合理性。

对于部分装饰工程，施工起始阶段便在整个施工对象的长度或宽度范围内形成了可供施工的场地，这类工作面被称为"完整的工作面"。以幕墙安装工程为例，在完成幕墙基层结构施工后，整个外墙立面可视为一个完整的工作面，施工人员和机械设备能够在该区域内同时展开作业。而对于另一些工程，其工作面是随着施工进程逐步（逐层、逐段）形成的，此类工作面被称作"部分的工作面"。比如室内墙面的精装修工程,须先完成墙面基层处理,再逐步进行墙面的刮腻子、涂漆等工序,每完成一个施工步骤,才会为后续施工形成新的作业面。

一般情况下,前一施工过程的完工,会为后续施工过程创造相应的工作面。在确定某一施工过程所需的必要工作面时,不仅要考量前一施工过程能够提供的工作面尺寸,还应严格遵循现行的施工规范和安全技术标准。

由此可见,工作面的合理形成与规划,对流水施工的顺利开展有着直接且关键的影响,它关系到施工人员的工作效率、施工进度以及施工安全等多个方面。

三、时间参数

在组织流水施工时,用以表达流水施工在时间排列上所处状态的参数,称为时间参数。时间参数包括流水节拍、流水步距、平行搭接时间、技术与组织间歇时间及流水工期五种。

(一)流水节拍 t_i

流水节拍是指从事某一建筑装饰施工过程的专业施工班组,在一个施工段上施工作业的持续时间,用 t_i 表示。它与投入该施工过程的劳动力数量、机械设备性能及数量、材料供应的及时性和集中程度等因素密切相关。流水节拍在很大程度上决定着装饰施工的速度以及施工过程的节奏性,是组织流水施工的关键参数之一。

流水节拍的确定方法主要有两种:一种是依据工期要求来确定,另一种是根据现场实际投入的资源来确定。

当按可能投入的资源确定流水节拍时,用下式计算,但必须满足最小工作面要求。

$$t_i = \frac{Q_i}{R_i S_i N_i} = \frac{P_i}{R_i N_i} \tag{3-6}$$

式中:t_i——某装饰施工过程在某施工段上的流水节拍;

Q_i——某装饰施工过程在某施工段上的工程量;

R_i——专业班组的人数或机械台数班;

S_i——某专业工种或机械产量定额;

N_i——某专业班组或机械的工作班次;

P_i——某装饰施工过程在某施工段上的劳动量。

当按工期要求确定流水节拍时,首先根据工期要求确定出流水节拍,再按上式计算所需的工人人数(或机械台班),然后检查劳动力、机械是否满足需要。

当施工段数确定之后,流水节拍的长短对总工期有一定的影响,流水节拍长则相应的工期也长。因此,流水节拍越短越好,但实际上由于工作面的限制,流水节拍也有一定的限制,流水节拍的确定应充分考虑劳动力、材料和施工机械供应的可能性,以及劳动组织和工作面使用的合理性。

确定流水节拍应考虑如下因素。

1. 施工班组人数

施工班组人数应合理适配,不仅要满足最小劳动组合人数的要求,还必须契合最小工作面的条件。最小劳动组合是指确保某一施工过程能正常施工所不可或缺的最低限度的班组人数及其科学合理的组合。例如模板安装作业,就需要按照技工和普工的最少人数及合理比例来组建施工班组,若人数过少或比例失调,都必然会导致劳动生产率降低。而最小工作面是施工班组为保障安全生产和高效操作所必需的作业空间,它限定了能够安排的最大工人数量。不能单纯为缩短工期而无限制地增加施工人数,否则会因工作面不足而出现窝工现象,进而影响整体施工效率和质量。

2. 工作班制

工作班制的选择应依据工期要求及工艺特点来确定。当工期宽松,且工艺上无连续施工的强制要求时,宜采用一班制;在组织流水施工时,若为给后续施工创造连续作业条件,某些施工过程可考虑安排在夜班进行,即采用二班制;当工期紧张,或工艺上明确要求连续施工,又或者为提高施工中机械设备的利用率时,部分项目可考虑采用三班制施工。同时,在确定工作班制时,还应遵循劳动法规等相关规定,保障施工人员的合法权益和身体健康。

3. 主要施工过程

以主要装饰施工过程的流水节拍为基准,来确定其他装饰施工过程的流水节拍。主要装饰施工过程的流水节拍应是各装饰施工过程流水节拍中的最大值,且应尽量保持节奏性,以便于组织节奏流水施工,从而保证施工的高效有序进行。

4. 机械设备因素

流水节拍的确定要充分顾及机械设备的实际负荷能力以及可投入使用的机械设备数量,同时要严格遵循机械设备操作的安全规范和质量标准要求,确保施工过程安全、质量可靠。

5. 取值要求

流水节拍一般取整数,在有特殊需求的情况下,可保留0.5天(台班)的小数值,以便更精准地适应工程实际情况,但应尽量保证取值既能满足施工进度要求,又有利于施工组织和管理。

【案例3-2】

背景:

某装饰工程有4个施工过程,每个施工过程的工程量、产量定额和班组人数见表3-1,求流水节拍。

表3-1 施工过程的工程量、产量定额和班组人数

施工过程	工程量/m^3	产量定额/(m^3/工日)	班组人数
Ⅰ	210	7	5
Ⅱ	30	1.5	5
Ⅲ	40	1	10
Ⅳ	140	7	4

问题:

(1)计算各施工过程的劳动量。

(2)求各施工过程流水节拍。

解:

(1)劳动量:劳动量=工程量/产量定额

施工过程Ⅰ劳动量=210÷7=30(工日)

施工过程Ⅱ劳动量＝30÷1.5＝20（工日）

施工过程Ⅲ劳动量＝40÷1＝40（工日）

施工过程Ⅳ劳动量＝140÷7＝20（工日）

（2）流水节拍：流水节拍＝劳动量/班组人数

施工过程Ⅰ流水节拍＝30÷5＝6（工日）

施工过程Ⅱ流水节拍＝20÷5＝4（工日）

施工过程Ⅲ流水节拍＝40÷10＝4（工日）

施工过程Ⅳ流水节拍＝20÷4＝5（工日）

在根据工期要求来确定流水节拍时，可以用上式计算出所需要的人数或机械台班数。在这种情况下，必须检查劳动力和机械供应的可能性、材料物资供应能否相适应，以及工作面是否足够等。

（二）流水步距 $K_{i,i+1}$

流水步距是指在流水施工过程中，相邻的两个专业班组，在维持其工艺先后顺序、满足连续施工要求以及实现时间上最大程度搭接的条件下，相继投入同一施工段开展流水施工的时间间隔，通常用 $K_{i,i+1}$ 表示。

流水步距的大小直观反映了流水作业的紧凑程度，对工程总工期有着显著影响。在流水段数量固定不变的情况下，流水步距越大，意味着各施工过程衔接的时间间隔变长，进而导致工期延长；反之，流水步距越小，施工过程之间的衔接更为紧密，工期也就越短。

流水步距的数目取决于参加流水施工的施工过程数。如果施工过程为 n 个，则流水步距的总数为 $n-1$ 个。

1. 确定流水步距的原则

（1）始终保持两个相邻施工过程的先后工艺顺序。

（2）保持主要施工过程的连续、均衡。

（3）做到前后两个施工过程施工时间的最大搭接。

2. 确定流水步距的方法

确定流水步距的方法有很多，简捷实用的方法主要有图上分析法、分析计算法和"累加数列错位相减取大差法"，而"累加数列错位相减取大差法"适用于各种形式的流水施工，其计算步骤如下。

（1）针对每个施工过程，将其流水节拍依次逐个累加，由此构建出相应的累加数列。

（2）把前一施工过程流水节拍的累加数列与后一施工过程流水节拍的累加数列进行错位相减操作，进而得到一组差值。

（3）从上述得到的差值中找出最大值，该最大值即为这相邻两个施工过程之间的流水步距。

【案例3-3】

背景：

某项目由四个施工过程组成，分别由A、B、C、D四个专业工作队完成。在平面上划分成四个施工段，每个施工过程在各个施工段上的流水节拍见表3-2。

问题：

试确定相邻专业工作队之间的流水步距。

表 3-2　某工程流水节拍(d)

工作队	施工段			
	①	②	③	④
A	4	2	3	2
B	3	4	3	4
C	3	2	2	3
D	2	2	1	2

解：
(1) 计算各专业工作队的累加数列。

A： 4　6　9　11
B： 3　7　10　14
C： 3　5　7　10
D： 2　4　5　7

(2) 错位相减。

A 与 B：

```
        4   6   9   11
  —         3   7   10   14
        4   3   2   1   —14
```

B 与 C：

```
        3   7   10   14
  —         3   5   7   10
        3   4   5   7   —10
```

C 与 D

```
        3   5   7   10
  —         2   4   5   7
        3   3   3   5   —7
```

3. 求流水步距

因流水步距等于错位相减所得结果中的最大值，因此：

$$K_{A,B} = 4d$$
$$K_{B,C} = 7d$$
$$K_{C,D} = 5d$$

(三) 平行搭接时间 $C_{i,i+1}$

在依据《建筑施工组织设计规范》(GB/T 50502)等相关标准组织流水施工的过程中，为了有效缩短工期，在施工工作面允许的前提下，若前一施工队组完成部分施工任务后，能够提前为后续施工队组提供可供作业的工作面，后续施工队组便能够提前进入前一个施工段开展工作，从而形成两个施工队组在同一施工段上同时进行平行搭接施工的情况，这种两个施工队组在同一施工段上同时作业的时间段，即为平行搭接时间。合理安排平行搭接时间能够显著提高施工效率,有效压缩工程总工期。在确定平行搭接时间时,应充分考虑施工工艺的要求以及各施工队组之间的协作配合,确保施工质量不受影响。

(四)技术与组织间歇时间 $Z_{i,i+1}$

在流水施工进程中,依据施工工艺的客观要求,某些施工过程在特定施工段上必须经历一段停歇时间,这段因施工工艺而产生的时间间隔被定义为技术间歇时间。例如,混凝土浇筑完成后,为了确保混凝土达到规定的强度和性能指标,必须经过一段必要的养护时间,才能开展后续的工序作业;门窗底漆涂刷完毕后,需要等待足够的干燥时间,才能进行面漆的涂刷工作,这些因工艺要求而产生的停歇时间都属于技术间歇时间。而由于施工组织管理方面的原因所导致的间歇时间,则被称为组织间歇时间。比如在墙面、天棚粉刷作业前,需要进行标高弹线等准备工作,以及其他各类作业前的准备工作所占用的时间,都属于组织间歇时间。在安排施工进度计划时,必须充分考虑技术与组织间歇时间,以保证施工过程的顺利进行,避免因忽视这些间歇时间而导致施工延误或产生质量问题。

(五)流水施工工期 T

流水施工工期是指完成一项工程任务所需的时间。其计算公式一般为:

$$T = \sum K_{i,i+1} - \sum C_{i,i+1} + \sum Z_{i,i+1} + T_n \tag{3-7}$$

式中:$\sum K_{i,i+1}$——所有流水步距之和;

T_n——最后一个施工过程在各施工段上的流水节拍之和;

$\sum C_{i,i+1}$——所有平行搭接时间之和;

$\sum Z_{i,i+1}$——所有技术与组织间歇时间之和。

根据以上流水施工参数的概念,可以把流水施工的组织要点归纳如下。

(1)施工过程划分与班组安排。将拟建工程,无论是一个单位工程还是分部分项工程,其全部施工活动合理划分组合为若干施工过程。每个施工过程应分配给按专业分工组建的施工班组或混合施工班组负责完成。在确定施工班组人数时,不仅要充分考虑每个工人所需的最小工作面,以保障施工安全和效率,还要契合流水施工组织的整体要求。

(2)施工段划分。将拟建工程每层的平面依据工程特点和施工需求,科学划分为若干施工段。在同一时间内,每个施工段应确保只供一个施工班组进行作业,以避免施工混乱,保证施工秩序和质量。

(3)作业时间确定。精准确定各施工班组在每段的作业时间,并且要保证施工过程的连续性和均衡性,避免出现施工停滞或过度集中等情况,以实现资源的合理利用和施工进度的稳定推进。

(4)流水步距确定与搭接。按照各施工过程的先后逻辑顺序,合理确定相邻施工过程之间的流水步距。在满足连续作业的基本要求前提下,尽可能地实现施工过程之间的最大限度搭接,从而形成分部工程施工的专业流水组,有效提高施工效率,缩短工期。

(5)单位工程流水组织。通过合理搭接各分部工程的流水组,将其有机整合,形成单位工程流水施工,使整个工程的施工过程形成一个协调统一的整体,确保工程的顺利进行。

(6)进度计划绘制。根据上述各项安排,绘制细致的流水施工进度计划,以直观、清晰地展示工程施工的流程、时间安排和各施工过程之间的关系,为施工管理和进度控制提供有力的依据。

任务三　流水施工组织方式

流水施工的组织方式依据流水施工节拍特征的不同,可划分为有节奏流水、无节奏流水这两大类。其中,有节奏流水又根据不同施工过程之间的流水节拍是否相等,进一步分为等节奏流水和异节奏流水。

一、等节奏流水施工的组织方式

等节奏流水也被称作全等节拍流水,是指所有施工过程的流水节拍均为固定常数的一种流水施工形式。具体来说,就是同一施工过程在各个施工段上的流水节拍完全相等,并且不同施工过程之间的流水节拍也完全相同,这是一种较为理想的流水施工组织方式。

等节奏流水施工组织方式能够确保专业班组的工作连续且富有节奏,实现均衡施工,最大程度地契合组织流水施工作业的目标。

(一) 等节奏流水施工的建立步骤

1. 确定流水节拍

同一施工过程在各施工段上的流水节拍应保持相等,不同施工过程的流水节拍也需相等,即 $t_1 = t_2 = \cdots = t_n = t = $ 常数。为达成这一要求,需要保证各施工段上的工程量基本一致。同时,确定流水节拍还需综合考虑劳动力、材料、施工机械供应情况,以及劳动组织和工作面的合理性等因素。

2. 确定流水步距

各施工过程之间的流水步距相等,且等于流水节拍,即 $K_{i,i+1} = t$。在确定流水步距时,要始终保持两个相邻施工过程的先后工艺顺序不变,保持主要施工过程的连续均衡并做到前后两个施工过程施工时间最大搭接等。

3. 确定流水工期

在无技术与组织间歇时间 Z 和平行搭接时间 C 的情况下,等节奏流水施工的工期计算公式为:

$$T = \sum K_{i,i+1} + T_n$$

$$\sum K_{i,i+1} = (n-1)k, T_n = mt$$

所以

$$T = (n-1)k + mt = (n-1)t + mt = (m+n-1)t \tag{3-8}$$

式中:T——某工程流水施工工期;

$K_{i,i+1}$——第 i 个施工过程和第 $i+1$ 个施工过程的流水步距;

$\sum K_{i,i+1}$——所有流水步距之和;

T_n——最后一个施工过程在各施工段上的流水节拍之和。

在有技术与组织间歇时间 Z 和平行搭接时间 C 的情况下,等节奏流水施工的工期计算公式为:

$$T = (m+n-1)t - \sum C_{i,i+1} + \sum Z_{i,i+1} \qquad (3-9)$$

式中：$\sum C_{i,i+1}$——所有平行搭接时间之和；

$\sum Z_{i,i+1}$——所有间歇时间之和。

【案例 3-4】

背景：

某大理石镶贴工程由弹线试拼 A、水泥砂浆打底 B、镶贴大理石 C、擦缝 D 等四个施工过程组成，划分为五个施工段，流水节拍均为 3 天，无技术与组织间歇时间和平行搭接时间。为了保证各个施工班组在各施工段上连续施工，拟采用等节奏流水方式组织施工。

问题：

（1）计算该工程的总工期；

（2）绘制该工程的流水施工进度横道图。

解：

（1）计算工期。

因为

$$m=5, n=4, t=3d$$

所以

$$t=(m+n-1)t=(5+4-1)\times 3=24(d)$$

（2）用横道图绘制流水施工进度计划，如图 3-6 所示。

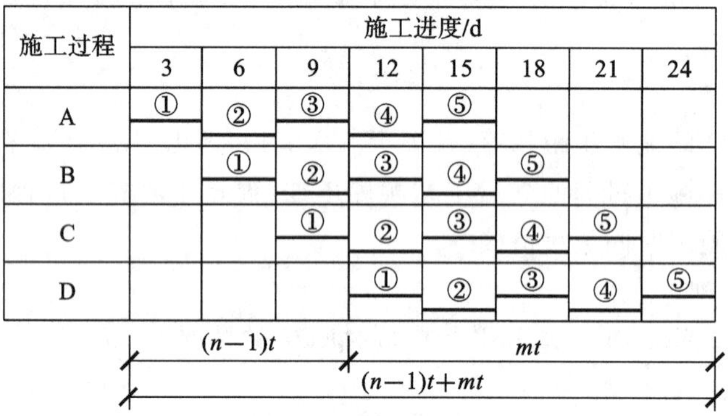

施工过程	施工进度/d							
	3	6	9	12	15	18	21	24
A	①	②	③	④	⑤			
B		①	②	③	④	⑤		
C			①	②	③	④	⑤	
D				①	②	③	④	⑤

图 3-6　无间歇流水施工进度计划

【案例 3-5】

背景：

某分部工程划分为 A、B、C、D、E 五个施工过程，四个施工段，流水节拍均为 4 天，其中 A 和 B、D 和 E 施工过程之间各有 2 天的技术间歇时间，B 和 C、C 和 D 施工过程之间各有 2 天的搭接时间，拟组织全等节拍流水施工。

问题：

（1）计算该工程的总工期；

（2）绘制该工程的流水施工进度横道图。

解：

(1) 计算工期。

因为
$$m=4, n=5, t=4\text{d}, \sum C_{i,i+1}=4\text{d}, \sum Z_{i,i+1}=4\text{d}$$

所以
$$T=(m+n-1)t-\sum C_{i,i+1}+\sum Z_{i,i+1}=(4+5-1)\times 4+4-4=32(\text{d})$$

(2) 用横道图绘制流水施工进度计划,如图 3-7 所示。

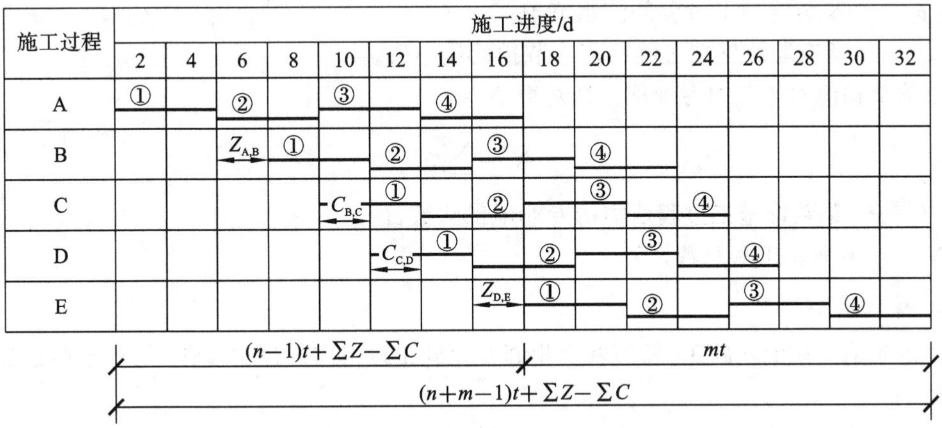

施工过程	施工进度/d															
	2	4	6	8	10	12	14	16	18	20	22	24	26	28	30	32
A	①		②		③		④									
B			$Z_{A,B}$ ①		②		③		④							
C					$C_{B,C}$ ①		②		③		④					
D						$C_{C,D}$ ①		②		③		④				
E							$Z_{D,E}$ ①		②		③		④			

区间下方标注:$(n-1)t+\sum Z-\sum C$ 和 mt,总计 $(n+m-1)t+\sum Z-\sum C$

图 3-7 有间歇流水施工进度计划

(二) 等节奏流水施工方式的适用范围

等节奏流水施工在施工组织中具有特定的适配场景,它较为适用于分部工程流水,但在单位工程,尤其是大型建筑群的施工中,适用性则相对有限。等节奏流水施工作为一种较为理想的流水施工模式,有着显著的优势,它能够确保专业班组的工作持续连贯,使施工工作面得到充分利用,进而实现均衡施工,有效提升施工效率并保障施工质量。然而,该施工方式要求所划分的各分部、分项工程均采用相同的流水节拍,这一条件在实际操作中实现难度较大。对于一个单位工程,特别是大型的建筑群而言,其包含的施工内容复杂多样,各分部、分项工程在施工工艺、工程量、施工条件等方面差异明显,要使所有分部、分项工程都达到相同的流水节拍往往十分困难,甚至几乎不可能实现。因此,尽管等节奏流水施工模式理论上具有诸多优点,但在实际工程建设中,其应用范围受到较大限制,并非广泛适用。

二、异节奏流水施工的组织方式

异节奏流水施工的组织方式,是指同一施工过程在各施工段上的流水节拍相等,但不同施工过程间的流水节拍未必相等的流水施工形式。依据各施工过程的流水节拍是否为其中最小流水节拍的整数倍(或节拍间是否存在最大公约数),可细分为成倍节拍流水施工和一般异节奏流水施工。

(一) 成倍节拍流水施工

在组织流水施工时,若各施工过程在每个施工段上的流水节拍均为其中最小流水节拍的整数倍,或节拍之间存在最大公约数,为加快施工进度,可按最大公约数(通常等于流水节拍中的最小节拍值)的整数倍来确定相应专业施工队的数目,此即成倍节拍流水施工。其特点在于:所有专业施工队能够连续施工,且实现了最大限度的合理搭接,能显著缩短工期。

成倍节拍流水施工的建立步骤如下。

1. 确定专业施工队数目

每个装饰施工过程所需要专业施工队数目 b_i,由下式确定:

$$b_i = \frac{t_i}{最大公约数} = \frac{t_i}{t_{min}} \tag{3-10}$$

式中:t_i——某装饰施工过程的流水节拍;

t_{min}——所有装饰施工过程的流水节拍的最小值。

成倍节拍流水施工的专业施工队总数 N 为

$$N = \sum_{i=1}^{n} b_i \tag{3-11}$$

式中:b_i——某装饰施工过程所需的专业施工队数目;

N——专业施工队总数。

2. 确定流水步距

对于成倍节拍流水施工,任何两个相邻专业施工班组间的流水步距,均等于最小流水节拍,即

$$K_b = t_{min} \tag{3-12}$$

3. 确定流水施工工期

成倍节拍流水施工工期可按下式计算:

$$T = (m + N - 1)K_b - \sum C_{i,i+1} + \sum Z_{i,i+1} \tag{3-13}$$

【案例 3-6】

背景:

某分部工程有 A、B、C、D 四个施工过程,施工段数为六个,流水节拍分别为 $t_A = 2d$,$t_B = 6d$,$t_C = 4d$,$t_D = 2d$,拟组织成倍节拍流水施工。

问题:

(1) 计算该工程的总工期;

(2) 绘制该工程的流水施工进度横道图。

解:

(1) 计算工期。

因为:

$$t_{min} = 2d$$

所以:

$$K_b = t_{min} = 2d$$

因为:

$$b_A = \frac{t_A}{t_{min}} = \frac{2}{2} = 1(个) \qquad b_B = \frac{t_B}{t_{min}} = \frac{6}{2} = 3(个)$$

$$b_C = \frac{t_C}{t_{min}} = \frac{4}{2} = 2(个) \qquad b_D = \frac{t_D}{t_{min}} = \frac{2}{2} = 1(个)$$

$$N = \sum_{i=1}^{4} b_i = 1 + 3 + 2 + 1 = 7(\text{个})$$

所以流水施工工期：

$$T = (m+N-1)K_b - \sum C_{i,i+1} + \sum Z_{i,i+1} = (6+7-1) \times 2 - 0 + 0 = 24(\text{d})$$

(2) 绘制流水施工进度计划，如图3-8所示。

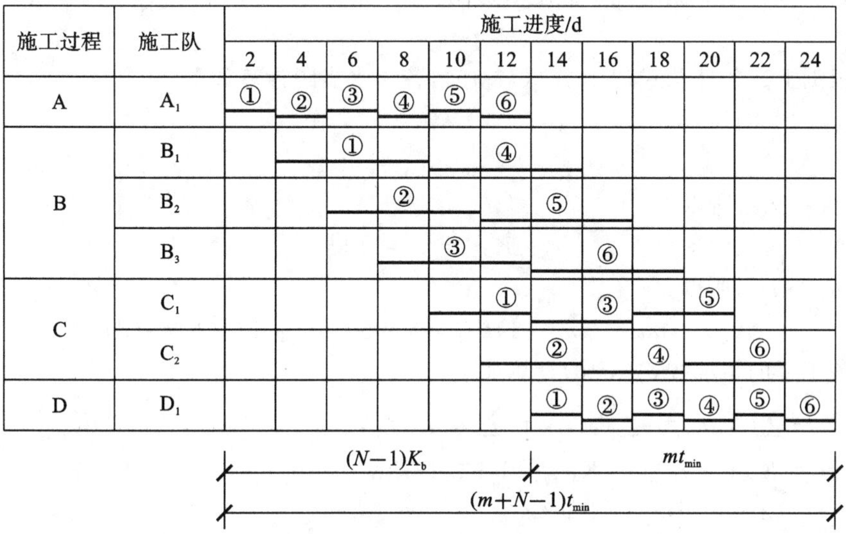

施工过程	施工队	施工进度/d											
		2	4	6	8	10	12	14	16	18	20	22	24
A	A_1	①	②	③	④	⑤	⑥						
B	B_1			①			④						
	B_2				②			⑤					
	B_3					③			⑥				
C	C_1						①		③		⑤		
	C_2							②		④		⑥	
D	D_1							①	②	③	④	⑤	⑥

图3-8 成倍节拍流水施工进度计划

(二) 一般异节奏流水施工

在异节奏流水施工中，如果各施工过程之间的流水节拍没有倍数的规律，称为一般异节奏流水施工。

一般异节奏流水施工的建立步骤如下。

1. 流水步距的确定

流水步距可采用以下计算方法或采用"累加数列错位相减取大差法"。

当 $t_i \leqslant t_{i+1}$ 时，$K_{i,i+1} = t_i$ (3-14)

当 $t_i > t_{i+1}$ 时，$K_{i,i+1} = mt_i - (m-1)t_{i+1}$ (3-15)

式中：t_i ——第 i 个施工过程的流水节拍；

t_{i+1} ——第 $i+1$ 个施工过程的流水节拍。

2. 确定流水施工工期

一般异节奏流水施工工期可采用下式计算：

$$T = \sum K_{i,i+1} + T_n - \sum C_{i,i+1} + \sum Z_{i,i+1} \tag{3-16}$$

式中：$\sum K_{i,i+1}$ ——流水施工中各流水步距之和；

T_n ——流水施工中最后一个施工过程的持续时间。

【案例 3-7】

背景：

某工程划分为 A、B、C、D 四个施工过程，分三个施工段组织流水施工，各施工过程的流

水节拍分别为 $t_A=3d, t_B=4d, t_C=5d, t_D=3d$；施工过程 B 完成后需有 2d 的技术间歇时间，施工过程 D 与 C 有平行搭接时间 1d。

问题：

(1) 试求各施工过程之间的流水步距；

(2) 试求该工程的工期；

(3) 绘制该工程的流水施工进度横道图。

解：

(1) 根据上述条件及式(3-14)、式(3-15)，各流水步距计算如下：

因为 $t_A < t_B$，所以

$$K_{A,B} = t_A = 3d$$

因为 $t_B < t_C$，所以

$$K_{B,C} = t_B = 4d$$

因为 $t_C > t_D$，所以

$$K_{C,D} = mt_i - (m-1)t_{i+1} = 3 \times 5 - (3-1) \times 3 = 9(d)$$

(2) 该工程的工期按式(3-16)计算如下：

$$\begin{aligned}
T &= \sum K_{i,i+1} - \sum C_{i,i+1} + \sum Z_{i,i+1} + T_n \\
&= K_{A,B} + K_{B,C} + K_{C,D} - 1 + 2 + mt_D \\
&= (3+4+9) - 1 + 2 + 3 \times 3 \\
&= 26(d)
\end{aligned}$$

(3) 绘制流水施工进度计划，如图 3-9 所示。

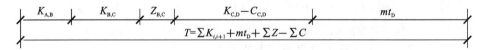

图 3-9 一般异节奏流水施工进度计划

【案例 3-8】

背景：

某工程由 A、B、C、D 四个施工过程组成，四个施工段，施工顺序依次为 A→B→C→D，各施工过程本身在各施工段的流水节拍依次为 $t_A=1d, t_B=2d, t_C=2d, t_D=1d$。

问题：

在劳动力相对固定的条件下，试组织流水施工。

解：

本例从流水节拍特征分析,可组织成倍节拍流水。因为无劳动力可增加,因此无法做到等步距。为了使施工队组连续作业,只可按一般异节奏流水施工。因此可按一般异节奏流水施工或采用"累加数列错位相减取大差法"计算流水步距。

(1) 按一般异节奏流水施工计算流水步距。

因为 $t_A < t_B$,所以
$$K_{A,B} = t_A = 1d$$

因为 $t_B = t_C$,所以
$$K_{B,C} = t_B = 2d$$

因为 $t_C > t_D$,所以
$$K_{C,D} = mt_i - (m-1)t_{i+1} = 4 \times 2 - (4-1) \times 1 = 5(d)$$

(2) 按"累加数列错位相减取大差法"计算流水步距。

累加数列:

A 数列:	1	2	3	4
B 数列:	—	2	4	6	8
第三数列:	1	0	−1	−2	−8

取最大差值为 1,即 $K_{A,B} = 1d$

同理,可求得 $K_{B,C} = 2d$, $K_{C,D} = 5d$

(3) 计算施工工期。
$$T = \sum K_{i,i+1} + T_n = (1+2+5) + (1+1+1+1) = 12(d)$$

(4) 绘制施工进度计划,如图 3-10 所示。

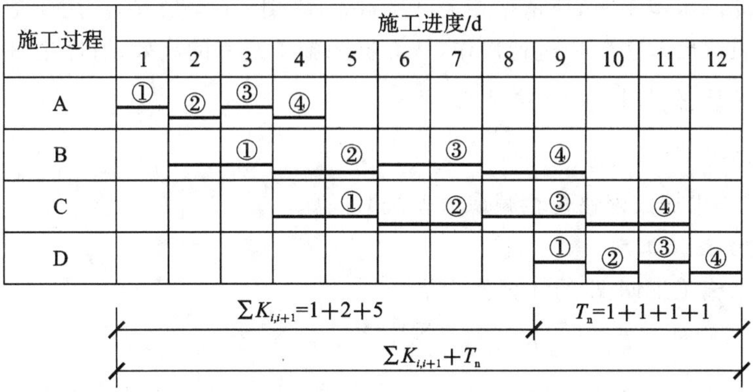

施工过程	施工进度/d											
	1	2	3	4	5	6	7	8	9	10	11	12
A	①	②	③	④								
B			①		②		③		④			
C					①		②			④		
D									①	②	③	④

图 3-10 成倍节拍组织一般异节奏流水施工进度计划

从图 3-10 可知,虽然在同一施工段上不同施工过程的时间不尽相同,但有互为整数倍关系。如果不组织多个同工种施工队完成同一施工过程任务,必然是用一般异节奏专业流水的组织形式,流水步距不等。如果以缩短作业时间长的施工过程达到等步距要求,就要检查工作面是否满足要求;如果延长作业时间短的施工过程,工期则会延长。因此,确定流水施工的组织形式时,既要分析流水节拍的特征,还要考虑工期要求和具体施工条件。

(三) 异节奏流水施工方式的适用范围

成倍节拍流水施工方式因其自身特点,较为适用于线型工程(如道路、管道、铁路等线性延伸的工程)的施工组织。在线型工程中,其施工过程较为规律,各施工段的作业内容和条件有一定相似性,采用成倍节拍流水施工,能够充分发挥其专业施工队连续施工、合理搭接以及缩短工期的优势,提高施工效率。

一般异节奏流水施工方式在分部工程和单位工程的流水施工中应用较为广泛。该方式允许不同施工过程根据自身特点采用不同的流水节拍,能够更好地适应复杂多样的施工条件和工艺要求。与等节奏流水施工相比,一般异节奏流水施工在进度安排上更加灵活,可根据各施工过程的实际情况进行合理调整,因此在实际工程中具有更强的适应性和实用性,应用范围更为广泛,能满足不同类型工程的施工组织需求。

三、无节奏流水施工的组织方式

无节奏流水施工,也被称为分别流水法施工,是指同一施工过程在不同施工段上的流水节拍不完全相等,并且不同施工过程之间的流水节拍也不完全相等的一种流水施工方式。

在实际施工过程中,当各施工段的工程量存在较大差异,各施工班组的生产效率参差不齐,且无法组织有节奏流水施工时,就可以选择组织无节奏流水施工。这种施工方式的特点在于:各施工班组能够依次在各施工段上实现连续施工,但并非每个施工段在任何时候都有施工班组进行作业。由于在无节奏流水施工中,各工序之间不像有节奏流水施工那样存在固定的时间约束,所以在施工进度安排上具有较大的灵活性。

无节奏流水作业的核心要点在于:确保各专业施工班组能够实现连续的流水作业,通过精确计算确定流水步距,以此保证各工作班组在同一施工段内不会相互干扰,并且前后工作班组之间的工作能够紧密衔接。因此,组织无节奏流水作业的关键环节就在于准确计算流水步距。在计算流水步距时,应依据相关施工规范和实际工程情况,运用合适的方法(如"累加数列错位相减取大差法"等)进行操作,从而保障施工过程的高效、有序推进。

(一)无节奏流水施工的建立步骤

1. 确定流水步距 $K_{i,i+1}$

流水步距按"累加数列错位相减取大差法"计算。

2. 确定流水施工工期

无节奏流水施工工期 T 的计算公式是

$$T = \sum K_{i,i+1} - \sum C_{i,i+1} + \sum Z_{i,i+1} + T_n \tag{3-17}$$

式中:$\sum K_{i,i+1}$——流水步距之和;

T_n——最后一个施工过程在各施工段上的流水节拍之和。

其他符号同前。

【案例 3-9】

背景:

某工程由 A、B、C 三个施工过程组成,施工顺序为 A→B→C,$\sum C_{i,i+1} = 0$,各施工段的流水节拍见表 3-3。拟组织无节奏流水施工。

问题:

(1)试求各施工过程之间的流水步距;

(2) 试求该工程的工期；
(3) 绘制该工程的流水施工进度横道图。

表 3-3　某工程流水节拍(d)

工作队	施工段					
	①	②	③	④	⑤	⑥
A	3	3	2	2	2	2
B	4	2	3	2	2	3
C	2	2	3	3	3	2

解：
(1) 确定流水步距。

按"累加数列错位相减取大差法"，A 施工过程的累加数列为：3,6,8,10,12,14；B 施工过程的累加数列为：4,6,9,11,13,16。将 A、B 两组数列错位相减得第三组数列：

$$\begin{array}{rrrrrrr} 3 & 6 & 8 & 10 & 12 & 14 & \\ - & 4 & 6 & 9 & 11 & 13 & 16 \\ \hline 3 & 2 & 2 & 1 & 1 & 1 & -16 \end{array}$$

第三组数列中的最大值即为 A、B 两个施工过程间的流水步距，即 $K_{A,B}=3$，同理求得 $K_{B,C}=5$。

(2) 确定流水施工工期。

$$T = \sum K_{i,i+1} + T_n = (3+5)+(2+2+3+3+3+2) = 23(\mathrm{d})$$

(3) 绘制流水施工进度计划，如图 3-11 所示。

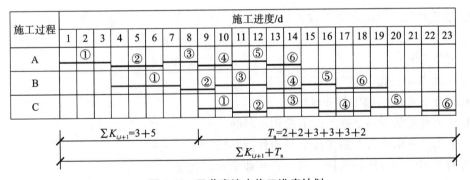

图 3-11　无节奏流水施工进度计划

(二) 无节奏流水施工方式的适用范围

无节奏流水施工因其独特的灵活性，适用于各类不同结构性质和规模的工程施工组织。与有节奏流水施工不同，它不受固定时间规律的严格约束，在进度安排上更加自由灵活，能够更好地适应复杂多变的施工环境。这种特性使其广泛适用于分部工程、单位工程以及大型建筑群的流水施工，是实际工程中应用最为普遍的流水施工方式之一。

在选择上述各种流水施工的基本方式时，不能仅仅依据流水节拍的特征来判断，还应综合考量工期要求、现场施工条件、资源供应情况等多方面因素。例如，工期紧张时可能更倾向于选择能加快施工进度的流水施工方式;而资源有限的情况下,则要考虑如何合理安排施工顺序和时间,以实现资源的最优配置。任何一种流水施工组织形式本质上都只是一种组织手段,其最终目标是在保证工程质量、确保施工安全的前提下,尽可能缩短工期、降低施工成本,实现工程效益的最大化。

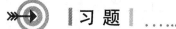

习题

一、名词解释

1. 流水施工;2. 流水步距;3. 流水节拍;4. 施工段;5. 工作面;
6. 等节奏流水;7. 异节奏流水;8. 无节奏流水

二、选择题

1. 不属于流水施工时间参数的是( )。
   A. 流水节拍　　　　B. 流水步距　　　　C. 工期　　　　D. 施工段
2. 流水施工空间参数是指( )。
   A. 搭接时间　　　　B. 施工过程数　　　C. 施工段数　　D. 流水强度
3. 流水步距是指相邻两个工作队相继投入工作的( )。
   A. 持续时间　　　　　　　　　　　　B. 最小时间间隔
   C. 流水组的工期　　　　　　　　　　D. 施工段数
4. 某工程由 A、B、C 三个施工过程组成,施工段数为三个,流水节拍分别为 $t_A=6d, t_B=6d, t_C=12d$,组织异节奏流水施工,该工程工期为( )。
   A. 36　　　　　　B. 24　　　　　　C. 30　　　　　　D. 48
5. 最理想的组织流水施工方式是( )。
   A. 等节奏流水　　　　　　　　　　B. 异节奏流水
   C. 无节奏流水　　　　　　　　　　D. 成倍节拍流水
6. 流水节拍是指( )。
   A. 某个专业队的施工作业时间
   B. 某个专业队在一个施工段上的作业时间
   C. 某个专业队在各个施工段上平均作业时间
   D. 两个相邻专业队进入同一施工段作业的时间间隔
7. 下列属于异节奏流水施工的特点是( )。
   A. 所有施工过程在各施工段上的流水节拍均相等
   B. 不同施工过程在同一施工段上的流水节拍都相等
   C. 专业工作队数目大于施工过程数
   D. 流水步距等于流水节拍
8. 某工程有五个施工过程,四个施工段,则其流水步距数目为( )。
   A. 4　　　　　　　B. 5　　　　　　　C. 6　　　　　　　D. 3
9. 流水施工中,( )必须连续均衡施工。
   A. 所有施工过程　　B. 主要施工过程　　C. 次要工序　　D. 无特殊要求

10. 某施工段油漆工程量为 200 个单位,安排施工队人数为 25 人,每人每天完成 0.8 个单位,则该段流水节拍为( )。

A. 12 天　　　　B. 10 天　　　　C. 8 天　　　　D. 6 天

三、简答题

1. 什么是流水施工？其特点是什么？
2. 组织流水施工的条件和要点有哪些？
3. 流水施工的主要参数有哪些？
4. 流水施工的时间参数如何确定？
5. 如何确定无节奏流水施工的流水步距？
6. 流水施工按节奏特征不同可分为哪几种方式？

四、计算题

1. 某工程有 A、B、C、D 四个施工过程,四个施工段。设 $t_A=2d, t_B=4d, t_C=2d, t_D=1d$。试分别计算依次施工、平行施工及流水施工的工期,并绘出施工进度计划。

2. 已知某工程分为五个施工过程,分五段组织施工,流水节拍均为 2d,在第二个施工过程结束后有 1d 的技术间歇。试组织流水施工,并绘出施工进度计划。

3. 某分部工程,施工过程数 $n=4$,施工段数 $m=6$,各过程流水节拍为 $t_A=2d, t_B=4d, t_C=6d, t_D=4d$。且已知 A、B 之间存在 2d 技术间歇时间。试组织成倍节拍流水施工,并绘出施工进度计划。

4. 某分部工程,已知施工过程数 $n=4$,施工段数 $m=4$,各施工过程在各施工段上的流水节拍 $t_A=3d, t_B=2d, t_C=4d, t_D=2d$,并且在施工过程 C 和 D 之间有 2d 技术间歇时间。试组织流水施工,并绘出施工进度计划。

5. 试根据表 3-4 的数据,组织流水施工,并绘出施工进度计划。

表 3-4　各施工过程的流水节拍

施工过程	施工段					
	①	②	③	④	⑤	⑥
A	2	1	3	4	5	5
B	2	2	4	3	4	4
C	3	2	4	3	4	4
D	4	3	3	2	5	5

【技能实训】

【实训 3-1】

背景：

某群体工程由 Ⅰ、Ⅱ、Ⅲ 三个单项工程组成。它们都要经过 A、B、C、D 四个施工过程,每个施工过程在各个单项工程上的持续时间如表 3-5 所示。

表 3-5　各施工过程上的流水节拍(d)

施工过程	单项工程		
	Ⅰ	Ⅱ	Ⅲ
A	4	2	3
B	2	3	4
C	3	4	3
D	2	3	3

问题：

1. 什么是无节奏流水？

2. 什么是流水步距？什么是流水施工工期？如果该工程的施工顺序为Ⅰ、Ⅱ、Ⅲ，试计算该群体工程的流水步距和工期。

3. 如果该工程的施工顺序为Ⅱ、Ⅰ、Ⅲ，则该群体工程的工期应如何计算？

解：

1. 无节奏流水施工：流水组中各作业队的流水节拍没有规律。

2. 流水步距：两个相邻的作业队相继投入同一施工段工作的时间间隔。

流水施工工期：施工对象全部施工完成的总时间。

施工过程数目：$n=4$

施工段数目：$m=3$

流水步距计算：

$$\begin{array}{rrrr} & 4 & 6 & 9 \\ - & & 2 & 5 & 9 \\ \hline & 4 & 4 & 4 & -9 \end{array}$$

施工过程 A、B 的流水步距：$K_{A,B}=\max\{4,4,4,-9\}=4(d)$

$$\begin{array}{rrrr} & 2 & 5 & 9 \\ - & & 3 & 7 & 10 \\ \hline & 2 & 2 & 2 & -10 \end{array}$$

施工过程 B、C 的流水步距：$K_{B,C}=\max\{2,2,2,-10\}=2(d)$

$$\begin{array}{rrrr} & 3 & 7 & 10 \\ - & & 2 & 5 & 8 \\ \hline & 3 & 5 & 5 & -8 \end{array}$$

施工过程 C、D 的流水步距：$K_{C,D}=\max\{3,5,5,-8\}=5(d)$

流水施工工期：$T=\sum K_{i,i+1}+T_n=(4+2+5)+(2+3+3)=19(d)$

3. 如果该工程的施工顺序为Ⅱ、Ⅰ、Ⅲ，则该群体工程的工期计算：

流水步距计算：

$$\begin{array}{rrrr} & 2 & 6 & 9 \\ - & & 3 & 5 & 9 \\ \hline & 2 & 3 & 4 & -9 \end{array}$$

施工过程 A、B 的流水步距:$K_{A,B}=\max\{2,3,4,-9\}=4(d)$

$$\begin{array}{r}3\quad 5\quad 9\quad\\ -4\quad 7\quad 10\\ \hline 3\quad 1\quad 2\quad -10\end{array}$$

施工过程 B、C 的流水步距:$K_{B,C}=\max\{3,1,2,-10\}=3(d)$

$$\begin{array}{r}4\quad 7\quad 10\\ -3\quad 5\quad 8\\ \hline 4\quad 4\quad 5\quad -8\end{array}$$

施工过程 C、D 的流水步距:$K_{C,D}=\max\{4,4,5,-8\}=5(d)$

流水施工工期:$T=\sum K_{i,i+1}+T_n=(4+3+5)+(3+2+3)=20(d)$

【实训 3-2】

背景:

某两层三单元连体别墅装饰工程,每一单元的工程量分别为外墙贴瓷砖 187 m², 雨篷贴花岗石 11 m², 楼梯间扶手刷清漆 2.53 m², 楼梯间栏杆刷调和漆 50 m², 顶棚吊顶 90 m², 内墙刷涂料 130 m²。以上施工过程的每工产量见表 3-6, 顶棚吊顶后 3 天才能进行内墙刷涂料施工。

问题:

试组织全等节拍流水施工。

解:

1. 划分施工过程。

由于贴花岗石工程量小,将其与外墙贴瓷砖并为"外墙贴瓷砖及花岗石"一个施工过程;楼梯间扶手刷清漆及调和漆也合并为一个施工过程。

2. 确定施工段。

根据建筑物的特征,可按房屋的单元分界,划分为三个施工段,即采用一班制施工。

3. 确定主要施工过程的施工人数并计算其流水节拍。

本例主要施工过程为外墙贴瓷砖及花岗石,配备施工班组人数为 21 人,由公式 3-6 计算流水节拍。根据主要施工过程的流水节拍可计算出其他施工过程的施工班组人数,其结果见表 3-6。

流水步距 $K=t=3d$。

表 3-6 各施工过程的流水节拍及施工人数

施工过程	工程量		每工产量	劳动量/工日	施工班组人数	流水节拍
	数量	单位				
外墙贴瓷砖	187	m²	3.5	53	21	3
贴花岗石	11	m²	1.2	9	21	
刷清漆	2.53	m²	0.45	6	2	3
刷调和漆	50	m²	1.5	33	11	
顶棚吊顶	90	m²	1.25	72	24	3
内墙刷涂料	130	m²	4	33	11	

4. 计算工期。

5. 绘制流水施工进度计划，见图 3-12。

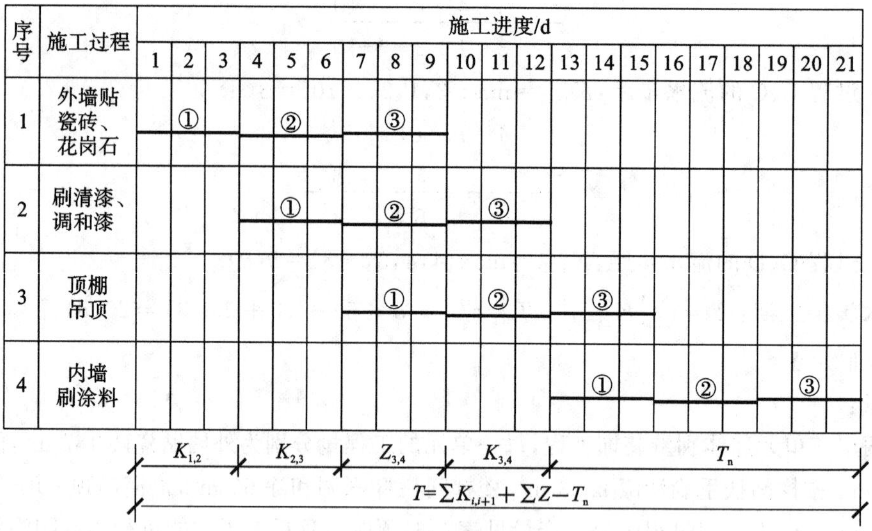
序号
施工过程
施工进度/d
1 2 3 4 5 6 7 8 9 10 11 12 13 14 15 16 17 18 19 20 21
1
外墙贴瓷砖、花岗石
① ② ③
2
刷清漆、调和漆
① ② ③
3
顶棚吊顶
① ② ③
4
内墙刷涂料
① ② ③
$K_{1,2}$
$K_{2,3}$
$Z_{3,4}$
$K_{3,4}$
T_n
$T=\sum K_{i,i+1}+\sum Z-T_n$

图 3-12 等节奏流水施工进度计划

项目三　编制进度计划——网络图

任务一　网络计划技术基本知识

一、网络计划技术的产生与发展

在 20 世纪 50 年代中期以来，为适应生产发展和科技进步的需要，国外陆续采用了一些用网络图表达的计划管理的新方法，由于这些新方法都是建立在网络图的基础上，所以在国际上把这种方法统称为"网络计划方法"或"网络计划技术"。网络计划技术是根据系统工程原理，运用网络的形式来设计和表达一项计划中的各个工作的先后顺序和逻辑关系，通过计算找到关键线路和关键工作，然后不断改善网络计划，选择最优化方案付诸实施，在执行过程中进行有效的控制和监督，使计划尽可能地实现预期目标。著名数学家华罗庚教授将此法归之于"统筹方法"。

我国对网络计划技术的研究与应用起步较早，1965 年，华罗庚教授首先在我国的生产管理中推广和应用这些新的计划管理方法。改革开放以后，网络计划技术在我国工程建设领域迅速推广和应用，尤其是大中型工程项目建设中，在资源合理安排、进度计划编制等方面应用效果显著。目前，网络计划技术已广泛应用于我国国民经济各个领域的计划管理中。

为使网络计划技术在工程计划编制与控制的实际应用中有统一标准，国家相关部门颁布了一系列规程。1992 年，国家技术监督局和国家建设部先后颁布了中华人民共和国国家标准《网络计划技术》(GB/13400.1、13400.2、13400.3—1992)和中华人民共和国行业标准《工程网络计划技术规程》(JGJ/T 1001—1991)。1999 年又颁发了重新修订的行业标准《工程网络计划技术规程》(JGJ/T 121—1999)。最新的《工程网络计划技术规程》(JGJ/T 121—2015)，是由中华人民共和国住房和城乡建设部于 2015 年 3 月 13 日发布的行业标准，自 2015 年 11 月 1 日起实施。

二、横道计划与网络计划的特点分析

(一) 横道计划

横道计划，又称"甘特图"。它是一种以二维平面图形式呈现的进度计划工具。在横道计划图中，横轴表示项目进度，纵轴表示工作任务等。它通过一系列水平线段来分别表示各施工过程的施工起止时间及其先后顺序，如图 3-13 所示。由于该计划最初是由美国人甘特在第一次世界大战前研究的，因此也称"甘特图"。

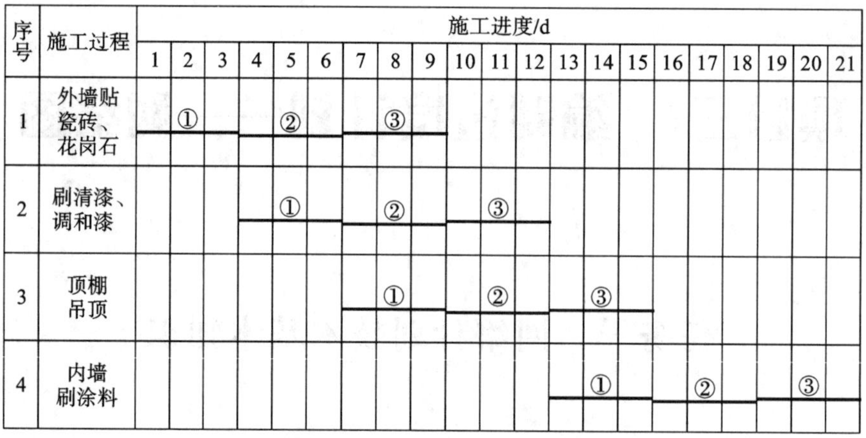

序号	施工过程	施工进度/d																				
		1	2	3	4	5	6	7	8	9	10	11	12	13	14	15	16	17	18	19	20	21
1	外墙贴瓷砖、花岗石		①			②			③														
2	刷清漆、调和漆					①			②			③											
3	顶棚吊顶							①			②			③									
4	内墙刷涂料											①			②			③					

图 3-13 横道计划进度表

1. 优点

（1）编制简便。制作过程相对简单，容易上手，不需要复杂的专业知识和技能，能够快速完成编制。

（2）直观清晰。以图形化的方式展示，各施工过程排列整齐，起止时间、持续时间通过横道线一目了然，便于理解。

（3）易于沟通。无论是管理人员还是一线施工人员等各层次人员，都能轻松看懂，方便项目团队内部以及与外部相关方进行进度信息的交流和沟通。

（4）资源统计便捷。可直接在图上对劳动力、材料、机具等各项资源的需求进行统计，便于资源的初步规划和调配。

2. 缺点

（1）逻辑关系不明。难以清晰、直接地反映出各施工过程之间复杂的先后顺序、相互依赖和相互制约等逻辑关系。

（2）关键工作难确定。无法明确区分关键工作和非关键工作，不能直观地显示某个施工过程的进度变化对整体工期的影响程度。

（3）时间参数缺失。无法计算每个施工过程的诸如最早开始时间、最早完成时间、最迟开始时间等时间参数，也不能确定在总工期不变的情况下各工作的机动时间，不利于对计划潜力进行分析。

（4）信息化受限。对于复杂的大型项目，难以利用计算机进行高效的计算、分析和优化，无法适应现代项目管理对信息化、精细化的要求。

（二）网络计划

网络计划，即网络计划技术，是指用于工程项目的计划与控制的一项管理技术。它是通过网络图来表达任务构成、工作顺序并加注工作时间参数，以对工程项目进行统筹规划和管理。

网络图是一种图解模型，由箭线、节点和线路三个因素组成，是用来表示工作流程的有向、有序的网状图形。网络图按绘制网络图的代号不同具体分为双代号网络图（如图 3-14 所示）、单代号网络图（如图 3-15 所示）。

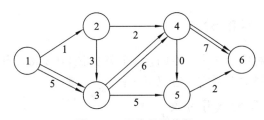

图 3-14 双代号网络图

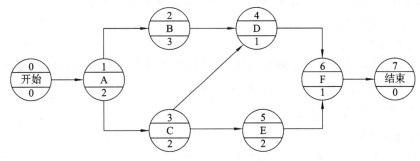

图 3-15 单代号网络图

1. 优点

(1) 逻辑关系清晰。能够精准、明确地呈现各施工过程之间复杂的先后顺序、相互依赖和制约等逻辑关系,让项目参与者对整体工作流程有清晰认知。

(2) 关键线路明确。通过计算可准确找出关键施工过程和关键线路,使管理者能在施工中聚焦主要矛盾,合理分配资源,避免盲目施工。

(3) 资源调配科学。可计算出各施工过程的机动时间,便于管理者根据实际情况,更科学地利用和调配人力、物力等资源,有效降低成本。

(4) 利于科学管理。借助计算机技术,能对复杂的项目计划进行高效的计算、分析、控制和优化,提升计划管理的科学性和精细化程度。

(5) 利于进度监控。便于对项目进度进行跟踪监控,通过实际进度与计划进度的对比,能及时发现偏差,以便采取有针对性的措施进行调整。

2. 缺点

(1) 绘制难度较大。绘制过程相对复杂,需要专业知识和经验,对绘图者要求较高,尤其是面对大型复杂项目时,绘图工作量大且容易出错。

(2) 理解门槛较高。对于不熟悉网络计划技术的人员来说,理解网络图的逻辑和表达的信息有一定难度,不像横道图那样直观易懂。

(3) 资源统计不便。无法像横道图那样直接在图中清晰地进行各项资源需要量的统计,通常需要额外进行计算和分析。

(4) 更新维护复杂。项目实施过程中,若需要对计划进行调整和变更,网络图的更新和维护工作较为繁琐,且可能因更新不及时影响信息的准确性。

(5) 数据依赖度高。其可靠性和准确性高度依赖于输入数据的质量,如果数据存在错误或缺失,可能会导致分析结果出现偏差。

三、网络计划技术的分类

网络计划技术是一种内容非常丰富的计划管理方法,在实际应用中,通常从不同角度将其分成不同的类别。常见的分类方法有以下几种。

(一) 按绘制网络图的代号分类

1. 双代号网络计划

双代号网络计划是以双代号网络图表示的计划,双代号网络图是以箭线及其两端节点的编号表示工作的网络图。

2. 单代号网络计划

单代号网络计划是以单代号网络图表示的计划,单代号网络图是以节点及其节点编号表示工作,以箭线表示工作之间逻辑关系的网络图。

(二) 按目标的多少分类

1. 单目标网络计划

单目标网络计划是指只有一个终点节点的网络计划。

2. 多目标网络计划

多目标网络计划是指有两个及以上终点节点的网络计划。

(三) 按网络计划范围分类

1. 局部网络计划

局部网络计划是指以一个建筑物或构筑物中的一部分,或以一个分部工程为对象编制的网络计划。

2. 单位工程网络计划

单位工程网络计划是指以一个单位工程或单体工程为对象编制的网络计划。

3. 综合网络计划

综合网络计划是指以一个建设项目为对象编制的网络计划。

(四) 网络计划的其他分类

1)时标网络计划

时标网络计划是指以时间坐标为尺度编制的网络计划。它的最主要特点是时间直观,可以直接显示时差,如图 3-16 所示。

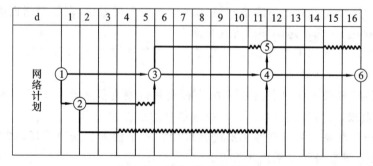

图 3-16 双代号时标网络图

2)非时标网络计划

工作的持续时间以数字形式标注在箭线下面绘制的网络计划称为非时标网络计划,如图 3-14 所示。

任务二　双代号网络图

在建筑装饰工程施工过程中,要完成一个工程或一项任务,需要进行许多施工过程或工作过程。用一条箭线表示一个施工过程,施工过程的名称标注在箭线的上方,完成该施工过程所需的时间标注在箭线的下方,箭尾表示施工过程的开始,箭头表示施工过程的结束,在箭头和箭尾衔接的地方,画上圆圈并编上序号,并用箭尾的序号 i 和箭头的序号 j 作为这个施工过程的代号(i—j),这种表示方式称为"双代号表示法"(如图 3-17 所示),将所有施工过程根据施工顺序和相互关系,用"双代号表示法"从左向右绘制成的图形,称为"双代号网络图"(如图 3-14 所示)。

图 3-17　双代号网络图工作的表示方法

一、双代号网络图的构成

双代号网络图由箭线(工作)、节点与节点编号和线路三个基本要素构成。

(一)箭线(工作)

1. 工作

工作也称工序、活动或过程,是指完成一项任务的过程。双代号网络图中,一条箭线表示一项工作。根据计划编制的粗细不同,工作既可以是一个建设项目、一个单项工程,也可以是一个分项工程、一个工序。

工作按其是否占用时间、消耗资源的情况通常分为三种:第一种是既占用时间又消耗资源的工作(如贴外墙面砖);第二种是只占用时间而不消耗资源的工作(如油漆干燥);第三种是既不占用时间也不消耗资源的工作。在工程实际中,前两种工作是实际存在的,称为实工作,用实箭线表示;第三种工作是根据需要人为虚设的,只表示相邻工作之间的逻辑关系,称为虚工作,一般不标注名称,其持续时间为零,或者用虚箭线表示,如图 3-18 所示。

图 3-18　虚工作表示法

2. 紧前工作、紧后工作和平行工作

工作按其与其他工作的相互关系分为三类:紧前工作、紧后工作和平行工作。凡是紧排在本工作之前的工作,称为本工作的紧前工作;紧排在本工作之后的工作,称为本工作的紧后工作;与本工作同时进行的工作称为平行工作。

(二) 节点与节点编号

1. 节点

节点在双代号网络图中,表示工作的开始、结束。在双代号网络图中,它表示工作之间的逻辑关系,反映前后工作交接过程的顺序,表示前项工作的结束和后项工作开始的瞬间。

在双代号网络图中,节点有起点节点、中间节点和终点节点三种。网络图中的第一个节点为起点节点,表示一项任务的开始;最后一个节点为终点节点,表示一项任务的结束;其余节点均为中间节点,既表示前面工作的结束节点,又表示后面工作的开始节点,如图 3-19 所示。在网络图中指向某个节点的箭线称为内向箭线,从某个节点引出的箭线称为外向箭线。

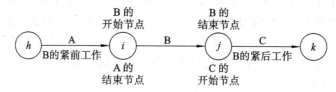

图 3-19　网络图中节点示意图

双代号网络图中节点的重要特征在于它具有瞬时性。它只表示工作开始或结束的瞬间,节点本身既不占用时间,也不消耗任何资源。一个节点的出现时刻,就是以该节点为结束节点的所有工作结束的时刻,也意味着以该节点为开始节点的所有工作开始的时刻。节点的这一特征,使节点具有控制工作进度的作用。

2. 节点编号

网络图中的每个节点都有自己的编号,以便赋予每项工作以代号,便于计算网络图的时间参数和检查网络图是否正确。

节点编号必须满足两条基本规则:其一,箭头节点编号大于箭尾节点编号;其二,在一个网络图中,所有节点不能出现重复编号,编号可连续也可不连续。

3. 内向箭线和外向箭线

按箭线与节点关系分为内向箭线和外向箭线。指向某节点的箭线称为该节点的内向箭线;从某节点引出的箭线称为该节点的外向箭线。

(三) 线路

在网络图中从起点节点开始,沿箭头方向顺序通过一系列箭线与节点,最后到达终点节点的通路称为线路。线路上各工作持续时间之和,称为该线路的长度。沿着箭线的方向有很多条线路,其中工期最长的线路称为关键线路,除关键线路之外的其他线路称为非关键线路,位于关键线路上的工作称为关键工作。关键工作没有机动时间,这些工作完成的快慢,直接影响整个工程项目的计划工期。关键工作常用粗箭线或双线表示,以区别非关键工作。

关键线路不是一成不变的,在一定的条件下,关键线路和非关键线路可以互相转化。关键线路在网络图中不止一条,可能会有几条关键线路,即这几条关键线路的工作持续时间相等。

(四) 虚工作的应用

虚工作在双代号网计划中只表示前后相邻工作之间的逻辑关系,既不占用时间,也不消耗资源。虚工作用虚箭线表示,起着联系、区分、断路的作用。

1. 联系作用

工作 A、B、C、D 之间的逻辑关系为:工作 A 完成后可同时进行 B、D 两项工作,工作 C 完成后进行工作 D。不难看出,A 完成后其紧后工作为 B,C 完成后其紧后工作为 D,很容易表达,但 D 又是 A 的紧后工作,为把 A 和 D 联系起来,必须引入虚工作 2—5,逻辑关系才能正确表达,如图 3-20 所示。

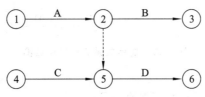

图 3-20　虚工作的联系作用

2. 区分作用

双代号网络计划是用两个代号表示一项工作。如果两项工作用同一代号,则不能明确表示出该代号表示哪一项工作。因此,不同的工作必须用不同代号。如图 3-21 所示,(a)图出现"双同代号"的错误,(b)图、(c)图是两种不同的区分方式,(d)图则多画了一个不必要的虚工作。

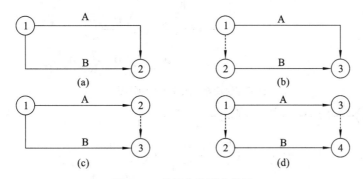

图 3-21　虚工作的区分作用

3. 断路作用

图 3-22 所示为某水磨石地面工程找平层(A)、分隔条(B)、铺石子浆(C)、磨平磨光(D)四项工作的流水施工网络图。该网络图中出现了 A_2 与 C_1、B_2 与 D_1、A_3 与 C_2、D_1、B_3 与 D_2 四处把并无联系的工作联系上了,即出现了多余联系的错误。

为了正确表达工作间的逻辑关系,在出现逻辑错误的圆圈(节点)之间增设新节点(虚工作),切断毫无关系的工作之间的关系,这种方法称为断路法。断路法切断多余联系的网络图和逻辑关系正确的网络图如图 3-23 所示。

由此可见,双代号网络图中虚工作是非常重要的,但在应用时要恰如其分,不能滥用,以必不可少为限。

【案例 3-10】

背景:

一双代号网络图如图 3-24 所示。

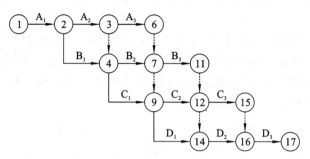

图 3-22 逻辑关系错误的网络图

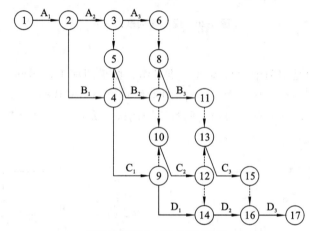

(a) 断路法切断多余联系的网络图

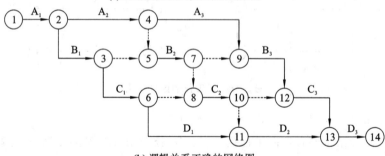

(b) 逻辑关系正确的网络图

图 3-23 断路法切断多余联系的网络图和逻辑关系正确的网络图

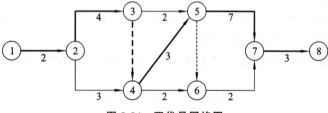

图 3-24 双代号网络图

问题：
(1) 该双代号网络图中共有几条线路？
(2) 试计算各条线路的持续时间。
(3) 试确定该双代号网络图的关键线路。

解：
(1) 该双代号网络图中共有 8 条线路。
(2) 各条线路的持续时间计算如下：
第一条线路：①→②→③→⑤→⑦→⑧＝2＋4＋2＋7＋3＝18；
第二条线路：①→②→③→⑤→⑥→⑦→⑧＝2＋4＋2＋2＋3＝13；
第三条线路：①→②→③→④→⑤→⑦→⑧＝2＋4＋3＋7＋3＝19；
第四条线路：①→②→③→④→⑥→⑦→⑧＝2＋4＋2＋2＋3＝13；
第五条线路：①→②→③→④→⑤→⑥→⑦→⑧＝2＋4＋3＋2＋3＝14；
第六条线路：①→②→④→⑥→⑦→⑧＝2＋3＋2＋2＋3＝12；
第七条线路：①→②→④→⑤→⑦→⑧＝2＋3＋3＋7＋3＝18；
第八条线路：①→②→④→⑤→⑥→⑦→⑧＝2＋3＋3＋2＋3＝13。

(3) 通过计算可知，该双代号网络图的关键线路为第三条线路，即①→②→③→④→⑤→⑦→⑧。

二、双代号网络图的绘制

正确绘制双代号网络图是网络计划技术应用的关键，绘制时必须正确表示各种逻辑关系，遵守绘图的基本原则，并且还要选择适当的网络图排列方式。

(一) 双代号网络图的逻辑关系

网络图的逻辑关系是指网络计划中所表示的各个工作之间客观上存在或主观上安排的先后顺序关系。这种顺序关系划分为两类：一类是施工工艺关系，简称工艺逻辑关系；另一类是施工组织关系，简称组织逻辑关系。

1. 工艺逻辑关系

工艺逻辑关系是由施工工艺所决定的各个施工过程之间客观上存在的先后顺序关系。对于一个具体的工程项目而言，当确定施工方法之后，各个施工过程的先后顺序一般是固定的，有的是绝对不允许颠倒的。

2. 组织逻辑关系

组织逻辑关系是施工组织安排中，考虑劳动力、机具、材料及工期等方面的影响，在各施工过程之间主观上安排的施工顺序，这种关系不受施工工艺的限制，不是由工程性质本身决定的，而是在保证工作质量、安全和工期等的前提下，可以人为安排的顺序关系。

在网络图中，各个施工过程之间有多种逻辑关系。在绘制网络图时，必须正确反映各施工过程之间的逻辑关系。几种常见的逻辑关系表示方法如表 3-7 所示。

表 3-7　双代号网络图中各工作逻辑关系表示方法

序号	工作之间的逻辑关系	网络图中表示方法	说明
1	有 A、B 两项工作按照依次施工方式进行	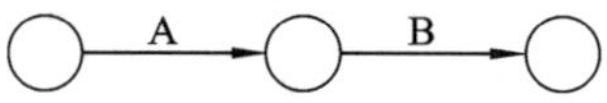	B 工作依赖着 A 工作，A 工作约束着 B 工作的开始
2	有 A、B、C 三项工作同时开始	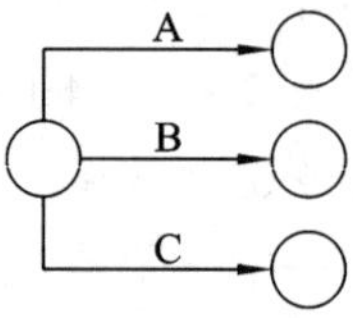	A、B、C 三项工作称为平行工作
3	有 A、B、C 三项工作同时结束	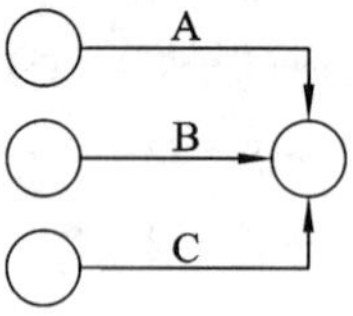	A、B、C 三项工作称为平行工作
4	有 A、B、C 三项工作，只有在 A 完成后 B、C 才能开始	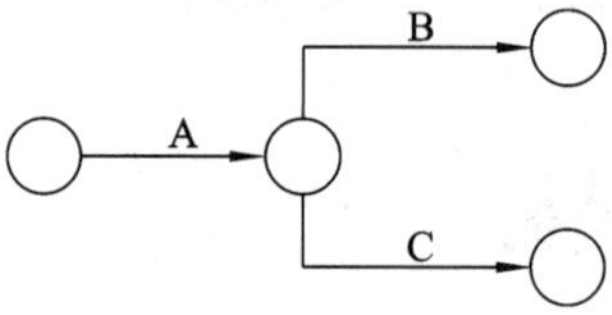	A 工作制约着 B、C 工作的开始。B、C 为平行工作
5	有 A、B、C 三项工作，C 工作只有在 A、B 完成后才能开始	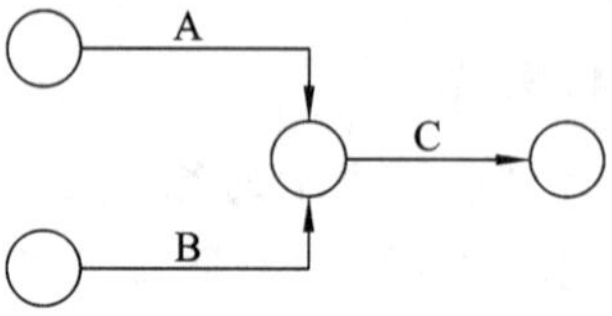	C 工作依赖着 A、B 工作。A、B 为平行工作
6	有 A、B、C、D 四项工作，只有当 A、B 完成后，C、D 才能开始	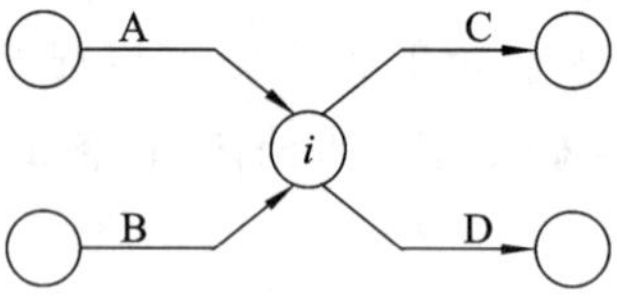	通过中间节点 i 正确地表达了 A、B、C、D 之间的关系
7	有 A、B、C、D 四项工作，A 完成后 C 才能开始；A、B 完成后 D 才开始	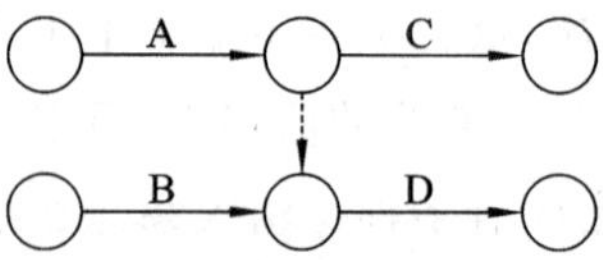	D 与 A 之间引入了逻辑连接（虚工作），只有这样才能正确表达它们之间的约束关系

续表

序号	工作之间的逻辑关系	网络图中表示方法	说明
8	有 A、B、C、D、E 五项工作,A、B 完成后 C 开始;B、D 完成后 E 开始		虚工作 $i—j$ 反映出 C 工作受到 B 工作的约束,虚工作 $i—k$ 反映出 E 工作受到 B 工作的约束
9	有 A、B、C、D、E 五项工作,A、B、C 完成后 D 才能开始;B、C 完成后 E 才能开始		虚工作表示 D 工作受到 B、C 工作制约
10	A、B 两项工作分三个施工段,流水施工		每个工种工程建立专业工作队,在每个施工段上进行流水作业,不同工种之间用逻辑搭接关系表示

【案例 3-11】

背景:

A、B、C 工作同时开始,A 工作后开始 D 工作,A、B 工作后开始 E 工作,A、B、C 工作后,F 工作开始。

问题:

试以双代号表示方法表示以上工作之间的逻辑关系。

解:以上工作之间的逻辑关系如图 3-25 所示。

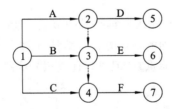

图 3-25 双代号表示法的逻辑关系图

(二) 双代号网络图的绘制规则

在绘制双代号网络图时,除了正确反映工作之间的各种逻辑关系外,还必须遵循以下规则。

(1) 一项工作只能用唯一的一条箭线表示,任何箭线必须从一个节点开始到另一个节点结束;一项工作全部完成后,紧接它后面的工作才能开始,不得从一条箭线的中间引出另一条箭线。如图 3-26(a)中,工作 A 与 B 的表达是错误的,正确的表达为图 3-26(b)所示。

(2) 在一个双代号网络图中,只允许有一个起点节点和一个终点节点。如图 3-27(a)中出现了①、③两个起点节点,出现了⑥、⑦两个终点节点,都是错误的。

(3) 在网络图中不允许出现循环线路(闭合回路)。如图 3-27(b)中,②→④→⑤→③→②形成了循环线路,它所表达的逻辑关系是错误的。

(a) 在箭线上引出箭线的错误画法　　　(b) 正确画法

图 3-26

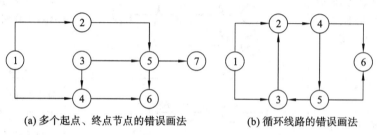

(a) 多个起点、终点节点的错误画法　　　(b) 循环线路的错误画法

图 3-27

(4) 网络图中不允许出现有双向箭头或无箭头的工作。如图 3-28(a)中的箭线是错误的,因为施工网络图是一种有向图,沿箭头方向循序前进,所以一条箭线只能有一个箭头。另外,在网络图中应尽量避免使用反向箭线,如图 3-28(b)中的②→③,因为反向箭线容易发生错误,造成循环回路。

(a) 双向箭头、无箭头的错误箭线画法　　　(b) 反向箭线的错误画法

图 3-28

(5) 在一个网络图中,不允许出现同样编号的节点或箭线。在图 3-29(a)中 A、B 两个工作均用①→②表示是错误的,正确的表达方式应为图 3-29(b)所示。此外,箭尾的编号要小于箭头的编号,各节点的编号不能重复,但可以连续编号或跳号。

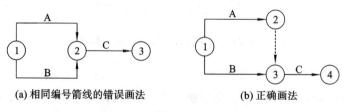

(a) 相同编号箭线的错误画法　　　(b) 正确画法

图 3-29

(6) 在同一网络图中,同一项工作不能出现两次。如图 3-30(a)中工作 C 出现两次是不允许的,应引进虚工作以表达其逻辑关系,如图 3-30(b)所示。

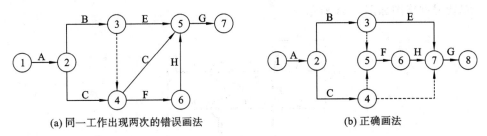

图 3-30

(7) 在双代号网络图中,不允许出现没有箭尾节点的箭线和没有箭头节点的箭线,如图 3-31 中(a)、(b)所示均是错误的。

图 3-31

(8) 在双代号网络图中,尽量避免出现交叉箭线,当无法避免时,应采用过桥法、断线法或指向法表示,如图 3-32 所示。

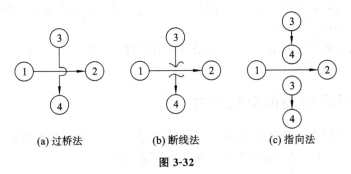

图 3-32

(9) 当网络图的起点节点有多条外向箭线,或终点节点有多条内向箭线时,为使图形简洁正确,可用母线法绘制,如图 3-33 所示。

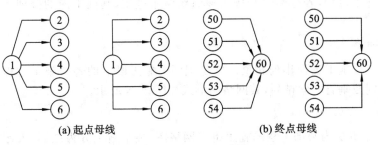

图 3-33

【案例 3-12】
背景：
一双代号网络图如图 3-34 所示。

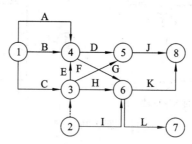

图 3-34 双代号网络图

问题：
试指出网络图中的错误，并说明错误的原因。
解：
该网络图中有多项错误，分别说明如下：

①→④节点，表示 A、B 工作错误，因为双代号网络图每两个节点只能表示一项工作，而该网络图①→④节点却表示了 A、B 两个工作。

③→④→⑤是循环线路，而双代号网络图中不允许出现循环线路。

③→⑤和④→⑥为交叉箭线，没有采用过桥法、断线法或指向法表示。

②节点为无内向箭线的节点，一个网络图中只允许有一个起点节点，且编号最小。①节点为起点节点，②节点则错误。

⑦节点为无外向箭线的节点，一个网络图中只允许有一个终点节点，且编号最大。⑧节点为终点节点，⑦节点则错误。

三、双代号网络图的排列方式

在绘制双代号网络图的实际应用中，要求网络图按一定的次序组织排列，使其条理清晰、形象直观。双代号网络图的排列方式主要有以下三种。

（一）按施工过程排列

按施工过程排列，是根据施工顺序把各施工过程按垂直方向排列，把施工段按水平方向排列。例如，某水磨石地面工程，分为水泥砂浆找平层、镶玻璃分格条、铺抹水泥石子浆面层、磨平磨光浆面等四个施工过程，若分为三个施工段组织流水施工，其网络图的排列形式如图 3-35 所示。

（二）按施工段排列

按施工段进行排列，与按施工过程排列相反。它是把同一施工段上的各个施工过程按水平方向排列，而施工段则按垂直方向排列，其网络图形式如图 3-36 所示。

（三）按楼层排列

如图 3-37 所示，为一个五层内装饰工程的施工组织网络图，整个施工分为地面、天棚粉刷、内墙粉刷和安装门窗四个施工过程，而这四个施工过程是按楼层自上而下的顺序组织施工。

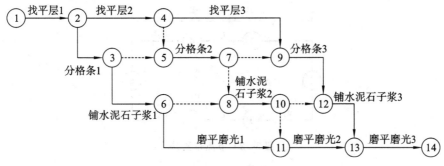

图 3-35 按施工过程排列

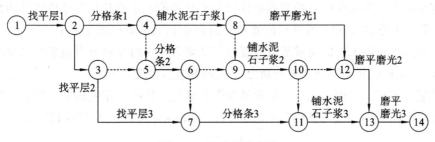

图 3-36 按施工段排列

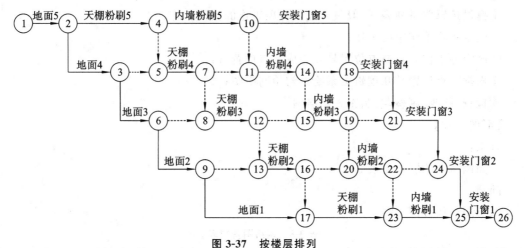

图 3-37 按楼层排列

四、双代号网络图的绘制方法

（一）节点位置法

为了使所绘制网络图中不出现逆向箭线和竖向实线箭线，在绘制网络图之前，先确定各个节点相对位置，再按节点位置号绘制网络图，如图 3-38 所示。

(1) 节点位置号确定的原则。以图 3-38 为例，说明节点位置号（即节点位置坐标）的确定原则。

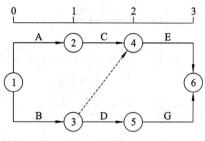

图 3-38 节点位置法

①无紧前工作的工作的开始节点位置号为零。如工作 A、B 的开始节点位置号为 0。

②有紧前工作的工作的开始节点位置号等于其紧前工作的开始节点位置号的最大值加 1。如 E:紧前工作 B、C 的开始节点位置号分别为 0、1,其节点位置号为 1+1=2。

③有紧后工作的工作的完成节点位置号等其紧后工作的开始节点位置号的最小值。如 B:紧后工作 D、E 的开始节点位置分别为 1、2,则其节点位置号为 1。

④无紧后工作的工作完成节点位置号等于有紧后工作的工作完成节点位置号的最大值加 1。如工作 E、G 的完成节点位置号等于工作 C、D 的完成节点位置号的最大值加 1,即 2+1=3。

(2)绘图步骤:

①提供逻辑关系列表,一般只要提供每项工作的紧前工作;

②确定各项工作紧后工作;

③确定各工作开始节点位置号和完成节点位置号;

④根据节点位置号和逻辑关系绘出初始网络图;

⑤检查、修改、调整,绘制正式网络图。

【案例 3-13】

背景:

已知网络图的资料见表 3-8。

问题:

试绘制双代号网络图。

表 3-8 网络图资料表

工作	A	B	C	D	E	G
紧前工作	—	—	—	B	B	C、D

解:

(1)列出关系表,确定出紧后工作和节点位置号,见表 3-9。

表 3-9 关系表

工作	A	B	C	D	E	G
紧前工作	—	—	—	B	B	C、D
紧后工作	—	D、E	G	G	—	—

续表

工作	A	B	C	D	E	G
开始节点的位置号	0	0	0	1	1	2
完成节点的位置号	3	1	2	2	3	3

(2) 绘出网络图,如图 3-39 所示。

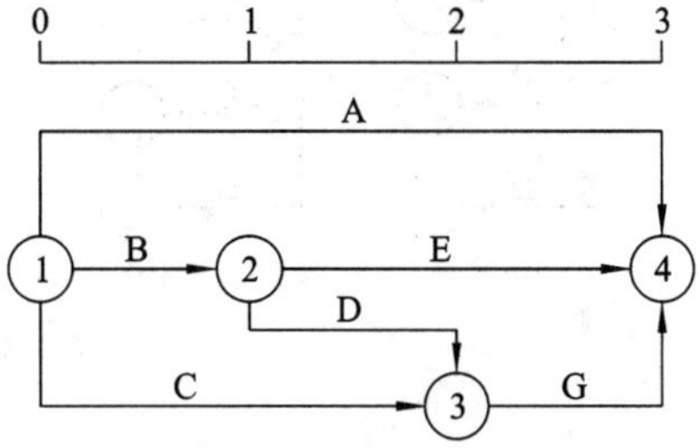

(二) 逻辑草稿法

先根据网络图的逻辑关系,绘制出网络图草图,再结合绘图规则进行调整布局,最后形成正式网络图。绘图步骤如下。

(1) 根据已提供的逻辑关系列表,确定各项工作的紧后工作。

(2) 绘制无紧前工作的工作,使它们具有相同的箭尾节点,即起点节点。

图 3-39 网络图

(3) 依次绘制其他各项工作。首先,绘制仅有一项紧前工作的工作,将该工作的箭线直接画在其紧前工作的完成节点之后;然后,绘制仅有多项紧前工作的工作,利用虚工作将所有紧前工作进行合并,再从合并后的节点引出本工作的箭线。

(4) 合并没有紧后工作的箭线,即为终点节点。

(5) 按网络图绘图规则和各项工作的紧后工作这一逻辑关系进行检查,检查网络图逻辑关系是否正确,是否有多余的终点节点和多余的虚工作。

(6) 调整网络图并对节点进行编号。

【案例 3-14】

背景:

已知网络图的资料见表 3-10。

问题:

试绘制双代号网络图。

表 3-10 网络图资料表

工作	A	B	C	D	E	G	H
紧前工作	—	—	—	—	A、B	B、C、D	C、D

解:

(1) 列出关系表,确定出紧后工作,见表 3-11。

表 3-11 关系表

工作	A	B	C	D	E	G	H
紧前工作	—	—	—	—	A、B	B、C、D	C、D
紧后工作	E	E、G	G、H	G、H	—	—	—

(2) 绘制没有紧前工作的工作 A、B、C、D,如图 3-40(a)所示。

(3) 绘制有紧前工作 A、B 的工作 E,如图 3-40(b)所示。

(4) 绘制有紧前工作 C、D 的工作 H，如图 3-40(c)所示。

(5) 绘制有紧前工作 B、C、D 的工作 G，并合并工作 E、G、H，如图 3-40(d)所示。

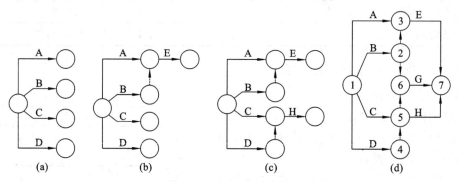

图 3-40　双代号网络图绘图

五、双代号网络图时间参数的计算

网络图的时间参数，是确定工程项目计划工期和关键线路（工作）的基础，也是确定非关键工作机动时间、进行网络计划优化和科学合理对工程进行计划管理的依据。

双代号网络图时间参数的计算内容主要包括：各项工作最早开始时间、最早完成时间、最迟开始时间、最迟完成时间、总时差和自由时差；各节点最早时间、最迟时间。

双代号网络图时间参数的计算方法包括工作计算法、节点计算法、标号法等。

（一）工作计算法

设有线路 $h \rightarrow i \rightarrow j \rightarrow k$。

1. 工作时间参数常用符号

D_{i-j}（day）——工作 $i-j$ 的持续时间；

ES_{i-j}（earliest start time）——工作 $i-j$ 的最早开始时间；

EF_{i-j}（earliest finish time）——工作 $i-j$ 的最早完成时间；

LF_{i-j}（lastest finish time）——工作 $i-j$ 的最迟完成时间；

LS_{i-j}（latest start time）——工作 $i-j$ 的最迟开始时间；

TF_{i-j}（total float）——工作 $i-j$ 的总时差；

FF_{i-j}（free float）——工作 $i-j$ 的自由时差。

2. 工作时间参数的意义及其计算规定

计算各工作的时间参数，应在确定各项工作的持续时间之后进行。虚工作必须同其他工作一样进行计算，其工作持续时间为零。各工作的时间参数的计算结果应标注在箭线的上面，如图 3-41 所示。

1) 工作最早开始时间 ES_{i-j}

一项工作的最早开始时间指各紧前工作全部完成后，本工作有可能开始的最早时刻，以 ES_{i-j} 表示，$i-j$ 为工作的节点代号。工作 $i-j$ 的最早开始时间 ES_{i-j} 的计算应符合下列规定。

(1) 工作 $i-j$ 的最早开始时间 ES_{i-j}，应从网络计划的起点节点开始，顺着箭线方向依

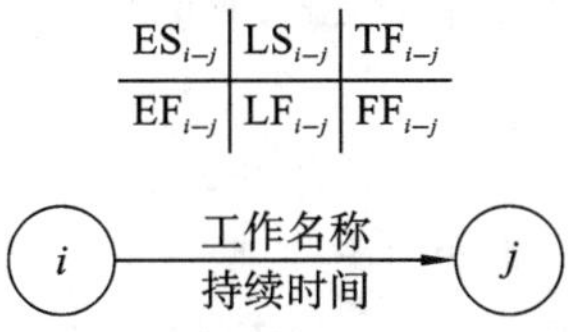

$$\begin{array}{|c|c|c|}\hline ES_{i-j} & LS_{i-j} & TF_{i-j} \\ \hline EF_{i-j} & LF_{i-j} & FF_{i-j} \\ \hline\end{array}$$

$$i \xrightarrow{\text{工作名称}\atop\text{持续时间}} j$$

图 3-41 工作计算法的时间参数标注形式

次逐项计算。

(2) 以起点节点 i 为箭尾的工作 $i-j$，当未规定其最早开始时间 ES_{i-j} 时，其值等于零，即

$$ES_{i-j} = 0 \quad (i=1) \tag{3-18}$$

(3) 当工作 $i-j$ 只有一项紧前工作 $h-i$ 时，其最早开始时间 ES_{i-j} 应为

$$ES_{i-j} = ES_{h-i} + D_{h-i} \tag{3-19}$$

(4) 当工作 $i-j$ 有多项紧前工作 $h-i$ 时，其最早开始时间 ES_{i-j} 应为

$$ES_{i-j} = \max\{ES_{h-i} + D_{h-i}\} \tag{3-20}$$

式中：ES_{h-i}——工作 $i-j$ 的紧前工作 $h-i$ 的最早开始时间；

D_{h-i}——工作 $i-j$ 的紧前工作 $h-i$ 的持续时间。

2) 工作最早完成时间 EF_{i-j}

一项工作最早完成时间指各紧前工作全部完成后，本工作有可能完成的最早时刻，以 EF_{i-j} 表示。工作 $i-j$ 的最早完成时间 EF_{i-j} 可按下式进行计算：

$$EF_{i-j} = ES_{i-j} + D_{i-j} \tag{3-21}$$

式中：ES_{i-j}——工作 $i-j$ 的最早开始时间；

D_{i-j}——工作 $i-j$ 的持续时间。

3) 网络计划的计算工期 T_c 和计划工期 T_p。

网络计划的计算工期是根据时间参数计算所得到的工期，等于网络计划中以终点节点为完成节点的各工作最早完成时间的最大值，用字母 T_c 表示，可按下式进行计算：

$$T_c = \max\{EF_{i-n}\} \tag{3-22}$$

式中：EF_{i-n}——以终点节点为完成节点的工作 $i-n$ 的最早完成时间。

网络计划的计划工期是根据要求工期和计算工期所确定的作为实施目标的工期，用字母 T_p 表示。网络计划的计划工期 T_p 的计算应按下列情况分别确定。

(1) 当规定要求工期 T_r 时

$$T_p \leqslant T_r \tag{3-23}$$

式中：T_r——要求工期，是指任务委托人所提出的指令性工期。

(2) 当未规定要求工期 T_r 时

$$T_p = T_c \tag{3-24}$$

4) 工作最迟完成时间 LF_{i-j}

工作最迟完成时间指在不影响整个任务按期完成的前提下，本工作必须完成的最迟时间，以 LF_{i-j} 表示。工作最迟完成时间 LF_{i-j} 的计算应当符合下列规定。

(1) 工作 $i-j$ 的最迟完成时间 LF_{i-j} 应从网络计划的终点节点开始，逆着箭线方向依次逐项进行计算。

(2) 以终点节点为完成节点的工作最迟完成时间 LF_{i-n} 应按网络计划的计划工期 T_p 确定，即：

$$LF_{i-n} = T_p \qquad (3-25)$$

(3) 其他工作 $i-j$ 的最迟完成时间 LF_{i-j} 应为：

$$LF_{i-j} = \min\{LF_{j-k} - D_{j-k}\} \qquad (3-26)$$

式中：LF_{j-k}——工作 $i-j$ 的各项紧后工作 $j-k$ 的最迟完成时间；

D_{j-k}——工作 $i-j$ 的各项紧后工作 $j-k$ 的持续时间。

5) 工作最迟开始时间 LS_{i-j}

工作最迟开始时间指在不影响整个任务按期完成的前提下，工作必须开始的最迟时间，以 LS_{i-j} 表示。工作 $i-j$ 最迟开始时间可按下式计算。

$$LS_{i-j} = LF_{i-j} - D_{i-j} \qquad (3-27)$$

6) 工作总时差 TF_{i-j}

工作总时差是指在不影响总工期的前提下，本工作可以利用的机动时间，以 TF_{i-j} 表示。

根据工作总时差的定义可知，一项工作 $i-j$ 的工作总时差 TF_{i-j} 等于该工作的最迟开始时间 LS_{i-j} 与其最早开始时间 ES_{i-j} 之差，或等于该工作的最迟完成时间 LF_{i-j} 与其最早完成时间 EF_{i-j} 之差，即：

$$TF_{i-j} = LS_{i-j} - ES_{i-j} = LF_{i-j} - EF_{i-j} \qquad (3-28)$$

7) 工作自由时差 FF_{i-j}

一项工作的自由时差指在不影响其紧后工作最早开始时间的前提下，本工作可以利用的机动时间，用 FF_{i-j} 表示。工作 $i-j$ 的自由时差 FF_{i-j} 的计算，应当符合下列规定。

(1) 当工作 $i-j$ 有紧后工作 $j-k$ 时，其自由时差为

$$FF_{i-j} = ES_{j-k} - ES_{i-j} - D_{i-j} = ES_{i-k} - EF_{i-j} \qquad (3-29)$$

式中：ES_{j-k}——工作 $i-j$ 的紧后工作 $j-k$ 的最早开始时间。

(2) 当工作 $i-j$ 有多个紧后工作 $j-k$ 时，其自由时差为

$$FF_{i-j} = \min\{ES_{j-k}\} - ES_{i-j} - D_{i-j} = \min\{ES_{j-k}\} - EF_{i-j} \qquad (3-30)$$

式中：ES_{j-k}——工作 $i-j$ 的紧后工作 $j-k$ 的最早开始时间。

(3) 以终点节点为完成节点的工作，其自由时差 FF_{i-j} 应按网络计划的计划工期 T_p 确定，即

$$FF_{i-n} = T_p - ES_{i-n} - D_{i-j} = T_p - EF_{i-j} \qquad (3-31)$$

8) 双代号网络计划关键工作和关键线路的确定

(1) 关键工作的确定。

在网络计划中，总时差为最小的工作为关键工作；当计划工期等于计算工期时，总时差为零的工作为关键工作。关键工作的时间参数具有以下特征：

$$ES_{i-j} = LS_{i-j}; \quad EF_{i-j} = LF_{i-j}; \quad TF_{i-j} = FF_{i-j} = 0.$$

(2) 关键线路的确定。

自始至终全部由关键工作组成的线路，或线路上总的工作持续时间最长的线路为关键线路。为突出重点、引起重视，关键线路在网络图中可用粗实线、双线或彩色线标明。

在双代号网络图中，关键线路具有以下几个特点。

①当计划工期等于计算工期时,关键线路上的工作的总时差和自由时差均等于零。
②关键线路是从网络计划开始节点至完成节点之间工作持续时间最长的线路。
③关键线路在网络计划中可能不止一条,有时也可能有两条以上。
④关键线路以外的工作称为非关键工作,如果使用了总时差,也可能转化为关键工作。
⑤在非关键线路上延长的时间超过它的总时差时,就转化为关键线路,关键线路也可能转化为非关键线路。

【案例 3-15】
背景:
一双代号网络图如图 3-42 所示。

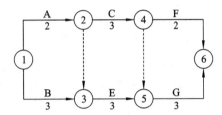

图 3-42 双代号网络图时间参数计算

问题:
(1) 计算各工作的时间参数。
(2) 确定该双代号网络图的关键线路。

解:
1)各工作的时间参数的计算
(1) 工作最早开始时间 ES_{i-j} 的计算。
按公式(3-18)、(3-19)和(3-20)计算图 3-42 所示网络图中各项工作的最早开始时间,其计算结果如下:

$ES_{1-2}=0$

$ES_{1-3}=0$

$ES_{2-3}=ES_{1-2}+D_{1-2}=0+2=2$

$ES_{2-4}=ES_{1-2}+D_{1-2}=0+2=2$

$ES_{3-5}=\max\{ES_{1-3}+D_{1-3},ES_{2-3}+D_{2-3}\}=\max\{0+3,2+0\}=3$

$ES_{4-5}=ES_{2-4}+D_{2-4}=2+3=5$

$ES_{4-6}=ES_{2-4}+D_{2-4}=2+3=5$

$ES_{5-6}=\max\{ES_{3-5}+D_{3-5},ES_{4-5}+D_{4-5}\}=\max\{3+3,5+0\}=6$

(2) 工作最早完成时间 EF_{i-j} 的计算。
按公式(3-21)计算图 3-42 所示网络图中各项工作的最早完成时间,其计算结果如下:

$EF_{1-2}=ES_{1-2}+D_{1-2}=0+2=2$ $EF_{1-3}=ES_{1-3}+D_{1-3}=0+3=3$

$EF_{2-3}=ES_{2-3}+D_{2-3}=2+0=2$ $EF_{2-4}=ES_{2-4}+D_{2-4}=2+3=5$

$EF_{3-5}=ES_{3-5}+D_{3-5}=3+3=6$ $EF_{4-5}=ES_{4-5}+D_{4-5}=5+0=5$

$EF_{4-6}=ES_{4-6}+D_{4-6}=5+2=7$ $EF_{5-6}=ES_{5-6}+D_{5-6}=6+3=9$

(3) 网络计划的计算工期 T_c 和计划工期 T_p 的计算。

按公式(3-22)计算图 3-42 所示网络图的计算工期为：

$$T_c = \max\{EF_{4-6}, EF_{5-6}\} = \max\{7, 9\} = 9$$

计算出的此数据用方框填写于图 3-43 终点节点 6 的右侧。

由于案例背景资料中未规定要求工期，所以其计划工期可取计算工期，

即：$T_p = T_c = 9$

(4) 工作最迟完成时间 LF_{i-j} 的计算。

按公式(3-25)和(3-26)计算图 3-42 所示网络图中各项工作的最迟完成时间，其计算结果如下：

$LF_{4-6} = T_p = 9$

$LF_{5-6} = T_p = 9$

$LF_{4-5} = LF_{5-6} - D_{5-6} = 9 - 3 = 6$

$LF_{3-5} = LF_{5-6} - D_{5-6} = 9 - 3 = 6$

$LF_{2-4} = \min\{LF_{4-6} - D_{4-6}, LF_{4-5} - D_{4-5}\} = \min\{9 - 2, 6 - 0\} = 6$

$LF_{2-3} = LF_{3-5} - D_{3-5} = 6 - 3 = 3$

$LF_{1-3} = LF_{3-5} - D_{3-5} = 6 - 3 = 3$

$LF_{1-2} = \min\{LF_{2-4} - D_{2-4}, LF_{2-3} - D_{2-3}\} = \min\{6 - 3, 6 - 0\} = 3$

(5) 工作最迟开始时间 LS_{i-j} 的计算。

按公式(3-27)计算图 3-42 所示网络图中各项工作的最迟开始时间，其计算结果如下：

$LS_{1-2} = LF_{1-2} - D_{1-2} = 3 - 2 = 1 \quad LS_{1-3} = LF_{1-3} - D_{1-3} = 3 - 3 = 0$

$LS_{2-3} = LF_{2-3} - D_{2-3} = 3 - 0 = 3 \quad LS_{2-4} = LF_{2-4} - D_{2-4} = 6 - 3 = 3$

$LS_{3-5} = LF_{3-5} - D_{3-5} = 6 - 3 = 3 \quad LS_{4-5} = LF_{4-5} - D_{4-5} = 6 - 0 = 6$

$LS_{4-6} = LF_{4-6} - D_{4-6} = 9 - 2 = 7 \quad LS_{5-6} = LF_{5-6} - D_{5-6} = 9 - 3 = 6$

(6) 工作总时差的计算。

按公式(3-28)计算图 3-42 所示网络图中各项工作的总时差，其计算结果如下：

$TF_{1-2} = LS_{1-2} - ES_{1-2} = 1 - 0 = 1 \quad TF_{1-3} = LS_{1-3} - ES_{1-2} = 0 - 0 = 0$

$TF_{2-3} = LS_{2-3} - ES_{2-3} = 3 - 2 = 1 \quad TF_{2-4} = LS_{2-4} - ES_{2-4} = 3 - 2 = 1$

$TF_{3-5} = LS_{3-5} - ES_{3-5} = 3 - 3 = 0 \quad TF_{4-5} = LS_{4-5} - ES_{4-5} = 6 - 5 = 1$

$TF_{4-6} = LS_{4-6} - ES_{4-6} = 7 - 5 = 2 \quad TF_{5-6} = LS_{5-6} - ES_{5-6} = 6 - 6 = 0$

(7) 工作自由时差的计算。

按公式(3-29)、(3-30)和(3-31)计算图 3-42 所示网络图中各项工作的自由时差，其计算结果如下：

$FF_{1-2} = \min\{ES_{2-3}, ES_{2-4}\} - EF_{1-2} = 2 - 2 = 0$

$FF_{1-3} = ES_{3-5} - EF_{1-3} = 3 - 3 = 0$

$FF_{2-3} = ES_{3-5} - EF_{2-3} = 3 - 2 = 1$

$FF_{2-4} = \min\{ES_{4-5}, ES_{4-6}\} - EF_{2-4} = 5 - 5 = 0$

$FF_{3-5} = ES_{5-6} - EF_{3-5} = 6 - 6 = 0$

$FF_{4-5} = ES_{5-6} - EF_{4-5} = 6 - 5 = 1$

$FF_{4-6} = T_p - EF_{4-6} = 9 - 7 = 2$

$FF_{5-6} = T_p - EF_{5-6} = 9 - 9 = 0$

(8) 通过以上计算可以看出，工作总时差具有以下性质。

① 总时差等于零的工作为关键工作。

② 如果工作总时差为零，其自由时差一定等于零。

③ 总时差不但属于本项工作，而且与前后工作均有联系，它为一条线路所共有。

(9) 通过以上计算可以看出，工作自由时差具有以下性质。

① 工作的自由时差小于或等于工作的总时差。

② 关键线路上的节点为完成节点的工作，其自由时差与总时差相等。

③ 使用自由时差对后续工作没有影响，后续工作仍可按其最早开始时间开始。

2) 确定关键线路

关键线路为 1→3→5→6，关键工作为 B、E、G。

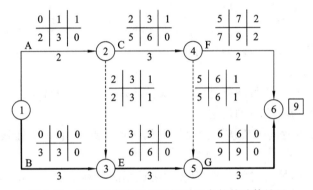

图 3-43　双代号网络图各工作时间参数的计算结果

（二）节点计算法

双代号网络图的节点计算法是以节点为研究对象。在工程实际进度控制中，节点作为工作之间的连接点非常重要，所以需要计算节点时间参数。

1. 节点时间参数常用符号

节点时间参数只有节点最早时间和节点最迟时间两个参数，所用符号如下：

ET_i (earliest time)——节点最早时间；

LT_i (latest time)——节点最迟时间。

2. 节点时间参数的意义及其计算规定

设有线路 $h \to i \to j \to k$。

按节点计算法计算的时间参数，其计算结果应标注在节点之上，如图 3-44 所示。

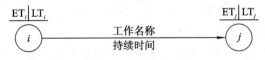

图 3-44　节点计算法时间参数的标注

1) 节点最早时间 ET_i

节点最早时间是指在双代号网络计划中，以该节点为开始节点的各项工作的最早开始时间。节点最早时间的计算，应当符合下列规定。

节点 i 的最早时间 ET_i 应从网络计划的起始节点开始,顺着箭线方向依次逐项计算。

(1) 如果起始节点 i 没有规定最早时间 ET_i,其值应等于零,即:

$$ET_i = 0 \tag{3-32}$$

(2) 当节点 j 只有一条内向箭线时,其最早时间 ET_j 应为:

$$ET_j = ET_i + D_{i-j} \tag{3-33}$$

(3) 当节点 j 有多条内向箭线时,其最早时间 ET_j 应为:

$$ET_j = \max\{ET_i + D_{i-j}\} \tag{3-34}$$

2) 网络计划的计算工期 T_c 和计划工期 T_p

(1) 当规定要求工期 T_r 时

$$T_p \leqslant T_r \tag{3-35}$$

式中:T_r——要求工期,是指任务委托人所提出的指令性工期。

(2) 当未规定要求工期 T_r 时

$$T_p = T_c = ET_n \tag{3-36}$$

式中:ET_n——终点节点 n 的最早时间。

3) 节点最迟时间 LT_i

节点最迟时间是指双代号网络计划中,以该点为完成节点的各项工作的最迟完成时间。节点最迟时间的计算应符合下列规定。

(1) 节点 i 的最迟时间 LT_i 应从网络计划的终点节点开始,逆着箭线的方向依次逐项计算。

(2) 终点节点 n 的最迟时间 LT_n 应按网络计划的计划工期 T_p 确定,即:

$$LT_n = T_p \tag{3-37}$$

(3) 其他节点的最迟时间 LT_i 应为:

$$LT_i = \min\{LT_j - D_{i-j}\} \tag{3-38}$$

式中:LT_j——工作 $i-j$ 的箭头节点 j 的最迟时间。

(4) 节点时间参数与工作时间参数的关系。

根据前面节点时间参数的含义,可知节点时间参数与工作时间参数的关系为:节点最早时间等于以该节点为开始节点的工作的最早开始时间即 $ET_i = ES_{i-j}$;节点最迟时间等于以该节点为完成节点的工作的最迟完成时间,即 $LT_j = LF_{i-j}$。

4) 节点时间参数与工作时差的关系

(1) 节点时间参数与工作总时差的关系。

工作 $i-j$ 的总时差等于该工作完成节点 j 的最迟时间减去开始节点 i 的最早时间,再减去本工作的持续时间。

即

$$TF_{i-j} = LT_j - ET_i - D_{i-j} \tag{3-39}$$

(2) 节点时间参数与工作自由时差的关系。

工作 $i-j$ 的自由时差等于该工作完成节点 j 的最早时间减去开始节点 i 的最早时间,再减去本工作的持续时间。

即

$$FF_{i-j} = ET_j - ET_i - D_{i-j} \tag{3-40}$$

(3) 节点时间参数与工作 $i-j$ 总时差及自由时差的关系。

工作 $i-j$ 的总时差与自由时差的差值就等于该工作完成节点 j 的最迟时间与最早时间

的差值。

即
$$TF_{i-j} - FF_{i-j} = LT_j - ET_j \tag{3-41}$$

5)双代号网络计划关键工作和关键线路的确定

(1) 关键工作的确定。

当进行节点时间参数计算时,凡满足下列三个条件的工作必为关键工作。

$$\left. \begin{array}{l} LT_i - ET_i = T_p - T_c \\ LT_j - ET_j = T_p - T_c \\ LT_j - ET_i - D_{i-j} = T_p - T_c \end{array} \right\} \tag{3-42}$$

(2) 关键线路的确定。

由关键工作组成的线路即为关键线路。

【案例 3-16】

背景:

一双代号网络图如图 3-42 所示。

问题:

(1) 计算各节点的时间参数。

(2) 计算各工作的时间参数及确定该双代号网络图的关键线路。

解:

1)计算各节点的时间参数

(1) 节点最早时间的计算。

按公式(3-32)、(3-33)和(3-34)计算图 3-45 所示网络图中节点的最早时间,其计算结果如下:

$ET_1 = 0$

$ET_2 = ET_1 + D_{1-2} = 0 + 2 = 2$

$ET_3 = \max\{ET_1 + D_{1-3}, ET_2 + D_{2-3}\} = \max\{0+3, 2+0\} = 3$

$ET_4 = ET_2 + D_{2-4} = 2 + 3 = 5$

$ET_5 = \max\{ET_3 + D_{3-5}, ET_4 + D_{4-5}\} = \max\{3+3, 5+0\} = 6$

$ET_6 = \max\{ET_4 + D_{4-6}, ET_5 + D_{5-6}\} = \max\{5+2, 6+3\} = 9$

(2) 网络计划的计算工期和计划工期。

根据公式(3-36),本案例中的网络计划的计划工期等于计算工期,即 $T_p = T_c = ET_n = 9$。

(3) 节点最迟时间的计算。

按公式(3-37)和(3-38)计算图 3-45 所示网络图中各节点的最迟时间,其计算结果如下:

$LT_6 = T_p = 9$

$LT_5 = LT_6 - D_{5-6} = 9 - 3 = 6$

$LT_4 = \min\{LT_6 - D_{4-6}, LT_5 - D_{4-5}\} = \min\{9-2, 6-0\} = 6$

$LT_3 = LT_5 - D_{3-5} = 6 - 3 = 3$

$LT_2 = \min\{LT_4 - D_{2-4}, LT_3 - D_{2-3}\} = \min\{6-3, 3-0\} = 3$

$LT_1 = \min\{LT_2 - D_{1-2}, LT_3 - D_{1-3}\} = \min\{3-2, 3-3\} = 0$

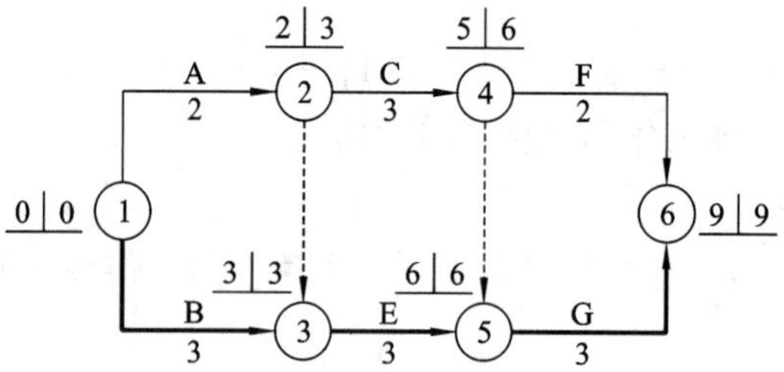

图 3-45 双代号网络图各节点时间参数的计算结果

2)根据节点时间参数计算各工作的时间参数

（1）工作的最早开始时间。

$ES_{1-2}=ET_1=0$ 　　$ES_{1-3}=ET_1=0$
$ES_{2-3}=ET_2=2$ 　　$ES_{2-4}=ET_2=2$
$ES_{3-5}=ET_3=3$ 　　$ES_{4-5}=ET_4=5$
$ES_{4-6}=ET_4=5$ 　　$ES_{5-6}=ET_5=6$

（2）工作的最早完成时间。

$EF_{1-2}=ET_1+D_{1-2}=0+2=2$
$EF_{1-3}=ET_1+D_{1-3}=0+3=3$
$EF_{2-3}=ET_2+D_{2-3}=2+0=2$
$EF_{2-4}=ET_2+D_{2-4}=2+3=5$
$EF_{3-5}=ET_3+D_{3-5}=3+3=6$
$EF_{4-5}=ET_4+D_{4-5}=5+0=5$
$EF_{4-6}=ET_4+D_{4-6}=5+2=7$
$EF_{5-6}=ET_5+D_{5-6}=6+3=9$

（3）工作的最迟完成时间。

$LF_{1-2}=LF_2=3$ 　　$LF_{1-3}=LF_3=3$
$LF_{2-3}=LF_3=3$ 　　$LF_{2-4}=LF_4=6$
$LF_{3-5}=LF_5=6$ 　　$LF_{4-5}=LF_5=6$
$LF_{4-6}=LF_6=9$ 　　$LF_{5-6}=LF_6=9$

（4）工作的最迟开始时间。

$LS_{1-2}=LT_2-D_{1-2}=3-2=1$
$LS_{1-3}=LT_3-D_{1-3}=3-3=0$
$LS_{2-3}=LT_3-D_{2-3}=3-0=3$
$LS_{2-4}=LT_4-D_{2-4}=6-3=3$
$LS_{3-5}=LT_5-D_{3-5}=6-3=3$
$LS_{4-5}=LT_5-D_{4-5}=6-0=6$
$LS_{4-6}=LT_6-D_{4-6}=9-2=7$
$LS_{5-6}=LT_6-D_{5-6}=9-3=6$

（5）总时差。

$TF_{1-2}=LT_2-ET_1-D_{1-2}=3-0-2=1$
$TF_{1-3}=LT_3-ET_1-D_{1-3}=3-0-3=0$

$TF_{2-3} = LT_3 - ET_2 - D_{2-3} = 3 - 2 - 0 = 1$

$TF_{2-4} = LT_4 - ET_2 - D_{2-4} = 6 - 2 - 3 = 1$

$TF_{3-5} = LT_5 - ET_3 - D_{3-5} = 6 - 3 - 3 = 0$

$TF_{4-5} = LT_5 - ET_4 - D_{4-5} = 6 - 5 - 0 = 1$

$TF_{4-6} = LT_6 - ET_4 - D_{4-6} = 9 - 5 - 2 = 2$

$TF_{5-6} = LT_6 - ET_5 - D_{5-6} = 9 - 6 - 3 = 0$

(6) 自由时差。

$FF_{1-2} = ET_2 - ET_1 - D_{1-2} = 2 - 0 - 2 = 0$

$FF_{1-3} = ET_3 - ET_1 - D_{1-3} = 3 - 0 - 3 = 0$

$FF_{2-3} = ET_3 - ET_2 - D_{2-3} = 3 - 2 - 0 = 1$

$FF_{2-4} = ET_4 - ET_2 - D_{2-4} = 5 - 2 - 3 = 0$

$FF_{3-5} = ET_5 - ET_3 - D_{3-5} = 6 - 3 - 3 = 0$

$FF_{4-5} = ET_5 - ET_4 - D_{4-5} = 6 - 5 - 0 = 1$

$FF_{4-6} = ET_6 - ET_4 - D_{4-6} = 9 - 5 - 2 = 2$

$FF_{5-6} = ET_6 - ET_5 - D_{5-6} = 9 - 6 - 3 = 0$

3) 关键线路的确定

图3-45所示网络计划中的关键线路为1→3→5→6。

(三) 标号法

标号法是一种快速找到网络计划计算工期和关键线路的方法。它利用节点计算法的基本原理，对网络计划中的每个节点进行标号，然后利用标号值确定网络计划的计算工期和关键线路。步骤如下。

1. 确定节点标号值(a, b_j)

(1) 网络计划起点节点的标号值为0。即节点①的标号值$b_1 = 0$；

(2) 其他节点的标号值等于以该节点为完成节点的各项工作的开始节点标号值加其持续时间所得之和的最大值，即：$b_j = \max\{b_i + D_{i-j}\}$；

节点的标号值宜用双标号法，即用源节点(得出标号值的节点)号a作为第一标号，用标号值作为第二标号b_j。

2. 确定计算工期

网络计划的计算工期就是终点节点的标号值。

3. 确定关键线路

自终点节点开始，逆着箭线跟踪源节点即可确定。

【案例3-17】

背景：

一双代号网络图如图3-46所示。

问题：

利用标号法确定该双代号网络图的关键线路和工期。

解：

(1) 确定节点标号值(a, b_j)，如图3-47所示。

(2) 确定计算工期。终点节点的标号值16即为计算工期。

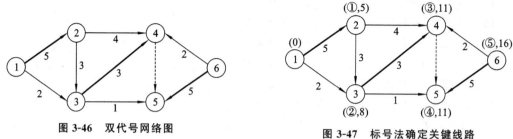

图 3-46 双代号网络图　　　　　图 3-47 标号法确定关键线路

（3）确定关键线路。自终点节点⑥开始逆着箭线跟踪源节点分别为⑤、④、③、②、①，即 1→2→3→4→5→6 为关键线路。

任务三　单代号网络图

单代号网络图是网络计划的另外一种表示方法，也是由节点、箭线和线路组成。但构成单代号网络图的基本符号的含义与双代号网络图不尽相同，它是用一个圆圈或方框代表一项工作，将工作的代号、名称和持续时间写在圆圈或方框之内，箭线仅仅用来表示工作之间的逻辑关系和先后顺序，这种表示方法通常称为单代号表示方法，如图 3-48 所示。用这种表示方法把一项计划中的工作按先后顺序和逻辑关系从左到右绘制而成的图形，称为单代号网络图，如图 3-49 所示。

图 3-48　单代号网络图工作的表示方法

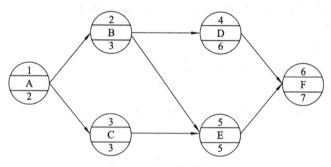

图 3-49　单代号网络图

单代号网络图与双代号网络图相比，具有以下特点：

（1）绘制难度与逻辑表达方面。单代号网络图以节点表示工作，箭线表示逻辑关系，绘制时无须虚箭线即可明确工作间的逻辑关系，相比双代号网络图，绘制更为简便，逻辑关系也更加直观清晰。

（2）理解与沟通方面。单代号网络图每个节点对应一个工作任务，便于说明，非专业人员更容易理解，在项目团队沟通和协调时，能让成员更快速地达成共识，且当项目计划发生变化时，修改起来也更为容易。

（3）表达形象性方面。在表达进度计划方面，尤其是在带有时间坐标的网络计划中，单代号网络图不如双代号网络图形象，双代号网络图能更直观地展示工作的并行和先后顺序等关系。

（4）计算机应用方面。在计算机计算和优化方面，双代号网络图用两个代号表示一项工作，可直接反映紧前紧后工作关系，计算过程更为简便。而单代号网络图需按工作列出紧前、紧后工作关系，在计算机中需要更多的储存单元。

虽然，单代号网络计划在目前应用不是很广。但是今后，随着计算机在网络计划中的应用不断扩大，单代号网络计划也将逐渐得到广泛应用。

一、单代号网络图的构成

单代号网络图是由节点、箭线和线路三个基本要素构成的，如图3-49所示。

（一）节点

单代号网络图中，一个节点表示一项工作，一般常用圆圈或方框表示，节点所表示的工作名称、持续时间和工作代号等都标注在节点内，如图3-48所示。单代号网络图中的节点，既占用时间也消耗资源，与双代号网络图中实箭线的含义相同。

（二）箭线

在单代号网络图中，箭线仅表示两相邻工作之间的逻辑关系，它既不占用时间也不消耗资源，与双代号网络图中虚箭线的含义相同。箭线应画成水平线、折线或斜线。箭线水平投影的方向应自左向右，表示工作的进行方向，在单代号网络图中只有实箭线而无虚箭线。

（三）线路

单代号网络图中的线路与双代号网络图中线路的含义是相同的。即网络图中从起点节点开始，沿箭头方向顺序通过一系列箭线与节点，最后到达终点节点的通路称为线路，其中工期最长的线路称为关键线路，除关键线路之外的其他线路称为非关键线路。

二、单代号网络图的绘制

（一）单代号网络图的逻辑关系

单代号网络图中各工作逻辑关系表示方法如表3-12所示。

表 3-12　单代号网络图中各工作逻辑关系表示方法

序号	工作之间的逻辑关系	网络图中表示方法（单代号）	说明
1	有 A、B 两项工作按照依次施工方式进行	A → B	B 工作依赖着 A 工作，A 工作约束着 B 工作的开始

续表

序号	工作之间的逻辑关系	网络图中表示方法（单代号）	说明
2	有 A、B、C 三项工作同时开始工作	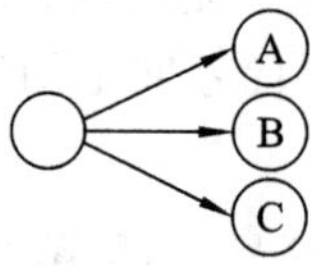	A、B、C 三项工作称为平行工作
3	有 A、B、C 三项工作同时完成	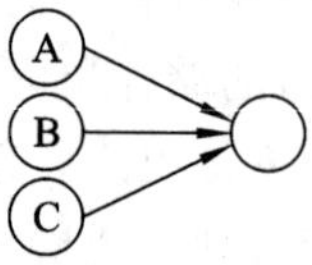	A、B、C 三项工作称为平行工作
4	有 A、B、C 三项工作，只有在 A 完成后 B、C 才能开始	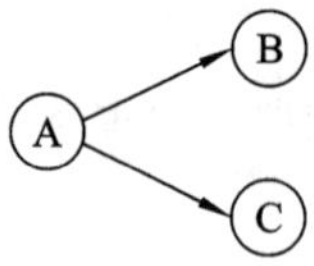	A 工作制约着 B、C 工作的开始。B、C 为平行工作
5	有 A、B、C 三项工作，C 工作只有在 A、B 完成后才能开始	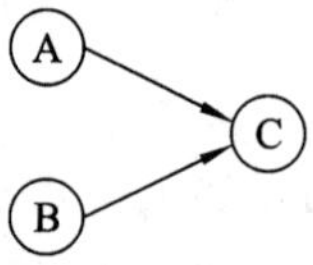	C 工作依赖着 A、B 工作。A、B 为平行工作
6	有 A、B、C、D 四项工作，只有当 A、B 完成后，C、D 才能开始	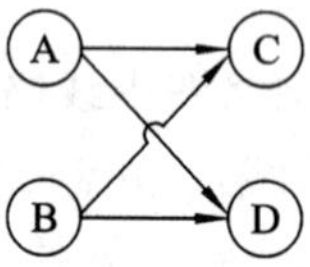	C、D 工作依赖着 A、B 工作。A、B 为平行工作
7	有 A、B、C、D 四项工作，A 完成后 C 才能开始；A、B 完成后 D 才开始	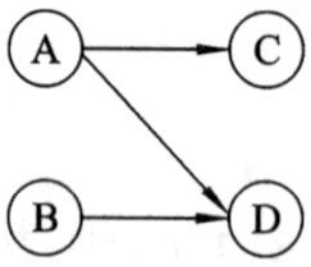	C 工作依赖着 A 工作，D 工作依赖着 A、B 工作。A、B 为平行工作
8	有 A、B、C、D、E 五项工作，A、B 完成后 C 才能开始；B、D 完成后 E 才能开始	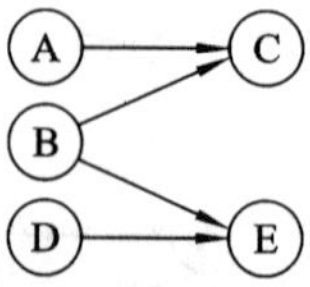	C 工作依赖着 A、B 工作，E 工作依赖着 B、D 工作。A、B、D 为平行工作

续表

序号	工作之间的逻辑关系	网络图中表示方法（单代号）	说明
9	有 A、B、C、D、E 五项工作，A、B、C 完成后 D 才能开始；B、C 完成后 E 才能开始		D 工作依赖着 A、B、C 工作，E 工作依赖着 B、C 工作。A、B、C 为平行工作
10	A、B 两项工作分三个施工段，流水施工		每个工种工程建立专业工作队，在每个施工段上进行流水作业，不同工种之间用逻辑搭接关系表示

（二）单代号网络图绘制基本规则

单代号网络图绘制基本规则具体如下。

（1）单代号网络图必须正确表达已定的逻辑关系。

（2）在单代号网络图中，严禁出现循环线路。

（3）在单代号网络图中，严禁出现双向箭头和无箭头的连线。

（4）在单代号网络图中，严禁出现没有箭尾节点的箭线和没有箭头节点的箭线。

（5）在绘制网络图时，箭线一般不宜交叉。当交叉不可避免时，可采用过桥法或指向法绘制。

（6）单代号网络图不允许出现有重复编号的工作，一个编号只能代表一项工作。而且箭头节点编号要大于箭尾节点编号。

（7）在单代号网络图中，一般只有一个起点节点和一个终点节点；当网络图中有多项起点节点或多项终点节点时，应在网络图的两端分别设置一个虚拟节点，作为该网络图的起点节点和终点节点。

（8）在一幅网络图中，单代号和双代号的画法严禁混用。

（三）单代号网络图的绘制步骤

单代号网络图的绘制步骤比较简单，一般分为以下五个步骤。

（1）分析各项工作的先后顺序，明确它们之间的逻辑关系。

（2）根据工作的先后顺序和逻辑关系，确定各工作的节点编号及其位置。

（3）根据各项工作的先后顺序、节点编号及节点位置，依次绘制初始网络图。

（4）当网络图中有多项起点节点或多项终点节点时，应在网络图的两端分别设置一个虚拟节点，作为该网络图的起点节点和终点节点。

（5）检查、修改并进行结构调整，最后绘出正式网络图。

【案例 3-18】

背景：

某分部工程各项工作的逻辑关系如表 3-13 所示。

问题：

试绘出单代号网络图。

表 3-13　某分部工程各项工作的逻辑关系

工作名称	紧前工作	持续时间
A	—	1
B	A	8
C	A	5
D	B	10
E	B	6
F	C、E	3
G	D、F	1

解：

根据上述资料，首先设置一个开始节点作为该网络图的起点节点，然后按照工作的紧前关系或紧后关系，从左向右进行绘制，最后设置一个完成节点作为该网络图的终点节点。本例经整理后的单代号网络图如图 3-50 所示。

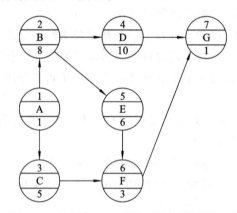

图 3-50　根据表 3-13 所绘制的单代号网络图

三、单代号网络图时间参数的计算

1. 单代号网络图常用的时间参数

D_i——工作 i 的持续时间；

ES_i——工作 i 的最早开始时间；

EF_i——工作 i 的最早完成时间；

LF_i——在总工期已确定的情况下，工作 i 的最迟完成时间；

LS_i——在总工期已确定的情况下，工作 i 的最迟开始时间；

TF_i——工作 i 的总时差；

FF_i——工作 i 的自由时差；

$LAG_{i,j}$——工作 i 和工作 j 之间的时间间隔。

以上参数在单代号网络图中的标注形式,如图 3-51 所示。

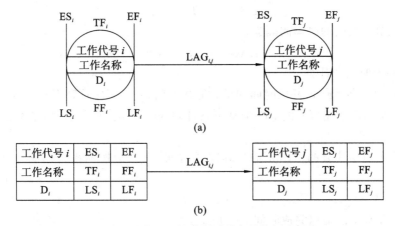

图 3-51 单代号网络计划时间参数的标注形式

2. 时间参数的计算

1)工作最早时间的计算

工作最早时间的计算,包括工作最早开始时间和工作最早完成时间。其计算应符合下列规定。

(1)工作 i 的最早开始时间 ES_i 应从网络图的起点节点开始,顺着箭线方向依次逐项进行计算。

(2)当起点节点 i 的最早开始时间 ES_i 无规定时,其值应等于零,即:

$$ES_i = 0 \tag{3-43}$$

(3)工作 i 的最早完成时间 EF_i,等于该工作的最早开始时间与该工作的持续时间之和,即:

$$EF_i = ES_i + D_i \tag{3-44}$$

(4)其他工作的最早开始时间 ES_i 应等于其紧前工作最早完成时间的最大值,即:

$$ES_i = \max\{EF_h\} \tag{3-45}$$

2)网络计划计算工期和计划工期的计算

网络计划计算工期应按下式计算:

$$T_c = EF_n \tag{3-46}$$

式中:EF_n——终点节点 n 的最早完成时间。

网络计划的计划工期 T_p 的计算与双代号网络图相同,即

当规定要求工期 T_r 时:

$$T_p \leqslant T_r \tag{3-47}$$

当未规定要求工期时:

$$T_p = T_c \tag{3-48}$$

3)时间间隔的计算

在单代号网络图中,相邻两工作之间存在时间间隔,常用符号 $LAG_{i,j}$ 表示,它表示工作 i 的最早完成时间 EF_i 与其紧后工作 j 的最早开始时间 ES_j 之间的时间间隔,其计算应符合下列规定。

(1) 当终点节点为虚拟节点时,其时间间隔为:
$$\mathrm{LAG}_{i,n} = T_\mathrm{p} - \mathrm{EF}_i \tag{3-49}$$
(2) 其他节点之间的时间间隔为:
$$\mathrm{LAG}_{i,j} = \mathrm{ES}_j - \mathrm{EF}_i \tag{3-50}$$

4) 工作最迟时间的计算

工作最迟时间包括最迟开始时间和最迟完成时间,其计算应符合下列规定。

(1) 工作 i 的最迟完成时间 LF_i 应从网络计划的终点节点开始,逆着箭线方向依次逐项进行计算。

(2) 终点节点所代表的工作 n 的最迟完成时间 LF_n,应按网络计划的计划工期 T_p 确定,即:
$$\mathrm{LF}_n = T_\mathrm{p} \tag{3-51}$$
(3) 其他工作 i 的最迟完成时间 LF_i 应为:
$$\mathrm{LF}_i = \min\{\mathrm{LS}_j\} \tag{3-52}$$
(4) 工作的最迟开始时间 LS_i 应按下式计算:
$$\mathrm{LS}_i = \mathrm{LF}_i - D_i \tag{3-53}$$

5) 工作总时差的计算

单代号网络图中工作总时差的计算方法,有以下两种:

(1) 根据工作总时差的定义,类似于双代号网络图的计算,其计算公式为:
$$\mathrm{TF}_i = \mathrm{LS}_i - \mathrm{ES}_i = \mathrm{LF}_i - \mathrm{EF}_i \tag{3-54}$$
(2) 从网络计划的终点节点开始,逆着箭线方向依次逐项进行计算,计算应符合下列规定:

① 终点节点所代表工作 n 的总时差 TF_n 应为:
$$\mathrm{TF}_n = T_\mathrm{p} - \mathrm{EF}_i \tag{3-55}$$
② 其他工作 i 的总时差 TF_i 应为:
$$\mathrm{TF}_i = \min\{\mathrm{TF}_j + \mathrm{LAG}_{i,j}\} \tag{3-56}$$

6) 工作自由时差的计算

工作 i 的自由时差 FF_i 的计算,应符合下列规定。

(1) 终点节点所代表工作 n 的自由时差 FF_n 应为:
$$\mathrm{FF}_n = T_\mathrm{p} - \mathrm{EF}_n \tag{3-57}$$
(2) 其他工作 i 的自由时差 FF_i 应为:
$$\mathrm{FF}_i = \min\{\mathrm{LAG}_{i,j}\} \tag{3-58}$$

【案例 3-19】

背景:

某单代号网络图如图 3-52 所示。

问题:

试计算该单代号网络图的时间参数。

解:

(1) 工作最早时间的计算。

应用公式 (3-43)、(3-44)、(3-45) 计算图 3-52 所示单代号网络图各工作的最早时间,其

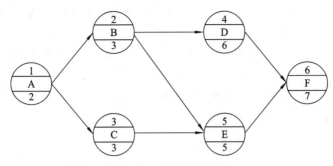

图 3-52　单代号网络图

计算结果为：

$ES_1 = 0$ $EF_1 = ES_1 + D_1 = 0 + 2 = 2$

$ES_2 = EF_1 = 2$ $EF_2 = ES_2 + D_2 = 2 + 3 = 5$

$ES_3 = EF_1 = 2$ $EF_3 = ES_3 + D_3 = 2 + 3 = 5$

$ES_4 = EF_2 = 5$ $EF_4 = ES_4 + D_4 = 5 + 6 = 11$

$ES_5 = \max\{EF_2, EF_3\} = \max\{5, 5\} = 5$ $EF_5 = ES_5 + D_5 = 5 + 5 = 10$

$ES_6 = \max\{EF_4, EF_5\} = \max\{11, 10\} = 11$ $EF_6 = ES_6 + D_6 = 11 + 7 = 18$

（2）网络计划计算工期和计划工期的计算。

应用公式(3-46)、(3-47)、(3-48)计算网络计划计算工期和计划工期为：

$$T_c = EF_6 = 18$$

由于本案例中未规定要求工期，则 $T_p = T_c = 18$。

（3）时间间隔的计算。

按公式(3-49)和(3-50)计算图 3-52 所示网络图中各项时间间隔为：

$LAG_{1,2} = ES_2 - EF_1 = 2 - 2 = 0$ $LAG_{1,3} = ES_3 - EF_1 = 2 - 2 = 0$

$LAG_{2,4} = ES_4 - EF_2 = 5 - 5 = 0$ $LAG_{2,5} = ES_5 - EF_2 = 5 - 5 = 0$

$LAG_{3,5} = ES_5 - EF_3 = 5 - 5 = 0$ $LAG_{4,6} = ES_6 - EF_4 = 11 - 11 = 0$

$LAG_{5,6} = ES_6 - EF_5 = 11 - 10 = 1$

（4）工作最迟时间的计算。

按公式(3-51)、(3-52)和(3-53)计算图 3-52 所示网络图中各项工作的最迟完成时间和最迟开始时间，其计算结果如下：

$LF_6 = T_p = 18$ $LS_6 = LF_6 - D_6 = 18 - 7 = 11$

$LF_5 = LS_6 = 11$ $LS_5 = LF_5 - D_5 = 11 - 5 = 6$

$LF_4 = LS_6 = 11$ $LS_4 = LF_4 - D_4 = 11 - 6 = 5$

$LF_3 = LS_5 = 6$ $LS_3 = LF_3 - D_3 = 6 - 3 = 3$

$LF_2 = \min\{LS_4, LS_5\} = \min\{5, 6\} = 5$ $LS_2 = LF_2 - D_2 = 5 - 3 = 2$

$LF_1 = \min\{LS_2, LS_3\} = \min\{2, 3\} = 2$ $LS_1 = LF_1 - D_1 = 2 - 2 = 0$

（5）工作总时差的计算。

按公式(3-54)计算图 3-52 所示网络图中各项工作的总时差，其计算结果如下：

$TF_1 = LS_1 - ES_1 = 0 - 0 = 0$ $TF_2 = LS_2 - ES_2 = 2 - 2 = 0$

$TF_3 = LS_3 - ES_3 = 3 - 2 = 1$ $TF_4 = LS_4 - ES_4 = 5 - 5 = 0$

$TF_5 = LS_5 - ES_5 = 6 - 5 = 1$ $\qquad$ $TF_6 = LS_6 - ES_6 = 11 - 11 = 0$

(6)工作自由时差的计算。

按公式(3-57)和(3-58)计算图 3-52 所示网络图中各项工作的自由时差,其计算结果如下:

$FF_1 = \min\{LAG_{1,2}, LAG_{1,3}\} = \min\{0, 0\} = 0$

$FF_2 = \min\{LAG_{2,4}, LAG_{2,5}\} = \min\{0, 0\} = 0$

$FF_3 = LAG_{3,5} = 0$

$FF_4 = LAG_{4,6} = 0$

$FF_5 = LAG_{5,6} = 1$

$FF_6 = T_p - EF_6 = 18 - 18 = 0$

(7)单代号网络计划关键工作和关键线路的确定。

同双代号网络图一样,在单代号网络图中,当计划工期等于计算工期时,总时差为零的工作则是关键工作。关键线路在网络图上应用粗线、双线或彩色线标注。在图 3-53 所示的单代号网络图中,关键工作为 A、B、D、F,关键线路为 A→B→D→F,也可用节点编号 1→2→4→6 表示。

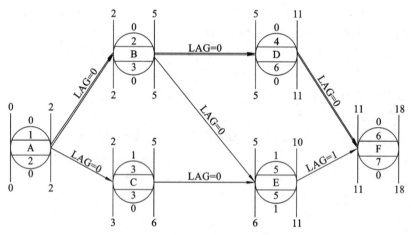

图 3-53　单代号网络图的时间参数计算

任务四　双代号时标网络计划

一、时标网络计划的绘制方法

双代号时标网络计划是综合应用横道图的时间坐标和网络计划的原理,是在横道图基础上引入网络计划中各工作之间逻辑关系的表达方法。采用时标网络计划,既解决了横道计划中各项工作不明确、时间指标无法计算的缺点,又解决了双代号网络计划时间不直观、不能明确看出各工作开始和完成的时间等问题。它的特点是:

(1)时标网络计划中,箭线的长短与时间有关;

(2) 可直接显示各工作的时间参数和关键线路,不必计算;

(3) 由于受到时间坐标的限制,所以时标网络计划不会产生闭合回路;

(4) 可以直接在时标网络图的下方绘出资源动态曲线,便于分析、平衡调度;

(5) 由于箭线的长度和位置受时间坐标的限制,因而调整和修改不太方便。

(一) 时标网络计划的一般规定

(1) 双代号时标网络计划必须以水平时间坐标为尺度表示工作时间。时标的时间单位应根据需要在编制网络计划之前确定,可为时、天、周、月或季。

(2) 时标网络计划应以实箭线表示工作,以虚箭线表示虚工作,以波形线表示工作的自由时差。

(3) 时标网络计划中所有符号在时间坐标上的水平投影位置,都必须与其时间参数相对应。节点中心必须对准相应的时标位置。虚工作必须以垂直方向的虚箭线表示,有自由时差时加波形线表示。

(二) 时标网络计划的绘制方法

时标网络计划一般按工作的最早开始时间绘制。其绘制方法有间接绘制法和直接绘制法。

1. 间接绘制法

间接绘制法是先计算网络计划的时间参数,再根据时间参数在时间坐标上进行绘制的方法。其绘制步骤和方法如下。

(1) 先绘制双代号网络图,计算时间参数,确定关键工作及关键线路。

(2) 根据需要确定时间单位并绘制时标横轴。

(3) 根据工作最早开始时间或节点的最早时间确定各节点的位置。

(4) 依次在各节点间绘出箭线及时差。绘制时宜先画关键工作、关键线路,再画非关键工作。如箭线长度不足以达到工作的完成节点时,用波形线补足,箭头画在波形线与节点连接处。

(5) 用虚箭线连接各有关节点,将有关的工作连接起来。

2. 直接绘制法

直接绘制法是不计算网络计划时间参数,直接在时间坐标上进行绘制的方法。其绘制步骤和方法可归纳为如下绘图口诀:"时间长短坐标限,曲直斜平利相连;箭线到齐画节点,画完节点补波线;零线尽量拉垂直,否则安排有缺陷。"

(1) 时间长短坐标限:箭线的长度代表着工作的持续时间,受到时间坐标的制约。

(2) 曲直斜平利相连:箭线的表达方式可以是直线、折线、斜线等,但布图应合理,直观清晰。

(3) 箭线到齐画节点:工作的开始节点必须在该工作的全部紧前工作都画出后,定位在这些紧前工作最晚完成的时间刻度上。

(4) 画完节点补波线:某些工作的箭线长度不足以达到其完成节点时,用波形线补足。

(5) 零线尽量拉垂直:虚工作持续时间为零,应尽可能让其为垂直线。

(6) 否则安排有缺陷:若出现虚工作占据时间的情况,其原因是工作面停歇或施工作业队组工作不连续。

二、关键线路的确定和时间参数的判读

（一）关键线路的确定

自终点节点逆箭线方向朝起点节点观察，自始至终不出现波形线的线路为关键线路。

（二）工期的确定

时标网络计划的计算工期，应是其终点节点与起点节点所在位置的时标值之差。

（三）时间参数的判读

（1）最早时间参数：按最早时间绘制的时标网络计划，每条箭线的箭尾和箭头所对应的时标值应为该工作的最早开始时间和最早完成时间。

（2）自由时差：波形线的水平投影长度即为该工作的自由时差。

（3）总时差：自右向左进行，其值等于诸紧后工作的总时差的最小值与本工作的自由时差之和。即

$$TF_{i-n} = T_p - EF_{i-n} \tag{3-59}$$

$$TF_{i-j} = \min\{TF_{j-k}\} + FF_{i-j} \tag{3-60}$$

（4）最迟时间参数：最迟开始时间和最迟完成时间应按下式计算：

$$LS_{i-j} = ES_{i-j} + TF_{i-j} \tag{3-61}$$

$$LF_{i-j} = EF_{i-j} + TF_{i-j} \tag{3-62}$$

【案例 3-20】

背景：

某工程有表 3-14 所示的网络计划资料。

问题：

1. 试采用直接法绘制双代号时标网络计划；
2. 计算各工作的时间参数。

表 3-14 某工程的网络计划资料表

工作名称	A	B	C	D	E	F	G	H	I
紧前工作	—	—	—	A	A、B	D	C、E	C	D、G
持续时间/天	3	4	7	5	2	5	3	5	4

解：

1）按绘图步骤绘图

（1）将网络计划的起始节点定位在时标表的起始刻度线位置上，如图 3-54 所示，起始节点的编号为 1；

（2）画节点①的外向箭线，即按各工作的持续时间，画出无紧前工作的 A、B、C 工作，并确定节点②、③、④的位置；

（3）依次画出节点②、③、④的外向箭线工作 D、E、H，并确定节点⑤、⑥的位置。节点⑥的位置定位在其两条内向箭线的最早完成时间的最大值处，即定位在时标值 7 的位置，工作 E 的箭线长度达不到⑥节点，则用波形线补足；

（4）按上述步骤，直到画出全部工作，确定出终点节点⑧的位置，时标网络计划绘制完

毕,如图 3-54 所示。

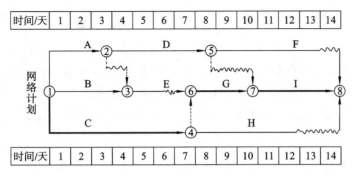

图 3-54 双代号时标网络计划绘制示例

2)各工作的六个时间参数的确定

(1) 最早开始时间 ES_{i-j} 和最早完成时间 EF_{i-j} 的确定。

$ES_{1-2}=0, EF_{1-2}=3; ES_{1-3}=0, EF_{1-3}=4; ES_{1-4}=0, EF_{1-4}=7$

$ES_{2-5}=3, EF_{2-5}=8; ES_{3-6}=4, EF_{3-6}=6; ES_{5-8}=8, EF_{5-8}=13$

$ES_{6-7}=7, EF_{6-7}=10; ES_{7-8}=10, EF_{7-8}=14; ES_{4-8}=7, EF_{4-8}=12$

(2) 自由时差的确定。

$FF_{1-2}=FF_{1-3}=FF_{1-4}=FF_{2-5}=FF_{6-7}=FF_{7-8}=0$

$FF_{3-6}=1; FF_{4-8}=2; FF_{5-8}=1; FF_{2-3}=1; FF_{5-7}=2$

(3) 总时差的确定。

①以终点节点($j=n$)为箭头节点的工作的总时差为 TF_{i-n},由图 3-54 可知,工作 F、J、H 工作的总时差分别为:

$TF_{5-8} = T_p - EF_{5-8} = 14 - 13 = 1$

$TF_{7-8} = T_p - EF_{7-8} = 14 - 14 = 0$

$TF_{4-8} = T_p - EF_{4-8} = 14 - 12 = 2$

②其他工作的总时差 TF_{i-j} 计算如下:

$TF_{6-7} = TF_{7-8} + FF_{6-7} = 0 + 0 = 0$

$TF_{3-6} = TF_{6-7} + FF_{3-6} = 0 + 1 = 1$

$TF_{2-5} = \min\{TF_{5-7}, TF_{5-8}\} + FF_{2-5} = \min\{2,1\} + 0 = 1 + 0 = 1$

$TF_{1-4} = \min\{TF_{4-6}, TF_{4-8}\} + FF_{1-4} = \min\{0,2\} + 0 = 0 + 0 = 0$

$TF_{1-3} = TF_{3-6} + FF_{1-3} = 1 + 0 = 1$

$TF_{2-3} = TF_{3-6} + FF_{2-3} = 1 + 1 = 2$

$TF_{1-2} = \min\{TF_{2-3}, TF_{2-5}\} + FF_{1-2} = \min\{2,1\} + 0 = 1 + 0 = 1$

(4) 最迟时间参数的确定。

$LS_{1-2} = ES_{1-2} + TF_{1-2} = 0 + 1 = 1$

$LF_{1-2} = EF_{1-2} + TF_{1-2} = 3 + 1 = 4$

$LS_{1-3} = ES_{1-3} + TF_{1-3} = 0 + 1 = 1$

$LF_{1-3} = EF_{1-3} + TF_{1-3} = 4 + 1 = 5$

由此类推,可计算出其余各项工作的最迟开始时间和最迟完成时间。

任务五 网络计划优化

网络计划的优化,是指在特定的约束条件下,依据某一特定的目标或衡量指标,如工期、资源、成本等,通过合理运用工作的时差,对网络计划初始方案进行不断调整与完善,以获取满足要求的最优方案的过程。根据优化目标的不同,网络计划的优化主要分为以下几类。

一、工期优化

工期优化也称时间优化,就是当初始网络计划的计算工期大于要求工期时,可以在不改变网络计划中各项工作之间的逻辑关系的前提下,通过压缩关键工作的持续时间,以满足工期要求的过程。

压缩关键工作持续时间的方法有"顺序法""加数平均法""选择法"等。"顺序法"是按关键工作开工时间来确定需压缩的工作,先做的先压缩;"加数平均法"是按关键工作持续时间的百分比压缩。这两种方法虽然简单,但没有考虑压缩的关键工作所需的资源是否有保证及相应的费用增加幅度。"选择法"更接近实际需要,下面重点介绍。

(一)压缩关键工作时应考虑的因素

(1)缩短持续时间对工程质量和安全施工影响不大的工作,当有较大影响时,应有充分的补救措施。

(2)有充足备用资源的工作,且有足够的工作面来展开。

(3)缩短持续时间所需要增加的费用最少的工作。

将所有的工作按其是否满足上述三方面要求,确定优选系数,优选系数小的工作较适宜压缩。优先选择优选系数最小的关键工作作为压缩对象;若需同时压缩多个关键工作的持续时间,则它们的优选系数之和(组合优选系数)最小者应优先作为压缩对象。

(二)工期优化步骤

(1)计算初始网络计划的计算工期,并找出关键线路及关键工作。

(2)按要求工期计算应缩短的时间 ΔT

$$\Delta T = T_c - T_r \tag{3-63}$$

(3)确定各关键工作能压缩的持续时间。

(4)按前述要求的因素选择关键工作,压缩其持续时间,并重新计算网络计划的计算工期。压缩时要注意,不能将关键工作压缩成非关键工作;当有多条关键线路时,必须将平行的各关键线路的持续时间压缩相同的数值;否则,不能有效地缩短工期。

(5)当计算工期仍超过要求工期时,则重复以上步骤,直到满足要求工期或工期不能再缩短为止。

(6)当所有关键工作的持续时间都已达到其能缩短的期限而工期仍不能满足要求工期时,应对计划的原技术方案、组织方案进行调整,或对要求工期重新审定。

【案例 3-21】

背景：

已知某工程双代号网络计划如图 3-55 所示，图中箭线上方括号外为工作名称，括号内为优选系数；箭线下方括号外数据为工作正常持续时间，括号内数据为该工作最短持续时间，现假定要求工期为 30 天。

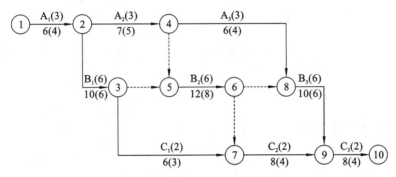

图 3-55　某工程双代号网络计划

问题：

试进行工期优化。

解：

(1) 计算初始网络计划的计算工期，并找出关键线路及关键工作。用节点法计算工作正常持续时间时网络计划的时间参数如图 3-56 所示，标注工期、关键线路，计算工期 T_c = 46d。

(2) 按要求工期 T_r = 30d，计算应缩短的时间为 $\Delta T = 46 - 30 = 16(d)$。

(3) 选择关键线路上优选系数较小的工作依次进行压缩，直到满足要求工期，每次压缩的网络计划如图 3-56～图 3-62 所示。

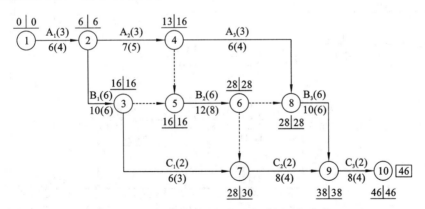

图 3-56　简捷方法确定初始网络计划时间参数

① 第一次压缩，选择图 3-56 中优选系数最小的 9—10 工作作为压缩对象，可压缩 4d，压缩后网络计划如图 3-57 所示。

② 第二次压缩，选择图 3-57 中优选系数最小的 1—2 工作作为压缩对象，可压缩 2d，压

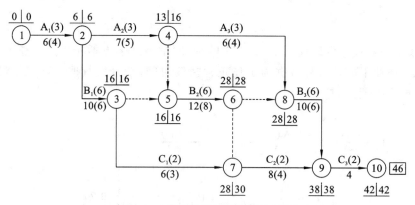

图 3-57　第一次压缩后的网络计划

缩后网络计划如图 3-58 所示。

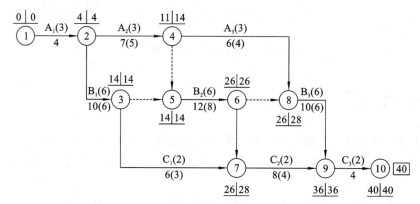

图 3-58　第二次压缩后的网络计划

③第三次压缩,选择图 3-58 中优选系数最小的 2—3 工作作为压缩对象,可压缩 3d,压缩后网络计划如图 3-59 所示。

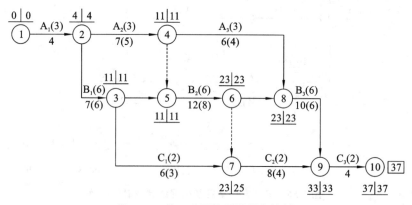

图 3-59　第三次压缩后的网络计划

④第四次压缩,选择图 3-59 中优选系数最小的 5—6 工作作为压缩对象,可压缩 4d,压缩后网络计划如图 3-60 所示。

⑤第五次压缩,选择图 3-60 中优选系数最小的 8—9 工作作为压缩对象,可压缩 2d,则

7—9 工作也成为关键工作,压缩后网络计划如图 3-61 所示。

⑥第六次压缩,选择图 3-61 中组合优选系数最小的 8—9 和 7—9 工作作为压缩对象,只需压缩 1d,共计压缩 16d,压缩后网络计划如图 3-62 所示。

通过六次压缩,工期达到 30d,满足要求的工期规定。其优化压缩过程如表 3-15 所示。

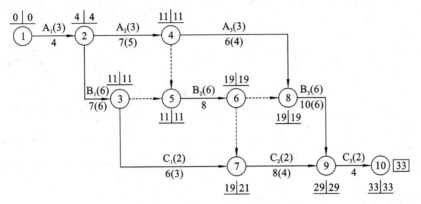

图 3-60　第四次压缩后的网络计划

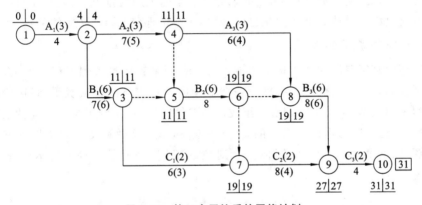

图 3-61　第五次压缩后的网络计划

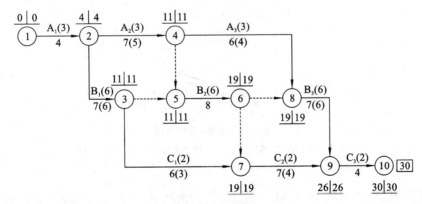

图 3-62　第六次压缩后的网络计划

表 3-15　某工程网络计划工期优化压缩过程表

优化次数	压缩工序	组合优选系数	压缩天数/天	工期/天	关键工作
0				46	①→②→③→⑤→⑥→⑧→⑨→⑩
1	⑨—⑩	2	4	42	①→②→③→⑤→⑥→⑧→⑨→⑩
2	①—②	3	2	40	①→②→③→⑤→⑥→⑧→⑨→⑩
3	②—③	6	3	37	①→②→③→⑤→⑥→⑧→⑨→⑩、②→④→⑤
4	⑤—⑥	6	4	33	①→②→③→⑤→⑥→⑧→⑨→⑩、②→④→⑤
5	⑧—⑨	6	2	31	①→②→③→⑤→⑥→⑧→⑨→⑩、②→④→⑤、⑥→⑦→⑨
6	⑧—⑨、⑦—⑨	8	1	30	①→②→③→⑤→⑥→⑧→⑨→⑩、②→④→⑤、⑥→⑦→⑨

二、费用优化

费用优化又称工期—成本优化，是寻求最低成本的工期安排，或按要求工期寻求最低成本的计划安排过程。要达到上述优化目标，就必须首先研究工期和费用的关系。

（一）工期和费用的关系

工程费用由直接费用和间接费用组成。直接费用是直接投入到工程中的成本，即在施工过程中耗费的人工费、材料费、机械设备费等构成工程实体的各项费用；间接费用是间接投入到工程中的成本，主要由管理费等组成。一般情况下，直接费用是随工期的缩短而增加的，间接费用是随工期的延长而增加的，如图 3-63 所示。这两种费用随工期的缩短而分别增加或缩短，则必然有一个总费用最少所对应的工期，也就是工期—成本优化所寻求的目标。

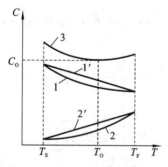

图 3-63　工期-费用曲线

1、1′—直接费用曲线、直线；2、2′—间接费用曲线、直线；3—总费用曲线

（$FF_{i-j}=0$ 为最短工期，$TF_{i-j}=0$ 为正常工期，T_o 为优化工期）

为简化计算，如图 3-63 所示，通常把直接费用曲线 1、间接费用曲线 2 表达为直接费用直线 1′、间接费用直线 2′。这样可以通过直线斜率表达直接或间接费率，即直接或间接费用在单位时间内的增加或减少值。如工作 $i-j$ 的直接费率 ΔC_{i-j} 为

$$\Delta C_{i-j} = \frac{CC_{i-j} - CN_{i-j}}{DN_{i-j} - DC_{i-j}} \quad (3\text{-}64)$$

式中：CC_{i-j}——将工作持续时间缩短为最短持续时间后完成该工作所需的直接费用；

CN_{i-j}——正常条件下完成该工作所需的直接费用；

DN_{i-j}——工作正常持续时间；

DC_{i-j}——工作最短持续时间。

（二）费用优化的步骤

工期—成本优化的基本思路即从网络计划的各工作的持续时间和费用的关系中，依次找出既可缩短工期又使其直接费用增加最少的工作，不断缩短其持续时间，同时考虑间接费用叠加的因素，求出成本最低时对应的最佳工期和在工期确定而相应成本最低的目标值。

费用优化可按下述步骤进行。

（1）计算各工作的直接费率 ΔC_{i-j} 和间接费率 $\Delta C'$。

（2）按工作的正常持续时间确定工期并找出关键线路；

（3）当只有一条关键线路时，应找出直接费率 ΔC_{i-j} 最小的一项关键工作，作为缩短持续时间的对象；当有多条关键线路时，应找出组合直接费率 $\sum \Delta C_{i-j}$ 最小的一组关键工作，作为缩短持续时间的对象。

（4）对选定的压缩对象缩短其持续时间，缩短值 ΔT 必须符合两个原则：第一，不能压缩成非关键工作；第二，缩短后的持续时间不小于最短持续时间。

（5）计算时间缩短后总费用的变化 C_i。

$$C_i = \sum \{\Delta C_{i-j} \times \Delta T\} - \Delta C' \times \Delta T \quad (3\text{-}65)$$

（6）当 $C_i \leqslant 0$，重复上述步骤（3）～（5），一直计算到 $C_i > 0$，即总费用不能降低为止，费用优化完成。

【案例 3-22】

背景：

已知某工程双代号网络计划如图 3-64 所示，图中箭线上方为直接费率；箭线下方括号外数据为工作正常持续时间，括号内数据为该工作最短持续时间。

问题：

现假定要求工期为 140 天，试进行合理压缩，使费用增加最少。

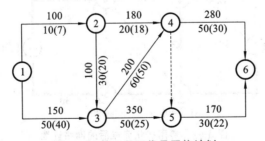

图 3-64　某工程双代号网络计划

解：

（1）用标号法以正常工作持续时间确定关键线路为①→③→④→⑥，如图 3-65 所示。

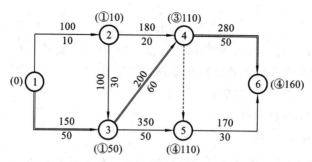

图 3-65 网络计划的关键线路

（2）比较关键工作 1—3、3—4、4—6 的直接费率，工作 1—3 的直接费率最低，故压缩工作 1—3，$\Delta C_{i-j}=150$ 元/d，压缩时间 $\Delta T=50-40=10(d)$，增加直接费用 $C_1=150\times 10=1500$（元）。

（3）重新计算网络计划的时间参数，此时有两条关键线路：①→③→④→⑥ 和 ①→②→③→④→⑥，如图 3-66 所示。

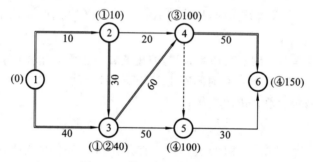

图 3-66 第一次压缩后网络图

（4）因工作 1—3 已无可压缩时间，不能将工作 1—2 或 2—3 与其组合压缩，故在工作 3—4 和工作 4—6 选择直接费率最低的工作 3—4 进行压缩，$\Delta C_{i-j}=200$ 元/d，压缩时间 $\Delta T=60-50=10(d)$，增加直接费用 $C_2=200\times 10=2000$（元）。

（5）此时，工期已压缩至 140d，且增加的费用最少，调整后的网络计划如图 3-67 所示。

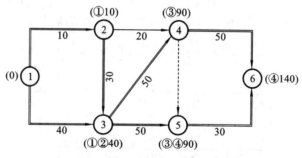

图 3-67 费用优化完成后的网络计划

三、资源优化

资源（人力、材料、机具设备、资金等）优化，旨在解决网络计划实施中的资源供求矛盾，实现资源的均衡利用，确保工程顺利完成并达成良好的技术经济效果。一般来说，资源优化存在两种主要目标方向。

（一）资源有限-工期最短

资源有限-工期最短也被称作"资源计划法"，优化目标是在既定的资源限制条件下，通过合理调整网络计划中的工作安排，使得工期的拖延幅度达到最小。在实际操作中，需要综合考虑各项工作的资源需求和资源供应的上限，灵活调配资源，优先保障关键工作的资源供给，同时合理安排非关键工作的开始时间，以在资源有限的情况下，尽可能缩短整个项目的工期。

（二）工期固定-资源均衡

工期固定-资源均衡优化过程是在工期保持不变的前提条件下，对计划安排进行调整，使资源需用量尽可能趋向均衡。具体表现为在资源需用量的动态曲线上，尽可能避免出现短时期的资源需求高峰与低谷，努力让每天的资源需用量接近平均水平。资源均衡不仅有助于提高资源的利用效率，还能在很大程度上减少施工现场各种临时设施的规模，进而有效节约施工费用，降低项目成本。

习题

一、名词解释

1. 线路；2. 节点；3. 虚工作；4. 总时差；5. 自由时差；6. 关键线路；7. 计算工期；8. 计划工期

二、选择题

1. 在网络计划中，若某工作的（　　）最小，则该工作为关键工作。
   A. 自由时差　　　　　　　　B. 总时差
   C. 技术间歇时间　　　　　　D. 工作持续时间

2. 双代号网络图中虚工作（　　）。
   A. 只消耗时间，不消耗资源　　B. 只消耗资源，不消耗时间
   C. 既不消耗时间，也不消耗资源　　D. 既消耗时间，又消耗资源

3. 在网络计划中，开始或完成工作（　　）。
   A. 均为关键工作　　　　　　B. 均为非关键工作
   C. 至少有一项为关键工作　　D. 至少有一项为非关键工作

4. 在双代号时标网络图中，A工作只有一项紧后工作B，已知A工作的自由时差为3天，B工作的总时差为2天，则A工作的总时差为（　　）。
   A. 1天　　　B. 2天　　　C. 3天　　　D. 5天

5. 双代号时标网络计划中，关键线路（　　）。
   A. 出现波形线　　　　　　　B. 不出现波形线

C. 不出现虚箭线　　　　　　　　D. 既不出现虚箭线,又不出现波形线

6. 双代号网络计划中,关键线路(　　)。
A. 只有一条　　　　　　　　　　B. 总有多条
C. 至少存在一条　　　　　　　　D. 都不对

7. 在网络图中对编号的描述错误的是(　　)。
A. 箭头编号大于箭尾编号　　　　B. 应从小到大,从左往右编号
C. 可以间隔编号　　　　　　　　D. 必要时可以编号重复

8. 双代号网络图的组成中不包括(　　)。
A. 工作之间的时间间隔　　　　　B. 线路与关键线路
C. 实箭线表现的工作　　　　　　D. 圆圈表示的节点

9. 在网络图中,称为关键线路的充分条件是(　　)。
A. 总时差为零,自由时差不为零　　B. 总时差不为零,自由时差为零
C. 总时差及自由时差均为零　　　　D. 总时差不小于自由时差

10. 网络图中的起点节点的特点有(　　)。
A. 编号最大　　　　　　　　　　B. 无外向箭线
C. 无内向箭线　　　　　　　　　D. 可以有多个同时存在

11. 不属于表示网络计划工期的是(　　)。
A. T_p　　　　B. T_r　　　　C. T_o　　　　D. T_c

12. 在网络计划时间参数的计算中,关于时差的正确描述是(　　)。
A. 一项工作的总时差不小于自由时差
B. 一项工作的自由时差为零,其总时差必为零
C. 总时差是不影响紧后工作最早开始时间的时差
D. 自由时差是可以为一条线路上其他工作所共用的机动时间

三、判断题

1. 一个网络图中可以有许多关键线路。(　　)
2. 一个网络图中只有一条关键线路。(　　)
3. 一个网络图中至少有一条关键线路。(　　)
4. 关键线路是不可以改变的。(　　)
5. 自由时差为零的工作一般为关键工作。(　　)
6. 总时差为零的工作肯定是关键工作。(　　)
7. 若某项工作 $FF_{i-j}=0$,则必有 $TF_{i-j}=0$。(　　)
8. 若某项工作 $TF_{i-j}=0$,则必有 $FF_{i-j}=0$。(　　)
9. 最优工期也就是最短工期。(　　)
10. 当网络计划的开始节点有多条外向箭线时,可采用母线法绘制。(　　)

四、简答题

1. 什么是双代号的表示方式?什么是单代号的表示方式?
2. 什么是双代号网络图和单代号网络图?
3. 什么是逻辑关系?网络计划中有哪几种逻辑关系?有何区别?试举例说明。

4. 组成双代号网络图的三要素是什么？试简述各个要素的含义和特征。

5. 双代号网络图中，实箭线和虚箭线有什么不同？虚箭线在网络计划中起什么样的作用？

6. 线路的分类有哪些？什么是关键线路和关键工作？

7. 正确绘制双代号网络图必须遵守哪些绘图规则？

8. 说明工作总时差和自由时差的区别与联系。

9. 网络计划有哪几种排列方式？

10. 什么是网络计划优化？网络计划优化有哪几种？

11. 工期优化的基本思路是什么？

12. 工程费用与工期有什么关系？

13. 资源优化有哪两类问题？各自的意义是什么？

14. 根据表 3-16～表 3-19 的逻辑关系，试绘制双代号网络图。

表 3-16　逻辑关系 1

工作名称	A	B	C	D	E	F	G
紧前工作	—	A	B	A	B、D	C、E	F

表 3-17　逻辑关系 2

工作名称	A	B	C	D	E	F	G	H	I	J	K
紧前工作	—	A	A	B	B	E	A	C、D	E	F、D、G	I、J

表 3-18　逻辑关系 3

工作名称	A	B	C	D	E	G	H
紧前工作	D、C	E、H	—	—	—	H、D	—

表 3-19　逻辑关系 4

工作名称	A	B	C	D	E	G	H	I	J
紧前工作	E	A、H	J、G	H、I、A	—	H、A	—	—	E

15. 试指出图 3-68、图 3-69 所示网络图的错误。

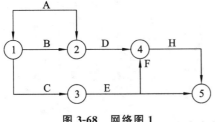

图 3-68　网络图 1

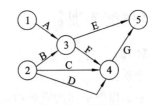

图 3-69　网络图 2

五、计算题

1. 已知网络计划资料见表 3-20，绘制双代号网络图，计算工作的时间参数，标出关键线路。

表 3-20　某网络计划资料

工作	A	B	C	D	E	G
紧前工作	—	—	—	B	B	C、D
持续时间/d	12	10	5	7	6	4

2. 将第 1 题的双代号网络图改为单代号网络图，计算其时间参数并标出关键线路。

3. 某网络计划如图 3-70 所示，假定要求工期为 100d，根据实际情况考虑选择应缩短持续时间的关键工作的顺序为 B、C、D、E、G、H、I、A。要求对该网络计划进行优化（图中箭线下方括号外数字为工作正常持续时间，括号内数字为工作最短持续时间）。

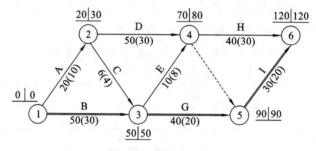

图 3-70　某网络计划

4. 某工程网络计划如图 3-71 所示，图中箭线上方为括号外数据为工作正常时间直接费用，括号内数据为工作最短时间的直接费用（单位：万元）；箭线下方括号外数据为工作正常持续时间，括号内数据为工作最短持续时间（单位：天）。整个工程计划的间接费率为 0.35 万元/天。试对此计划进行费用优化，求出费用最少的相应工期。

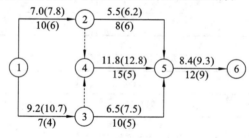

图 3-71　某工程网络计划

【技能实训】

【实训 3-3】

背景：

某工程网络图的资料如表 3-21 所示。

表 3-21　某工程网络图资料

工作代号	A	B	C	D	E	F	G
紧后工作	B	E、F	D	F	G	G	—
工作持续时间/d	3	2	3	4	5	9	3

问题：
1. 绘出该工程的双代号网络计划图。
2. 指出该工程网络计划的线路、关键线路、关键工作和计划工期。

解：
1. 本案例的网络计划见图 3-72。

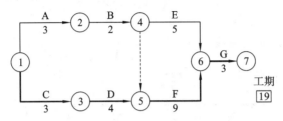

图 3-72　某工程双代号网络计划图

2. 本工程网络计划线路有：
①→②→④→⑥→⑦（13d）；
①→②→④→⑤→⑥→⑦（17d）；
①→③→⑤→⑥→⑦（19d）；

其中最长的线路为关键线路，即①→③→⑤→⑥→⑦，如图中粗实线所示；关键工作为 C、D、F、G 工作。工期为 19d。

【实训 3-4】
背景：
某工程各工作的逻辑关系及工作持续时间如表 3-22 所示。

表 3-22　某工程各工作的逻辑关系及工作持续时间

工作代号	紧前工作	紧后工作	持续时间/d
A	—	B、C	2
B	A	D、E	3
C	A	E、F	2
D	B	G	2
E	B、C	G、H	3
F	C	H	1
G	D、E	I	2
H	E、F	I	1
I	G、H	—	1

问题：
1. 简述双代号网络计划时间参数的种类。
2. 什么是工作持续时间？工作持续时间的计算方法有哪几种？
3. 依据上表绘制双代号网络图，计算时间参数。
4. 双代号网络计划关键线路应如何判断？确定该网络计划的关键线路并在图上用双

线标出。

解：

1. 双代号网络计划时间参数包括工作持续时间、工作最早开始时间、工作最早完成时间、计算工期、计划工期、工作最迟完成时间、工作最迟开始时间、工作总时差、工作自由时差。

2. 工作持续时间：一项工作从开始到完成的时间。

工作持续时间的计算方法：参照以往的实际经验估算、经过经验推算、按计划定额（或效率）计算、三时估算法。

3. 双代号网络图及时间参数如图 3-73 所示。

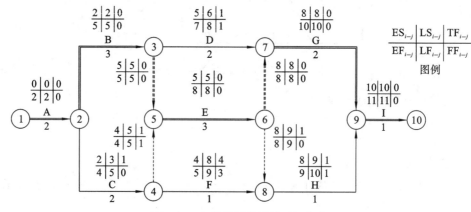

图 3-73　双代号网络图及时间参数

4. 双代号网络关键线路的判断。

先判别关键工作。关键工作是总时差最小的工作。其次，将关键工作相连所形成的通路就是关键线路。

该网络计划的关键线路：1→2→3→5→6→7→9→10。

【实训 3-5】

背景：

某工程网络图如图 3-74 所示。图中箭线上方括号外数据为工作正常时间的直接费用，括号内数据为工作最短时间的直接费用（单位：万元）；箭线下方括号外数据为工作正常持续时间，括号内数据为工作最短持续时间（单位：天）。整个工程计划的间接费率为 1.05 万元/天。

问题：

试对此计划进行费用优化，求出费用最少的相应工期。

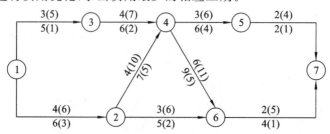

图 3-74　初始网络图

解:

1. 按各工作的正常持续时间确定关键线路、总费用,如图 3-75 所示。计算工期为 26d,关键线路为①→②→④→⑥→⑦。

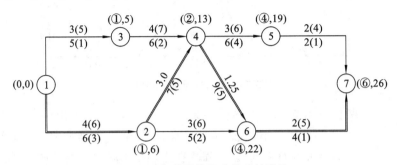

图 3-75　初始网络图中的关键线路

2. 计算各项工作的直接费率,如图 3-76 所示。

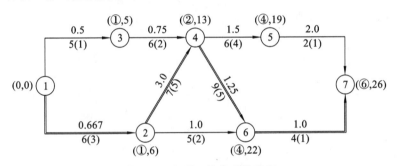

图 3-76　各项工作的直接费率

3. 压缩关键线路上有可能压缩且费用最少的工作,进行费用优化,压缩过程如图 3-77、图 3-78 所示。

第一次压缩:由于关键工作中 1—2 工作直接费率最小,因此压缩 1—2 工作 2d,总费用变化=(0.667-1.05)×2=-0.766(万元)。压缩后网络图如图 3-77 所示,1—3、3—4 工作由非关键工作转为关键工作。计算工期为 24d。

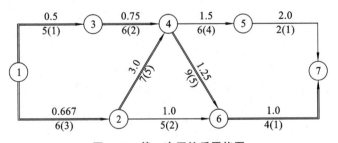

图 3-77　第一次压缩后网络图

第二次压缩:可压缩关键工作 4—6、6—7 及 1—2 和 1—3 组合,其中工作 6—7 直接费率最小,因此压缩 6—7 工作各 3d,总费用变化=3×(1.0-1.05)=-0.15(万元)。压缩后网络图如图 3-78 所示。计算工期为 21d。

第三次压缩:由于关键工作中除 4—6 工作可单独压缩外,其余均为组合压缩(同时压缩

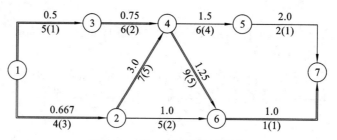

图 3-78 第二次压缩后网络图

1—2 和 3—4 工作或 1—2 和 1—3 工作或 1—3 和 2—4 工作或 2—4 和 3—4 工作),由于 1—2 和 1—3 工作的组合直接费率最小,因此同时压缩 1—2 和 1—3 工作各 1d,总费用变化=1×(0.667+0.5−1.05)=0.117(万元)。压缩后费用不仅不减少反而增加,因此,压缩结束。

因此,费用最少的相应工期为 21d。

项目四　编制施工组织设计文件

任务一　建筑装饰工程施工组织设计的编制依据和程序

一、建筑装饰工程施工组织设计的编制依据

为了保证建筑装饰工程施工组织设计编制工作的顺利进行和提高建筑装饰质量,使施工设计文件能更密切地结合工程的实际情况,从而更好地发挥其在建筑装饰工程施工中的指导作用,在编制建筑装饰工程施工组织设计时一般以下列资料为依据。

（一）工程合同文件

工程合同文件包括施工合同的各项条款、建设单位对施工进度等方面的具体要求,明确工程范围、质量标准等。

（二）工程设计文件

工程设计文件涵盖全部施工图纸、建筑装饰效果图、图纸会审记录等,用以全面了解工程的设计意图、结构形式、装饰风格和具体施工要求。

（三）现场施工条件

现场施工条件包括施工地区的气候条件、地理位置等自然因素,以及建筑装饰材料的供应情况、现场交通、水电供应等设施条件。

（四）法律法规与标准规范

法律法规与标准规范指国家和地方的相关法律法规,以及现行的施工规范、操作规程、技术规定和经济指标等行业标准和规范要求。

（五）参考与经验资料

收集有关的参考资料,借鉴企业对类似工程的施工经验资料,包括施工工艺、质量控制、安全管理等方面的经验和教训。

（六）施工企业资源

结合施工企业自身的生产能力、机器设备状况、技术水平等,合理安排施工任务和资源配置。

二、单位装饰工程施工组织设计的编制程序

在现代建筑装饰工程中,除楼地面、门窗等分部工程外,还涵盖以下的一些项目,如家

具、陈设等,以及与之配套的水、暖、电、卫、空调工程,其中电气部分不仅有强电系统(动力用电、照明用电),还有弱电系统。

弱电系统施工复杂、专业技术要求高、配合性强。因此,在编制单位装饰工程施工组织设计时,需充分考虑这些项目与装饰施工的关系,合理安排工序,为设备安装预留时间,避免相互影响或交叉施工造成破坏。

单位装饰工程施工组织设计的基本内容包括工程概况、施工方法、施工准备工作计划、施工进度计划、施工机具计划、主要材料计划、施工平面布置图、安全文明施工及施工技术质量保证措施、成品保护措施等。根据工程的复杂程度,有些项目可合并或简单编写。单位装饰工程施工组织设计的编制程序如图3-79所示。

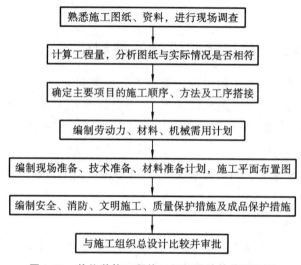

图3-79 单位装饰工程施工组织设计的编制程序

任务二 工程概况

建筑装饰工程施工组织设计中的工程概况,是对拟装饰工程的装饰特点、地点特征和施工条件等所作的一个简明扼要、突出重点的文字介绍,有时为了弥补文字介绍的不足,还可以附图或用辅助表格加以说明,在装饰施工组织设计中,应重点介绍本工程的装饰特点以及与项目总体工程的联系。

一、工程装饰概况及特点

针对工程的装饰特点,结合现场的具体条件,找出关键性的问题加以说明,对新材料、新技术、新工艺的施工难点应重点进行分析研究。

(一)工程装饰概况

应详细说明拟装饰工程的工程名称、性质、用途、工程投资额;建设单位、设计单位、施工单位;工程承包范围;质量要求;计划开、竣工日期等信息,同时还需明确项目的相关负责人及联系方式。

（二）工程装饰设计特点

除了说明拟装饰工程的建筑面积、高度、施工范围，装饰标准，主要房间的装饰材料，装饰设计风格，与之配套的水、电、暖、风主要项目等内容，还需对设计中的创新点、特殊要求以及与周边环境的协调性等方面进行阐述。

（三）工程装饰施工特点

重点说明装饰施工的重点、难点和关键环节，分析可能影响施工进度、质量和安全的因素，如复杂造型的施工工艺、高精度的安装要求、与其他专业的交叉作业等，以便提前制定相应的解决方案和应对措施。

二、建筑地点特征

应详细介绍拟装饰工程所在的位置、地形、地势、环境、气温、冬雨期施工时间，主导风向、风力大小等自然条件，同时还需说明周边的交通状况、公共设施配套情况、噪声及粉尘控制要求等。若本项目只是承接了该建筑的部分装饰，则应准确注明拟装饰工程所在的楼层、施工段以及与相邻区域的关系。

三、施工条件

主要说明装饰施工现场及周围环境条件，装饰材料、成品、半成品、运输车辆、劳动力、技工配备和企业管理水平，以及现场供水、供电问题等。

（一）现场条件

说明装饰施工现场及周围环境条件，包括场地平整度、场地大小、临时设施搭建条件等。

（二）资源供应

详细说明装饰材料、成品、半成品的供应渠道、质量标准、到场时间和检验方式；运输车辆的类型、数量和调度安排；劳动力的数量、工种、技能水平和进场计划；技工的专业种类、数量和资质要求等。

（三）管理水平

介绍企业的管理体系、质量控制体系、安全管理体系等，说明企业在类似项目中的施工经验和业绩。

（四）水电供应

明确现场供水、供电的容量，接口位置，供应稳定性以及备用电源和水源的设置情况等。

任务三　施工方案的选择

施工方案是单位装饰工程施工组织设计的核心内容，施工方案合理与否将直接影响装饰工程施工效率、质量、工期和技术经济效果，因此，必须引起足够的重视。

对装饰工程施工方案和施工方法的拟定,在考虑施工工期、各项资源供应情况的同时,还要根据装饰工程的施工对象综合考虑。

一、装饰工程的施工对象

装饰工程的施工对象有以下两种。

（一）新建工程的建筑装饰施工

新建工程的建筑装饰施工有两种施工方式。

(1) 在主体结构完成之后进行装饰施工。可以避免装饰施工与结构施工之间的相互干扰。能利用主体结构施工中的垂直运输设备、脚手架等设施,以及临时供电、供水、供暖管道,有利于保证装饰工程质量,但装饰施工交付使用时间会延长。需注意在施工过程中要符合《建筑装饰装修工程质量验收标准》(GB 50210)等相关规范要求。

(2) 在主体结构施工阶段就插入装饰施工。多出现在高层建筑中,一般建筑装饰施工与结构施工相差三个楼层以上。建筑装饰施工可自第二层开始逐层向上或自上往下逐层进行。这种施工安排与结构施工主体交叉、平行流水,可加快施工进度,但结构与装饰施工易造成相互干扰,管理较困难。必须依据相关安全规范采取可靠的安全措施及防水、防污染措施才能进行装饰施工,水、电、暖、卫干管也必须与结构施工紧密配合。

（二）对旧有建筑进行装饰改造

对旧有建筑进行装饰改造一般有三种情况。

(1) 不改动原有建筑的结构。仅改变原来的建筑装饰,不过原有的水、电、暖、卫设备管线可能要变动。若工程投资额在100万元以上且建筑面积在500平方米以上,需在开工前申领建筑装饰施工许可证,并办理质量安全监督。

(2) 改变原有建筑外貌并局部改动结构。为满足新的使用功能要求,不仅要改变原有建筑外貌,还要对原有建筑的结构进行局部改动。这种情况必须委托原设计单位或者具有相应资质等级的设计单位提出设计方案。

(3) 完全改变原有建筑的功能用途。如办公楼或宿舍楼改为饭店、酒店、娱乐中心、商店等。同样,涉及相关结构变动等情况要遵循相应的设计和审批流程,涉及消防的要根据《建设工程消防设计审查验收管理暂行规定》执行。

二、施工方案的基本内容

施工方案的基本内容包括:建筑物基体表面的处理;确定总的施工程序、施工流向、施工顺序;主要施工方法、施工机具的选择等。

（一）建筑物基体表面的处理

1. 新建工程

(1) 混凝土基层。先剔凿混凝土基体上凸出部分,使基体保持平整、毛糙。然后用碱水或洗涤剂配以钢丝刷将表面的脱模剂、油污等清除干净,最后用清水刷净。基体表面如有凹入部位,需用1∶3水泥砂浆补平。不同材料的结合部位,如填充墙与混凝土的结合处,应压盖宽度不小于100 mm的钢丝网,用射钉枪按每米不少于十颗射钉固定接缝。为防止混凝土表面与抹灰层结合不牢,可采用30%的建筑胶加70%水拌和的水泥素浆,满涂基体一道。

(2) 砖墙基层。应用钢錾子剔除砖墙面多余灰浆,然后用钢丝刷清除浮土,并用清水将墙体充分湿水,使润湿深度为2~3 mm。

(3) 其他基层。加气混凝土表面抹灰前应清扫干净,并刷一道聚合物胶水溶液。板条墙或板条顶棚,各板条之间应预留8~10 mm的缝隙。木结构与砖石结构、混凝土结构等相接处应先铺设金属网,并绷紧牢固。

2. 改造工程或旧建筑物二次装饰

(1) 检验基体或基层。全面检查基体或基层的状况,包括结构安全性、基层牢固程度、表面平整度等,依据检验结果确定处理方式。

(2) 拆除与修补。对于松动、损坏严重的原有基层、基面和紧固连接件等,应进行铲除或拆除;对于有裂缝、孔洞等缺陷的部位,要采用合适的材料进行修补。拆除时,需详细记录拆除的部位、数量等信息。

(3) 处理拆除物。制定拆除物的处理方案,如可回收材料的分类回收,不可回收的建筑垃圾按规定运至指定地点等,确保施工现场及周边环境整洁,符合环保要求。

(二) 确定总的施工程序

施工程序是指单位装饰工程中各分部工程或施工阶段的先后顺序及其制约关系。不同施工阶段的不同工作内容按其固有的、不可违背的先后顺序向前发展,其间有着不可分割的联系,既不能相互代替,也不能随意跨越与颠倒。

建筑装饰工程的施工程序一般有先室外后室内、先室内后室外或室内室外同时进行三种情况。施工时应根据工期要求、劳动力配备情况、气候条件、脚手架类型等因素综合考虑。具体如下。

(1) 室内装饰:工序较多,一般遵循"先湿作业、后干作业""先墙顶、后地面""先管线、后饰面"的原则。通常先施工墙面及顶面,后施工地面、踢脚。

(2) 墙面抹灰:室内外的墙面抹灰应在装完门窗及预埋管线后进行。

(3) 吊顶工程:应在通风、水电管线完成安装后进行。

(4) 卫生间装饰:应在做完地面防水层、安装澡盆之后进行。

(5) 首层地面:一般留在最后施工。

(三) 确定施工流向

施工流向是指单位装饰工程在平面或空间上施工的起始部位及流动走向。对于单层建筑,仅需确定分段施工在平面上的施工流向;而多层及高层建筑,不仅要明确每层平面的施工流向,还需确定层间或单元空间的流向。确定施工流向时,需综合考量以下因素。

1. 施工工艺逻辑

施工工艺过程是决定施工流向的核心要素。依据《建筑装饰装修工程质量验收标准》(GB 50210)等相关规范,建筑装饰工程施工工艺存在一般规律:预埋阶段,先进行通风管道安装,再开展水暖管道施工,最后铺设电气线路,确保各类管线布局合理且符合安全规范;封闭阶段,先处理墙面,再进行顶面施工,最后完成地面作业,保障各部位封闭处理的质量与顺序;调试阶段,按照先电气、后水暖、再空调的顺序,保证各系统能正常协同运行;装饰阶段,先进行涂饰,再进行裱糊,最后铺设地板,使装饰效果美观且持久。施工流向必须遵循各工种间的先后顺序组织平行流水施工,违背工序将严重影响工程质量,可能导致返工、污染等问题,进而延误工期。

2. 工程复杂程度与工序关联

对于装饰技术复杂、施工难度大且工期较长的部位,应优先安排施工,以便集中资源、技术攻克难题,保障整体施工进度。涉及水暖、电、卫工程的建筑装饰项目,必须严格按照先进行设备、管线安装,经验收合格后,再开展装饰施工的流程,确保设备、管线与装饰工程的完美衔接,避免后期因设备管线问题破坏装饰成果。

3. 建设单位需求

建筑装饰工程应充分满足建设单位对生产和使用的要求。对于急需投入使用的区域,需优先安排施工,尽早交付使用。例如高级宾馆、饭店的建筑装饰改造项目,常采用施工一层(一段)、交付一层(一段)的方式,快速满足用户的运营需求,使其早日获取经济效益。

4. 分部工程特性

不同分部工程的特点决定了其施工流向。

根据《建筑装饰装修工程质量验收标准》(GB 50210)等相关规范,室外装饰工程施工流向的选择需充分考虑施工工艺、质量安全等因素。通常情况下,室外装饰工程多采用自上而下的施工流向。这种方式能有效避免施工过程中对已完成部分造成污染和损坏,随着施工逐步向下推进,上层施工产生的建筑垃圾、灰尘等不易对下层已完工的装饰面造成影响,同时也符合高空作业安全规范,减少高处坠物对下方施工人员和成品的安全威胁。

然而,对于湿作业,如石材外饰面施工以及干挂石材饰面施工,往往采取自下而上的施工流向。在石材外饰面施工中,自下而上的顺序便于施工人员操作,能更好地保证石材铺贴或干挂的质量。从底层开始施工,施工人员可以更稳定地进行石材的排版、定位和安装,保证每一层石材的平整度、垂直度以及拼接缝隙的均匀性。同时,这种施工流向有利于及时发现和解决施工过程中出现的问题,如石材的色差调整、基层处理等,避免问题积累影响后续施工。而且,在施工过程中便于对已完成部分进行及时的检查和养护,确保施工质量符合规范要求。

内墙装饰则可依据实际情况,采用自上而下、自下而上及自中而下再自上而中三种流向。

自上而下的施工流向,通常是指在主体结构完成封顶,且屋面防水层施工完毕后,装修工程从顶层开始逐层向下推进。一般分为水平向下和垂直向下两种形式(详见图3-80)。

这种施工流向具有如下显著优势。

(1)质量保障。主体结构完工后,能预留出一定的沉降时间,使建筑沉降变化趋于稳定,从而有效保证室内装饰质量,避免因结构沉降导致装饰层出现开裂、变形等问题,符合《建筑装饰装修工程质量验收标准》(GB 50210)中对装饰工程质量稳定性的要求。

(2)防水保护。屋面防水层完成后,可有效防止雨水渗漏对装饰效果的影响,避免因渗漏造成的装饰材料损坏、霉变等情况,保障装饰工程的耐久性和美观性。

(3)施工便利。自上而下施工,各工序之间交叉作业较少,便于施工组织与管理,降低了施工过程中的协调难度,提高施工效率。同时,自上而下清理施工垃圾更加便捷,能保持施工现场的整洁有序,符合文明施工的相关要求。

对于多高层改造工程而言,采用自上而下的施工方式同样益处良多。例如在屋顶进行施工时,仅将下一层作为间隔层,施工停止面较小,最大程度减少对其他楼层正常营业或使用的影响,在保障施工顺利进行的同时,降低对业主正常生产生活的干扰,实现改造施工与正常运营的平衡。

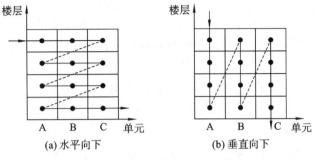

图 3-80 自上而下的流水顺序

自下而上的施工流向,是指当主体结构施工至一定楼层后,装饰工程便从最下一层开始,逐层向上推进。此施工流向一般与主体结构平行搭接施工,具体也分为水平向上和垂直向上两种形式(可参考图 3-81)。

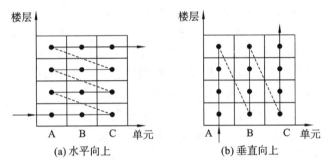

图 3-81 自下而上的流水顺序

从施工效益来看,这种施工流向具有明显优势,最为突出的是能够有效缩短工期,尤其在高层与超高层建筑工程中,这种优势更为显著。通过与主体结构的平行搭接施工,装饰工程可提前介入,从而在整体上加快项目的建设进度,满足工程对时间进度的紧迫需求。

然而,自下而上的施工流向也存在一定的局限性。由于施工过程中工序交叉较多,不同施工阶段的作业相互影响的可能性增大。这就需要施工单位严格按照《建筑施工安全检查标准》(JGJ 59)以及《建筑装饰装修工程质量验收标准》(GB 50210)等相关标准规范,采取可靠的安全防护措施,比如设置完善的防护网、警示标识等,确保施工人员的安全。同时,要制定周全的成品保护措施,如对已完成装饰部分进行覆盖、包裹等,防止后续施工对其造成损坏或污染,以此保障装饰工程的施工质量和整体效果。

自中而下再自上而中的施工流向,是一种融合了自上而下和自下而上两种施工流向特点的方式。它先从建筑中部楼层开始向下施工,完成下部楼层的装饰后,再从上部楼层开始向下施工至中部楼层,与之前的施工区域衔接。这种施工流向综合了上述两种流向的优缺点。

从优势方面来看,它能在一定程度上缩短工期,与自下而上施工类似,在主体结构施工到一定阶段时,中部楼层先行开展装饰作业,提前启动了部分装饰工程,避免了全部等待主体完工才开始装饰的时间损耗。同时,相比自下而上施工,由于前期是从中间向下施工,上部主体结构继续施工过程中产生的建筑沉降、物料掉落等对下部已完成装饰部分的影响较小,能较好地保证装饰质量,类似自上而下施工对质量保障的优势。

但这种施工流向也存在不足,由于施工过程较为复杂,存在多个施工起点和交叉施工区域,工序交叉相对较多,管理难度较大,对施工组织和协调能力要求较高。同时,也需要像自下而上施工那样,严格按照《建筑施工安全检查标准》(JGJ 59)以及《建筑装饰装修工程质量验收标准》(GB 50210)等相关标准规范,采取可靠的安全防护措施与成品保护措施,防止安全事故发生以及保护好已完成的装饰成品。正因如此,它比较适用于新建的高层建筑装饰工程施工,能在满足高层建筑工期要求的同时,尽量保障施工质量。

(四)确定施工顺序

施工顺序是指分部分项工程施工开展的先后次序。科学合理地确定施工顺序,旨在遵循施工活动的客观规律来组织施工。

(1)能妥善解决各工种之间的施工搭接问题,最大程度减少工种之间因交叉作业引发的相互干扰与破坏,确保施工质量与施工安全。例如在墙面装饰施工中,先进行水电管线预埋,再进行墙面基层处理,最后进行墙面涂饰或贴砖等面层施工,这样的顺序能有效避免后期因面层施工破坏已预埋好的水电管线,同时保证墙面装饰的质量。

(2)合理的施工顺序可充分利用施工现场的工作面,优化施工流程,达到缩短工期的目标。在满足施工质量和安全的前提下,各分部分项工程有序衔接,减少施工中的闲置时间与资源浪费。比如在多层建筑的室内装修中,按照楼层自上而下的顺序依次进行各房间的装修,合理安排各工种在不同楼层的作业时间,可使施工高效进行。

(3)明确施工顺序也是编制精准、可行的施工进度计划的关键前提。通过清晰界定各分部分项工程的先后顺序,能够更准确地计算各工序所需时间,合理调配人力、物力和财力资源,为项目顺利推进提供有力保障。

1. 室内、室外装饰施工的先后顺序

建筑装饰工程涵盖室外装饰和室内装饰工程。在实际施工中,为确保施工效率、质量与安全,需科学规划立体交叉和平行搭接施工,精准确定合理施工顺序。建筑装饰工程施工顺序一般有以下三种。

(1)先室内后室外。此顺序适用于室内空间使用需求紧迫,且对室外环境干扰较小的项目。先完成室内装饰,可尽早满足室内空间的使用功能,如办公场所、商业店铺等,能提前投入运营。同时,室内施工相对独立,受外界因素影响小,便于集中人力、物力快速完成。但要注意施工过程中对室内成品的保护,避免后续室外施工对其造成损坏或污染。

(2)先室外后室内。通常在多数情况下,这种顺序具有一定优势。先进行室外装饰,能够加快脚手架的周转利用,降低租赁成本。同时,室外施工相对独立,先完成可减少后续室内施工时因室外作业带来的安全风险和干扰,也便于整体施工组织与管理。例如在高层建筑施工中,先完成外墙保温、涂料等室外装饰,再进行室内装修,能使施工流程更加顺畅。但室外施工受天气等自然因素影响较大,需合理安排施工时间,做好防护措施。

(3)室内外同时进行。该方式适用于工期紧张、施工场地和资源充足且施工组织协调能力强的项目。室内外同时施工可以最大程度缩短整体工期,但需做好施工区域的划分和协调工作,避免不同施工区域之间的相互干扰。比如在大型商业综合体项目中,部分区域室内装修和室外幕墙施工同时开展,需要合理安排施工顺序和时间,确保各工种有序作业,保

障施工安全与质量。

2. 室内装饰施工顺序

室内装饰施工工序繁杂、劳动强度大且工期通常较长,因此施工顺序需依据项目实际条件精准确定。其遵循的基本原则如下。

(1)"先湿作业、后干作业"。湿作业如防水工程、墙地面的抹灰、瓷砖铺贴等,施工过程中会使用大量水分。先完成湿作业,能让水分充分干燥蒸发,避免后续干作业(如木作、油漆、壁纸铺贴等)受到潮湿影响,防止出现变形、发霉、脱落等质量问题。例如在卫生间装修时,先做好防水处理、墙面地面瓷砖铺贴,待完全干燥固化后,再进行浴室柜、镜柜等木作安装以及墙面顶面的乳胶漆涂刷。

(2)"先墙顶、后地面"。先施工墙顶部分,可避免在墙顶施工过程中对已完成的地面造成污染和损坏。比如在进行墙面基层处理和乳胶漆涂刷,以及吊顶安装时,难免会有灰尘、涂料滴溅或工具碰撞,如果地面已经完成施工,就容易造成地面材料的损伤。同时,先完成墙顶施工,也便于后续地面施工时对整体空间的尺寸把控和收口处理。

(3)"先管线、后饰面"。室内的水、电、暖等管线预埋工程应先于墙面、地面、顶面的装饰面层施工。这样可以将管线隐藏在结构层或基层内,保证装饰效果的美观性。若先进行饰面施工,再进行管线安装,不仅会破坏已完成的装饰面,还可能影响管线安装的质量和安全性。

室内装饰工程施工顺序如图 3-82 所示。

(1)室内顶棚、墙面及地面。同一房间内的装饰施工顺序主要有两种。第一种是顶棚→墙面→地面,此顺序能确保施工的连续性。但在进行地面施工前,务必彻底清理天棚和墙面上掉落的灰渣,因为这些杂物会影响地面面层与基层的黏结效果,导致地面起壳;而且地面施工过程中容易污染已完成的墙面。第二种是地面→墙面→顶棚,采用这种顺序时,需对已完工的地面采取有效的保护措施,以避免后续施工造成损伤,同时便于清理工作,更有利于保证施工质量。

(2)抹灰、饰面、吊顶和隔断工程。必须在隔墙、门窗框、暗装的管道、电线管以及电器预埋件等全部完工并通过验收后,方可进行施工。这是为了避免后续施工对前期已安装的设施造成破坏,保证各分项工程之间的衔接质量,确保整个装饰工程的稳定性和安全性。

(3)门窗施工。普通门窗可在抹灰前进行安装。但铝合金、涂色镀锌钢板、塑料门窗以及玻璃工程,应在抹灰等湿作业全部完工且墙面干燥程度符合要求后进行。因为湿作业环境可能导致这些材质的门窗及玻璃出现变形、腐蚀或污染等问题,影响其美观和使用性能。

(4)有抹灰基层的饰面工程、吊顶及轻型花饰工程。需在抹灰工程完全完工,并达到规定的养护时间和强度后进行。这样可以保证抹灰基层的平整度和稳定性,为后续的饰面、吊顶及轻型花饰安装提供良好的基础,避免因基层问题导致装饰构件脱落或表面不平整。

(5)涂饰工程。应在地板、地毯和硬质纤维板等面层施工前,以及明装电线施工前、管道设备工程试压合格后进行。木楼(地)板面层的最后一遍油漆,需待裱糊工程完工后再进行施工。这是为了防止涂饰过程中对地面面层和已完成的裱糊工程造成污染和损坏,同时确保涂饰效果不受其他后续施工的干扰。

(6)裱糊工程。必须在顶棚、墙面、门窗及建筑设备的涂饰工程全部完工,且墙面干燥度、平整度等指标符合裱糊要求后进行。这样可以保证裱糊的质量,避免因基层未处理好或

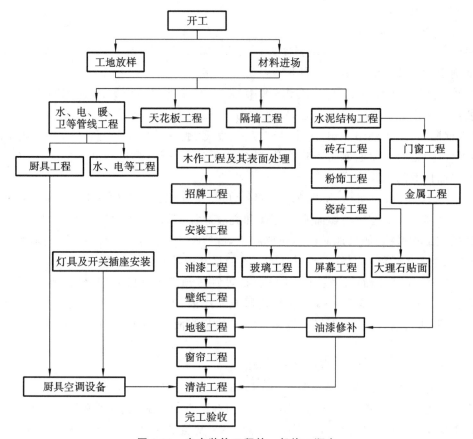

图 3-82　室内装饰工程的一般施工顺序

其他施工的影响,导致裱糊出现起泡、脱落等问题。

(五) 合理选择施工方法和施工机具

施工方法和施工机具的选择是施工方案中的核心要素,直接关系到装饰施工的质量、进度、安全与成本,必须严格遵循相关规定和标准,予以高度重视。

1. 施工方法的选择

建筑装饰工程施工方法的选择要综合考虑多种因素,经科学分析,确定最优方案,实现提升装饰质量、加快施工进度、节约材料及符合环保要求等目标。

(1) 重点分部(分项)工程。对于工程量大、在单位工程中占据重要地位的分部(分项)工程,如大型公共空间的地面铺装、复杂造型的吊顶工程;施工技术复杂的部分,如特殊结构的幕墙安装;采用新技术、新工艺的项目,如新型环保材料的应用;以及对工程质量起关键作用的环节,如防水工程等,需结合设计要求、现场条件、施工人员技术水平等因素,重点分析确定施工方法,必要时需进行专项论证或试验。

(2) 常规分项工程。对于按照常规做法且工人熟练掌握的分项工程,如普通墙面抹灰、简单的门窗安装等,虽可按常规流程操作,但仍需依据具体工程特点和规范要求,提出并关注可能出现的特殊问题,如不同材质墙体的抹灰处理、新型门窗的安装要点等,确保施工质量符合标准。

建筑装饰工程施工方法选择的内容主要如下。

1）室内外垂直及水平运输

（1）垂直运输。装饰工程垂直运输方式的确定需紧密结合现场实际状况。在新建工程中，优先利用主体结构施工期间设置的室内外电梯或井架，满足装饰材料、构配件及人员的垂直运输需求。对于改造工程，若原建筑电梯满足荷载及安全要求，可加以利用；若无法满足，则需搭设符合安全标准的井字架；在一些空间受限或运输量较小的情况下，也可采用楼梯人工搬运方式，但需制定完善的搬运安全措施。

（2）水平运输。新建工程室外水平运输一般较为便利。然而，对于大中城市繁华市区的装饰改造工程，由于交通管制和环卫要求严格，必须充分考虑运输时间，避开交通高峰时段，同时合理选择运输方式，如采用小型封闭式运输车辆，确保材料运输过程符合环保及交通管理规定。室内水平运输，无论是装饰改造项目还是新建项目装饰施工，通常采用人工运输，需合理规划运输路线，避免对已完成施工区域造成损坏，并设置必要的防护措施。

2）脚手架的选择

建筑装饰工程所使用的脚手架，必须严格满足《建筑施工脚手架安全技术统一标准》（GB 51210）等相关规范要求，确保装饰施工安全。脚手架应具备足够的作业面积，满足材料堆放、人员操作以及运输通道的需求。同时，要求脚手架结构坚固、稳定，在使用过程中不发生变形，且搭拆操作简便，移动灵活方便。

用于建筑装饰工程的脚手架类型分室外和室内两种。脚手架选择时应注意安全、经济、适用。

（1）室外脚手架。常见类型有桥式脚手架、多立杆式钢管双排脚手架、吊篮等。桥式脚手架适用于外立面较为规则、高度适中的建筑；多立杆式钢管双排脚手架应用广泛，可根据建筑造型和施工要求灵活搭建；吊篮则常用于高层建筑的外墙装饰，适用于局部施工或造型复杂区域。

（2）室内脚手架。多采用移动式脚手架和满堂钢管脚手架。移动式脚手架方便在室内灵活移动，适用于小型作业面；满堂钢管脚手架适用于大面积室内顶棚装饰等施工，能提供稳定的作业平台。在选择脚手架时，需综合考虑安全性能、经济成本以及实际施工需求，确保其适用性。

3）特殊项目施工及技术设施

建筑装饰旨在呈现整洁美观且富有艺术性的视觉效果，这就要求施工工艺精细、精湛。施工过程中，需高度重视每个工种、每道工序之间的交接工作，只有确保上道工序质量合格，才能进行下道工序施工，以保障整体工程质量。随着建筑装饰标准的持续提升以及新材料、新机具的快速发展，装饰施工单位必须不断更新施工工艺。对于特殊项目和特殊材料，要依据材料特性、装饰设计标准，制定针对性的施工工艺，并组织专项技术交底和培训，确保施工人员熟练掌握操作要点。同时，对于特殊施工工艺所需的技术设施，如专用的加工设备、安装工具等，应提前准备并调试到位。

4）主要装饰项目的操作方法及质量要求

在编写主要装饰项目的操作方法及质量要求时，需进行全面分析。首先明确主要项目，如墙面装饰、地面铺装、吊顶工程等。对于施工人员熟悉的常规主要项目，可简要阐述操作要点，重点强调易出现的质量问题及预防措施；对于不熟悉的项目，如新型材料的应用或复杂造型的施工,应详细编写操作流程、技术参数以及质量控制要点,作为施工指导的重点内容。对于常见的质量要求,若已在相关标准规范中明确且施工人员较为熟悉,可简略描述;但对于新材料、新工艺、新技术,由于其特殊性,必须详细编写从材料进场检验、施工操作步骤到质量验收标准的全过程内容,以有效指导装饰施工顺利进行。

5)临时设施、供水供电

(1)临时设施。临时设施的搭建应根据工程规模、施工周期、现场条件等具体情况综合确定。优先选用活动装拆式设施,以提高周转利用率,降低成本;在条件允许的情况下,也可就地取材。临时设施的面积需满足管理人员办公、机具存放、材料堆放以及工人生活休息等多方面需求,布局应合理规划,符合安全、消防及环保要求。

(2)临时供水。装饰工程施工用水量相对较小。新建工程可直接接入主体结构施工时设置的临时供水系统,并根据装饰施工需求进行必要的水压调整和管道延伸。改造工程可利用原有水源,对老旧供水系统进行检查和维护,确保其满足施工要求。消防用水方面,新建工程在主体结构施工时已布设的消防系统,装饰阶段可继续沿用,并定期进行检查和维护;改造工程可接入原建筑已有的消防用水系统,鉴于装饰阶段安全隐患相对较多,必须对现场施工及消防用水量和水压进行核算,确保满足《消防给水及消火栓系统技术规范》(GB 50974)等相关规范要求。对于一般中小型装饰工程,在施工组织设计中,若现场供水条件明确且简单,可不进行详细的用水量计算,但需确保供水的可靠性。

(3)临时供电。新建工程装饰施工可利用主体结构工程设置的临时配电系统,根据装饰施工用电设备的分布和功率需求,合理配置配电箱和支线电缆。改造工程可从原配电系统中单独接线,或利用已有楼层电源,但需对原配电系统进行评估,确保其容量和安全性满足施工要求。对于中小型装饰工程,若用电设备简单、功率较小,一般可不进行复杂的用电量计算,但需保证供电线路的敷设符合《建筑与市政工程施工现场临时用电安全技术标准》(JGJ/T 46)等相关标准,确保用电安全。

2. 施工机具的选择

施工机具是建筑装饰工程施工中保障质量和提高工效的关键要素。建筑装饰工程施工所用的机具,除垂直运输和设备安装外,主要有小型电动工具,如电锤、冲击电钻、电动曲线锯、型材切割机、电刨、云石机、射钉枪、电动角向磨光机等。根据最新规定及实际施工要求,在选择施工机具时,应从以下几个方面进行考虑。

(1)匹配施工任务和材料特性。需依据具体施工任务和材料特性选择适宜的施工机具及型号。如对瓷砖、地砖、面砖等装饰材料表面进行直线或弧线加工,若精度要求不高、加工量不大,可选择手动切割机;若加工量大、精度要求高,则宜选用数控切割机等更先进的设备。

(2)考虑现场管理便捷性。在同一施工现场,应在满足施工需求的前提下,尽量减少装饰施工机具的种类和型号,便于建立施工机具管理台账,完善采购、使用、验收、检查、维修保养的责任制,提升现场管理效率。

(3)充分利用现有资源。优先考虑发挥现有机具的能力,对其进行检查和评估,确保安全附件、安全防护装置、电气绝缘等性能良好。当现有机具确实不能满足施工需要时,应按照法律法规或标准规范要求,购置或租赁机具,并对新机具进行验收,合格后方可使用。

任务四　施工进度计划的编制

施工进度计划是建筑装饰工程施工组织设计的重要组成部分,它是按照组织施工的基本原则,在已选定的装饰施工方案和施工方法的基础上,根据规定的工期和各种资源供应条件,遵循各施工过程合理的工艺顺序和统筹安排各项施工活动的原则,在时间和空间上做出安排,力求用最少的人力、材料、资金的消耗取得最大的经济效益。通常用横道图或网络图来表示。

一、施工进度计划的作用

建筑装饰工程施工进度计划是施工组织设计的主要内容,是控制各分部分项工程施工进度的主要依据,也是编制月、季施工计划及各项资源需用量计划的依据。它的主要作用包括如下各项。

（一）进度控制与目标达成

明确装饰工程各阶段的具体起止时间和关键节点,为整个工程设定清晰的时间框架,确保装饰工程能够严格按照合同规定的工期顺利完成,同时保证工程质量完全符合相关标准和设计要求。

（二）施工流程优化

精准确定每个分部分项工程的施工先后顺序、持续时长以及它们之间的衔接和配合方式,有效避免施工过程中的混乱和冲突,使各工序能够有条不紊地进行,提高整体施工效率。

（三）资源配置规划

依据进度计划,可以准确计算出不同施工阶段所需的劳动力、材料、机械设备等各类资源的数量和投入时间,便于提前进行资源的采购、调配和储备,实现资源的合理配置,避免资源的闲置或短缺,降低施工成本。

（四）沟通协调依据

为项目团队成员、各施工班组以及与建设单位、监理单位等相关方之间的沟通协调提供了统一的标准和依据,各方可以清晰地了解工程的进展情况和各自的工作任务,便于及时解决施工中出现的问题,确保工程顺利推进。

（五）风险预警与控制

通过对施工进度的预先规划和动态监控,能够提前识别出可能影响工程进度的潜在风险因素,如设计变更、材料供应不及时、天气恶劣等,并制定相应的应对措施,以便在风险发生时能够及时采取有效的调整手段,减少对工程进度的影响。

（六）成本控制基础

合理的施工进度计划有助于优化资源利用,减少不必要的工期延误和资源浪费,从而为控制工程成本提供有力保障。同时,也能为成本核算和成本分析提供准确的时间依据,便于及时发现成本偏差并采取纠正措施。

二、施工进度计划的编制依据

建筑装饰工程施工进度计划的编制依据主要如下。

（一）设计与技术资料

经严格审核通过的装饰施工图纸，涵盖平面图、立面图、剖面图、节点详图等，这些图纸精准呈现装饰工程的空间布局、构造做法及装饰效果要求；同时需参考现行标准图集，确保施工符合国家与行业标准规范；此外，还应收集其他相关技术资料，如设计变更文件、工程洽商记录等，保障施工进度计划与最新设计要求一致。

（二）工期与时间要求

明确的施工工期要求以及具体的开工、竣工日期，这通常在施工合同中予以约定。施工进度计划需严格遵循此时间框架，合理安排各分部分项工程的起止时间，确保按时交付工程。

（三）施工方案与方法

依据相应装饰施工组织设计中确定的施工方案与施工方法，比如施工顺序的确定、施工流向的规划、施工工艺的选择等。不同的施工方案会直接影响施工时间与资源投入，例如采用先进的施工工艺可能会缩短某些工序的施工时间。

（四）定额与资源条件

参照劳动定额，精准确定各工种完成单位工程量所需的人工工时；依据机械台班定额，明确机械设备完成单位工程量所需的时间。同时，全面考量劳动力、材料、成品、半成品以及机械设备的供应条件，包括供应数量、供应时间、供应地点等。例如，若某种特殊装饰材料供应周期较长，施工进度计划需提前规划，避免因材料短缺导致工期延误。

（五）现场施工条件

对施工现场的场地条件、交通状况、周边环境等进行详细勘查与分析。如场地狭窄可能限制材料堆放与机械设备停放，交通管制会影响材料运输时间，这些因素都需纳入施工进度计划的考量范围。

（六）法律法规与政策

遵循国家及地方关于建筑工程施工的法律法规、政策文件，如施工许可规定、环保要求、安全施工规范等，确保施工进度计划在合法合规的前提下编制与实施。

三、施工进度计划的表达形式

施工进度计划一般采用横道图和网络图的表达形式，见图 3-83 和图 3-84。

四、施工进度计划的编制内容

施工进度计划的编制内容包括编制说明、进度计划图、资源需要量计划、风险分析及控制措施等。其中，进度计划图是核心内容，用以清晰展示各施工活动的起止时间、持续时间及相互逻辑关系；资源需要量计划要根据进度计划表进行平衡编制，以确保资源能够满足施工进度需求；风险分析及控制措施则需依据项目风险管理规划和保证进度目标的措施进行调整编制，确保具有可靠性，能够有效应对可能出现的影响进度的风险因素。

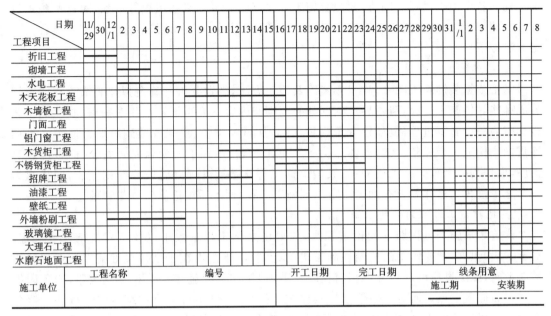

图 3-83 横道图进度计划

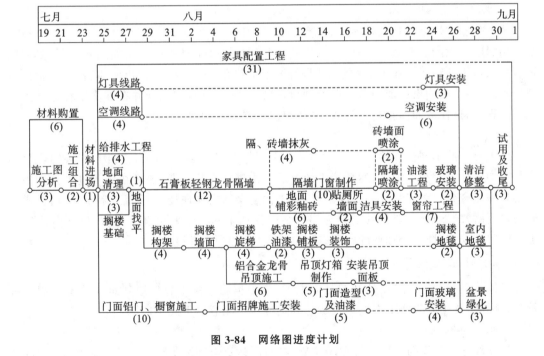

图 3-84 网络图进度计划

五、施工进度计划的编制步骤

(一) 划分施工过程

在编制建筑装饰施工进度计划时,首要任务是依据施工图纸和施工顺序,梳理出拟建装饰工程的各个施工过程。同时,要综合施工方法、施工条件、劳动组织等因素,对这些施工过程进行调整,然后列入建筑装饰施工进度计划图中。具体而言,建筑装饰工程施工过程的确定方法如下。

1. 明确施工过程划分的内容

紧密依据装饰施工图纸、施工方案以及施工方法,细致分析并确定拟建装饰工程能够划分成哪些具体施工过程,清晰界定其划分的范围和内容。应当把一个相对完整、独立的工艺过程归为一个施工过程,例如铝合金门窗工程,从材料准备、框架安装到玻璃镶嵌等一系列连贯操作构成一个完整工艺,整体作为一个施工过程;吊顶工程涵盖龙骨安装、面板铺设等工序,也作为一个独立施工过程;乳胶漆墙面工程从基层处理到乳胶漆涂刷完成,同样视为一个施工过程。这样划分有助于清晰呈现施工流程,便于后续进度安排与管理。

2. 把控施工过程划分的粗细

建筑装饰施工过程划分的粗细程度,主要由装饰工程量大小以及工程复杂程度决定。对于一般起总体把控作用的控制性施工进度计划,由于重点在于把握关键施工节点和整体进度走向,施工过程可以划分得相对粗略一些,以突出主要施工环节和关键线路,避免因细节过多而掩盖重点。而对于用于指导具体施工操作、对施工过程有详细时间安排和资源分配要求的指导性施工进度计划,为确保施工的精准执行和资源的合理调配,施工过程则需要划分得更细致,明确每个小工序的时间和资源需求。

3. 将施工过程适当合并

为了使施工进度计划简洁明了、重点突出,对于那些在整个装饰工程中所占比重较小、对工期影响不大的次要施工过程,可以将其合并到主要施工过程中。比如油漆工程,其中门窗、栏杆、扶手的油漆作业虽然对象不同,但施工工艺和操作流程较为相似,且相对于整体装饰工程而言,单独列出可能会使进度计划显得繁杂,因此可将它们合并在油漆工程这一主要施工过程中,这样既能简化进度计划,又能突出主要施工内容。

4. 施工过程确定应考虑施工方法

施工方法的不同会直接影响施工过程的划分。以铝合金门窗工程为例,如果铝合金门窗是在加工厂进行预制加工,运至施工现场后只需进行安装作业,那么在施工进度计划中可只划分为铝合金门窗安装这一个施工过程;若铝合金门窗在现场进行加工制作,然后再进行安装,这种情况下,就需要将其划分为铝合金门窗加工和安装两个施工过程,以便分别安排加工时间和安装时间,合理调配资源,确保施工进度的顺利推进。

(二)计算工程量

工程量是编制施工进度计划的基础数据,应根据施工图纸、《房屋建筑与装饰工程工程量计算标准》及相应的施工方法进行。计算工程量应注意以下几个问题。

1. 计量单位统一

各分部分项工程的工程量计量单位应与《房屋建筑与装饰工程工程量计算标准》中的规定一致,确保数据处理的唯一性和便利性,以便计算劳动量、材料需用量时可直接套用标准,不再进行换算。

2. 结合施工与标准

工程量计算不仅要结合所选定的施工方法和安全技术要求,还要严格以设计图示为基础,使计算的工程量与工程实际相符合,减少由于计算方式不同所引起的争议。

3. 配合施工组织

结合施工组织要求,分区、分段、分层计算工程量,以便组织流水作业。如发包人提供了设计图纸,并要求承包人按图施工,相关措施项目应纳入总体工程量清单考虑。

4. 准确取用数据

应正确取用预算文件中的工程量,如已编制预算文件,施工进度计划中的工程量可根据施工过程包含的内容从预算工程量的相应项目抄出并汇总。当进度计划中的施工过程与预算项目不同或有出入(如计量单位、计算规则、采用定额不同等)时,则应根据施工实际情况,对照《房屋建筑与装饰工程工程量计算标准》的规定加以修改、调整或重新计算。

(三)确定劳动量和机械台班数量

根据各分部分项工程的工程量、所采用的施工方法以及现行的定额标准,并充分结合施工企业的实际生产能力与技术水平等情况,精确计算各分部分项工程所需的劳动量和机械台班数量。一般可按照以下公式进行计算:

$$P_i = Q_i / S_i (工日、台班)$$
$$P_i = Q_i H_i (工日、台班) \tag{3-66}$$

式中:P_i——第 i 分部分项工程所需要的劳动量或机械台班数量;

Q_i——第 i 分部分项工程的工程量;

S_i——第 i 分部分项工程采用的人工产量定额或机械台班产量定额;

H_i——第 i 分部分项工程采用的时间定额。

在套用定额时,常常会出现定额中所列项目内容与编制施工进度计划时所列项目内容不一致的情况,此时应依据以下最新规定进行处理。

1. 定额适当扩大调整

若出现定额项目内容与施工进度计划项目内容不匹配,可在遵循相关定额编制原则和规定的前提下,对定额进行适当的扩大调整,使其符合施工进度计划的编制要求。例如,对于同一性质但不同类型的项目,可将其合理合并。在合并后,根据不同类型项目各自的产量定额和工程量,按照加权平均的方法计算其扩大后的平均产量定额或平均时间定额。在计算过程中,需确保数据的准确性和合理性,以反映实际施工情况。

2. 新技术等情况处理

对于涉及某些新技术、新材料、新工艺或特殊施工方法的施工过程,若在现行定额中尚未编入相关内容,此时应优先参考国家或地方发布的相关技术标准、行业指南等资料。同时,可借鉴类似项目的定额数据,并结合本项目的实际情况、施工经验以及专家意见等,综合确定该施工过程的劳动量和机械台班数量。在确定过程中,应详细记录参考依据和计算过程,以便后续审核和调整。

(四)计算各施工过程的持续时间

(1)各分部分项工程施工持续时间计算公式如下:

$$t_i = \frac{P_i}{R_i N_i} \tag{3-67}$$

式中:t_i——完成第 i 施工过程的持续时间(d),其计算结果需综合考虑施工工艺要求、资源供应情况以及现场实际施工条件等因素,确保符合工程实际;

P_i——第 i 施工过程所需劳动量或机械台班数量，此数据应基于准确的工程量计算和合理的定额套用得出；

R_i——每班在第 i 施工过程中的劳动人数或机械台数，确定时需考虑工人技能水平、机械设备性能及维护要求等，保证施工效率和质量；

N_i——第 i 施工过程中每天工作班数，需结合工程进度要求、施工场地条件以及安全施工规定等确定，避免因过度加班影响施工安全和质量。

(2)根据工期安排进度时，应先确定各施工过程的施工时间，其次确定相应的劳动量和机械台班量，每个工作班所需的工人人数或机械台数，公式(3-67)变为下式：

$$R_i = \frac{P_i}{t_i N_i} \tag{3-68}$$

通过上式计算得出 R 值后，若该数值超出了施工单位现有的人力、物力资源，施工单位应积极采取应对措施。除在合法合规且满足工程要求的前提下组织外援力量外，还应从技术和施工组织层面着手。例如，优化施工工艺，采用先进的施工技术和设备，提高施工效率；合理调整施工顺序，尽可能组织立体交叉平行流水作业，充分利用施工空间和时间，提高资源利用率。特别需要注意的是，在装饰工程中，由于大量采用手用电动工具，实际工效通常比定额规定高很多。在编制施工进度计划时，必须充分考虑这一实际情况，对工效进行合理修正，避免因按照定额计算而导致劳动力或机械设备配置过多，造成窝工现象，进而影响工程成本和进度。

（五）施工进度计划的安排、调整、优化

编制建筑装饰工程施工进度计划时，应首先确定主导施工过程的施工进度，使主导施工过程尽可能连续施工，其余施工过程应予以配合，具体方法如下。

1. 确定主要分部工程并组织流水施工

依据装饰工程的特点和施工工艺，明确如墙面工程、地面工程、吊顶工程等主要分部工程，按照流水施工的原理，将各分部工程分解为若干个施工过程，组织专业施工队伍依次、连续地在各施工段上进行施工，以充分利用时间和空间，提高施工效率。

2. 合理穿插搭接形成初始方案

根据施工工艺的合理性和施工顺序要求，分析各施工过程之间的逻辑关系，尽可能使各施工过程进行合理的穿插、搭接。比如，在墙面基层处理完成后，可同时穿插进行部分门窗安装等工作，按照流水施工要求或各工序间的配合关系，将所有施工过程有机地搭接起来，形成施工进度计划的初始方案。

3. 检查调整并绘制正式计划

对初始方案进行全面检查和调整，以使其满足规定的目标，确定理想的施工进度计划。

(1)检查施工时间与顺序。查看各装饰施工过程的施工时间安排是否符合工艺要求和实际施工条件，施工顺序是否遵循了先地下后地上、先结构后装饰等一般原则，有无逻辑错误或不合理的安排。

(2)核对工期是否合规。将安排的总工期与合同工期进行对比，确保进度计划满足合同约定的工期要求。若不满足，需分析原因并调整相关施工过程的时间或增加资源投入。

(3)审查资源配置。在施工顺序合理的基础上，检查劳动力、材料、机械设备等资源的配置是否满足各施工过程的需要，资源的使用是否存在不均衡现象，如出现高峰期资源过度集中或低谷期资源闲置等情况,应进行优化调整。

经过检查,对不符合要求的部分应进行针对性的调整和优化,如调整施工顺序、增加或减少资源投入、合理压缩或延长某些施工过程的时间等,直至达到各项要求后,编制正式的装饰施工进度计划。

任务五　施工准备工作计划

施工准备是完成建筑装饰工程施工任务的重要环节,也是施工组织设计中一项重要任务。施工人员必须在开工前,依据建筑装饰施工任务、施工进度和施工工期的要求,全方位做好各方面的准备工作。施工准备工作计划涵盖技术准备、现场准备、劳动组织及物资准备。

一、技术准备

(一) 熟悉与会审图纸

建筑装饰施工图纸涉及众多专业类型,不仅包含建筑装饰施工图,还涵盖与之配套的结构、水、暖、电、通风、空调、消防、通信、煤气、闭路电视等图纸。在熟悉施工图纸时,需着重关注以下问题。

1. 图纸一致性审查

仔细核查各专业图纸间是否存在矛盾,包括平面尺寸、标高、材料选用、构造做法以及要求标准等方面。同时,检查图纸中是否有错漏、碰撞、缺失等问题,避免因图纸问题影响施工进度和质量。

2. 结构安全评估

了解建筑装饰与工程结构能否满足强度、刚度及稳定性要求。对于改造工程,尤其要高度重视结构的安全性,必要时进行结构检测和加固设计,确保施工过程和使用阶段的结构安全。

3. 合规性审查

确认装饰施工图纸是否符合消防要求,采用的装饰材料是否为绿色环保产品,是否符合国家和地方相关标准的规定。在追求装饰效果的同时,保障消防安全和环境健康。

4. 施工可行性分析

评估装饰设计是否契合当地施工条件与施工水平。若采用新技术、新材料、新工艺,需考察施工单位是否具备相应的技术能力和施工经验,若存在困难,应提前制定解决方案。

在熟悉图纸的基础上,组织图纸会审,共同研究解决相关问题。将会审中确定的问题整理形成图纸会审纪要,由建设单位正式行文,建设单位、设计单位和施工单位三方共同会签并加盖公章,作为指导施工和工程结算的重要依据。

(二) 施工组织设计的编制和审定

建筑装饰工程施工组织设计应紧密结合企业的实际情况,综合考虑单位现有技术、物资条件等因素,由项目负责人主持,项目技术负责人负责具体编制。施工组织设计完成后,需由施工单位技术负责人进行审批。对于重点、难点分部工程和专项工程施工方案,应由施工单位技术部门组织专家进行评审,通过后由施工单位技术负责人批准实施,确保施工方案的科学性、合理性和可行性。

(三)编制施工预算

建筑装饰工程施工中,项目分类细致繁多,每项工程均由多个乃至几十个单个工作项目组成,且工作项目名称所包含的内容丰富。例如卫生洁具安装项目,可细分为安装浴缸、安装洗面器、大便器、五金配件等。项目名称涵盖的内容不仅关系到材料、设备的数量,还涉及每个工种的用工量。因此,在编制施工预算时,工程量必须精确计算,材料设备应使用统一的单位名称,以便准确套用定额。

建筑装饰工程施工预算还需结合施工方案、施工方法、场地环境、交通运输等具体情况。对于采用新材料、新工艺、新技术的项目,若国家和地方定额中未列入相关内容,施工单位应依靠自身积累的经验制定参考定额,确保施工预算的准确性和完整性。

(四)各种材料加工品、成品、半成品情况

全面了解各种材料加工品、成品、半成品的性能、规格、说明等信息。对于受国家控制供应的材料,要提前按照相关规定申报,确保材料按时供应,避免因材料短缺影响施工进度。

(五)新技术、新工艺、新材料的试制实验

在建筑装饰工程中,对于新技术、新材料、新工艺,施工人员要先进行系统的培训学习,掌握其原理和操作要点。先试做样板,通过实际操作总结经验,优化施工工艺。有些建筑装饰材料还需通过试验来深入了解其性能,以满足设计、施工和使用的要求,确保工程质量和效果。

二、现场准备

施工现场准备工作包括定位放线,准确确定建筑物的位置和尺寸;进行标高确定,为后续施工提供统一的高程基准;拆除施工现场的障碍物,清理场地,为施工创造良好的作业条件;敷设临时供水、供电、供热管线,保障施工过程中的水电暖供应;规划道路交通运输,确保材料和设备能够顺利运输到施工现场;搭建生产、生活临时设施,为施工人员提供必要的工作和生活条件;安装水平、垂直运输设备,满足施工材料和人员的运输需求。

三、劳动组织

建立高效的工地领导机构,精心组织精干的施工队伍,确立合理的劳动组织形式。对施工人员进行岗前技术培训,使其熟悉施工工艺和技术要求,提高施工技能。同时,做好安全、防火、文明施工教育,增强施工人员的安全意识和文明施工意识,确保施工过程安全有序、文明环保。

四、物资准备

有序组织施工机具、材料、成品、半成品的进场,并做好保管工作。根据施工进度计划,合理安排物资进场时间,避免物资积压或短缺。对进场的物资进行妥善保管,采取必要的防护措施,防止物资损坏、变质,确保其质量和性能满足施工要求。

任务六　各项资源需用量计划

各项资源需用量计划对于保障装饰工程顺利施工起着关键作用,涵盖材料、设备、施工机具及成品、半成品需用量计划及运输计划。

一、主要材料需用量计划

根据施工预算、现行材料消耗定额以及经过科学编排且符合实际施工条件的施工进度计划,来编制主要材料需用量计划。该计划核心在于精准反映施工过程中各类主要材料的需用量,这不仅是备料、供料工作有条不紊开展的重要指引,还为确定仓库合理堆放面积提供数据支撑,同时也是核算运输量的关键依据。

建筑装饰工程物资呈现出品种繁多、花色繁杂的特点。在编制主要材料需用量计划时,务必严格按照规范要求,详细、准确地填写材料的名称,确保与国家标准、行业标准或设计文件中的称谓一致;明确材料的规格,包括尺寸、型号、性能参数等关键信息;精确计算并填写数量,考虑施工损耗等因素;清晰注明使用时间,结合施工进度计划的关键节点,细化到具体的施工时段或施工部位,以便于材料的采购、调配和使用管理。其表格形式可参考表 3-23,在实际应用中,应根据工程实际需求和管理要求,对表格内容进行适当调整和完善,以提高计划的实用性和指导性。

表 3-23　主要材料需用量计划

序号	材料名称	规格	需用量		需用时间									备注
			单位	数量	×月			×月			×月			
					上旬	中旬	下旬	上旬	中旬	下旬	上旬	中旬	下旬	

二、装饰技工、普工需用量计划

建筑装饰技工、普工需用量计划应紧密结合施工预算、现行劳动定额以及精准编排且充分考虑实际施工条件的进度计划来编制。此计划着重清晰呈现装饰施工过程中各类技工、普工的具体人数需求。

它不仅是实现劳动力平衡调配的关键依据,能够有效避免劳动力的闲置或短缺,保障施工的连续性和高效性;还是衡量劳动力耗用量指标的重要参照,有助于施工单位合理控制人工成本,评估施工效率。

编制方法为:对施工进度计划表内各项目进度的各施工过程,依据劳动定额,精确计算出每天(或旬、月)所需的技工和普工人数,再按照项目进行分类汇总。在计算过程中,要充分考虑施工工艺的复杂程度、工人的技能水平差异以及施工环境等因素对劳动效率的影响。

其表格形式如表 3-24 所示,在实际应用时,应根据工程的独特需求、施工管理的精细化程度以及相关政策法规的要求,对表格内容进行合理的调整与优化,从而增强计划的可操作性和实用性,为装饰工程的顺利开展提供有力的人力支持。

表 3-24　装饰技工、普工需用量计划

序号	项目名称	工种名称	需用量		需要时间												备注
					月份												
			单位	数量	1	2	3	4	5	6	7	8	9	10	11	12	

三、主要施工机具需用量计划

依据《建筑施工组织设计规范》(GB/T 50502)以及相关施工安全与技术标准,应结合详细且科学合理的施工方案、切实可行的施工方法,以及精准制定并充分考虑现场实际条件的施工进度计划,编制主要施工机具需用量计划。

主要施工机具需用量计划全面且准确地反映施工过程中所需各种机具的关键信息,包括机具的名称,需严格遵循行业标准术语填写,确保表述准确无误;规格、型号,详细注明机具的各项技术参数和性能指标,以便清晰区分不同类型的机具;数量,通过严谨的计算和分析得出,充分考虑施工强度、机具使用效率以及备用需求等因素;使用时间,紧密结合施工进度计划,明确各机具在不同施工阶段的具体投入时间和使用时长,精确到具体的施工时段或施工部位。

此计划是组织机具有序进场的重要依据,能够确保施工机具按时到位,满足施工需求,避免因机具短缺或进场时间不合理而影响施工进度。其表格形式如表 3-25 所示,在实际运用中,应根据工程特点、施工管理要求以及最新的行业规范,对表格内容进行灵活调整和完善,使其更贴合工程实际,充分发挥指导施工机具管理的作用。

表 3-25　主要施工机具需用量计划

序号	机具名称	机具型号	需用量		供应来源	使用起止时间	备注
			单位	数量			

四、构件和半成品需用量计划

依据相关标准,构件和半成品需用量计划应综合施工图纸、科学合理的施工方案、切实可行的施工方法,以及精确编排且充分考量实际施工条件的施工进度计划的要求进行编制。

在建筑装饰工程中,构件和半成品需用量计划着重反映施工过程中各类装饰结构构件、配件和其他加工半成品的需用量以及供应日期。详细准确的需用量数据,是通过对施工图纸的精细解读,结合施工工艺和流程,严谨计算得出的,且应充分考虑施工损耗和现场实际需求;供应日期则紧密关联施工进度计划的关键节点,确保构件和半成品在恰当的时间供应,保障施工的连续性。

构件和半成品需用量计划是落实加工单位的关键依据,便于与加工单位清晰沟通所需构件和半成品的规格、数量以及使用时间,进而按要求组织构件加工,并保证其按时进场。其表格形式如表 3-26 所示,在实际操作中,需根据工程的独特性质、施工管理的精细化程度以及行业最新规范,对表格内容进行灵活调整与完善,使其更贴合工程实际需求,充分发挥指导构件和半成品供应管理的重要作用。

表 3-26 构件和半成品需用量计划

序号	品种	规格	图号	需用量		使用部位	加工单位	拟进场时期	备注
				单位	数量				

任务七 施工平面布置图设计

建筑装饰工程施工平面布置图是基于拟装饰工程的建筑平面(涵盖周边环境),对服务于施工的各类临时建筑、临时设施,以及材料堆放区域、施工机械停放位置等进行合理规划布局的示意图,其核心目的是为装饰工程施工提供全方位支持。

施工平面布置图作为施工组织设计的关键构成部分,是施工方案在施工现场的空间具象化呈现。其布置的合理性、执行管理的有效性,对施工现场有序组织生产、实现文明施工,以及工程成本控制、工程质量保障、施工安全维护和场地资源的合理利用等方面,均有着直接且关键的影响。所以,必须对施工现场布置展开深入研究与周密规划。

建筑装饰工程施工平面布置图,可根据现场施工的具体情况灵活掌握,对于施工情况复杂、工程量较大、施工工期较长的装饰工程,以及采用了新材料、新工艺、新技术的建筑装饰工程或改造工程,应单独绘制施工平面布置图,以便清晰、细致地展示各项施工要素的布局,满足复杂施工条件下的管理需求;而对于一般规模较小的建筑装饰工程,可与主体结构施工平面图相结合,充分利用结构施工阶段已有的设施,为装饰施工所用,这样既能提高资源利用率,又能简化绘图工作。

施工平面布置图的绘制比例通常选用 1∶200～1∶500。在确定具体比例时,需综合考虑工程规模大小、场地复杂程度以及绘图的详细程度要求等因素,确保所绘制的施工平面布置图既能准确反映施工现场各要素的位置关系和实际尺寸,又便于施工人员查看和使用,为施工组织与管理提供有力的可视化工具。

一、建筑装饰工程施工平面图设计的内容

建筑装饰施工处于工程施工的最后阶段,在主体结构阶段已对结构相关要素进行了考量。所以,建筑装饰施工平面布置图的内容需紧密结合装饰工程实际情况来确定,主要涵盖以下方面。

(一) 工程位置与周边关系

精准标注拟装饰工程在建筑总平面图中的具体位置、精确尺寸,以及与周边建筑物或构筑物的详细位置关系。这不仅有助于施工人员清晰了解工程在整体场地中的方位,合理规划施工空间,避免对周边建筑造成不必要的影响,还能为后续与其他相关工程的衔接提供便利。

（二）垂直运输与脚手架布置

明确垂直运输设备（如施工电梯、塔吊、物料提升机等）的平面位置，确保其能够高效满足材料、构配件及人员的垂直运输需求，提升施工效率。同时，科学规划脚手架的位置，保证其搭设既能满足施工操作和安全防护的严格要求，又不会对其他施工活动的开展造成阻碍。

（三）测量与垃圾堆放区域

清晰标注测量放线定位桩的位置，这些定位桩是施工过程中保障建筑物位置和尺寸准确性的关键控制点，必须妥善保护。合理规划杂物、建筑垃圾的堆放场地，将施工过程中产生的各类废弃物集中堆放，便于定期清理和运输，维持施工现场的整洁，严格遵守环保和文明施工的标准。

（四）场内运输道路规划

精心布置场地内的运输道路，确保道路的宽度、坡度和转弯半径等参数满足施工车辆和机械设备的通行要求，使材料、设备能够顺畅运输至施工现场的各个作业区域，提高运输效率，减少运输时间和成本。

（五）材料与设备堆放场地规划

合理划分材料、成品、半成品、构件加工场地以及施工机具设备的堆放场地，对不同类型的材料和设备进行分类存放，便于管理和取用。同时，充分考虑材料和设备的搬运距离与路径，尽可能缩短搬运距离，减少二次搬运，有效降低材料损耗和施工成本。

（六）临时设施位置确定

明确生产、生活临时设施的具体位置，包括搅拌机的放置区域、工棚的搭建位置、仓库的设置地点、办公室的场地安排，以及临时供水、供电线路的走向等。临时设施的布局应充分满足施工生产和人员生活的需求，同时全面考虑安全、防火、卫生等多方面因素，做到布局科学合理、使用便捷高效。

（七）安全防火与消防设施布置

合理设置安全防火及消防设施，依据施工现场的规模、火灾危险性等因素，科学配备灭火器、消防栓、消防水池等消防器材和设备，并明确其具体位置。同时，制定完善的消防安全管理制度，确保施工人员熟练掌握消防设施的使用方法和火灾应急处理流程，切实保障施工现场的消防安全。

上述内容的布置需依据建筑总平面图，充分考虑现场的地形地貌、现有水源、电源、热源、道路状况，以及四周可利用的房屋和空地等实际条件，并结合施工组织总设计的计算资料，进行科学、合理的规划与安排，以实现施工现场的高效管理和有序施工，严格遵守现行的相关建筑规范和标准。

二、建筑装饰工程施工平面布置图的设计原则

（一）紧凑高效原则

在充分满足施工各项作业需求的前提下，对施工场地进行精细化规划，力求平面布置紧凑合理。通过科学布局临时建筑、材料堆放区、机械设备停放点等，充分利用每一寸场地空

间,避免出现场地闲置或布局松散的情况,以提高场地利用率,降低施工成本。

(二) 短距减运原则

以最大限度缩短工地内部运输距离为目标,精心规划场内运输路线。合理设置材料堆放场地与各施工区域的相对位置,确保各类材料、构配件等能够以最短路径运输至使用地点,尽量减少场内二次搬运。这样不仅能提高运输效率,节省人力、物力和时间成本,还能有效减少材料在搬运过程中的损耗。

(三) 临时设施最小化原则

在确保施工顺利推进、满足施工人员生产生活需求的条件下,严格控制临时设施的工程量。优先选用可周转、可拆卸的临时设施,如装配式活动板房等。同时,优化临时设施的布局和规模,避免过度建设,以降低临时设施搭建成本,减少资源浪费。

(四) 安全合规原则

严格遵循劳动保护、技术安全以及防火等相关法律法规和标准规范要求。合理设置安全通道、防护栏杆等安全设施,保障施工人员的人身安全;确保电气设备、易燃易爆物品存放等符合技术安全标准;按照防火要求布置消防器材和消防通道,划分防火分区,有效预防火灾事故发生,为施工现场营造安全稳定的作业环境。

三、建筑装饰工程施工平面布置图的设计步骤

(一) 确定起重机械位置

依据《建筑施工安全检查标准》(JGJ 59)等相关规定,结合建筑物的平面形状、高度,以及材料、设备的重量、尺寸大小,同时充分考虑机械的额定负荷能力和实际服务范围,精准确定起重机械的位置和高度。确保起重机械在吊运过程中安全稳定,便于材料、设备的运输,并且有利于组织分层分段流水施工,提高施工效率。

(二) 布置搅拌机、仓库、堆放场及加工棚

1. 搅拌机布置

混凝土、砂浆搅拌机应布置在起重机械的有效回转半径内,以便于物料的吊运。搅拌机附近需设置相应的砂石堆放场和水泥库,且水泥库应具备良好的防潮、防雨性能,确保水泥质量不受影响。

2. 仓库与堆放场布置

仓库、材料和构件堆放场的布置,要综合考虑材料、设备的使用先后顺序,满足多种材料同时堆放的空间需求。易燃易爆物品仓库的设置必须严格遵守防火、防爆安全距离要求,与其他建筑物、设施保持足够的安全间距;怕潮、怕冻物品的仓库应采取有效的防潮、防冻措施。

3. 加工棚布置

材料加工棚宜布置在建筑物周围相对较远但交通便利的位置,避免加工过程对建筑物施工造成干扰,同时要预留足够的材料堆放场地,方便原材料的存放和取用。

4. 特殊材料堆场布置

石材堆场应考虑室外运输的便利性,确保运输车辆能够顺利进出;木制品堆场应做好防

雨、防潮措施，同时满足防火要求，配备必要的灭火设备。

5．布置运输道路

现场主要道路应优先利用原有道路，若需新建道路，需严格按照相关标准进行规划。道路要保证车辆行驶通畅，尽量环绕建筑物布置成环形，以减少车辆拥堵和掉头困难的情况。施工现场道路若兼作消防车道，宽度应不小于 4 米。道路表面应进行硬化处理，防止扬尘和积水。

6．布置办公和生活临时设施

办公和生活临时设施应尽量利用主体结构施工已有的设施，以节约成本和资源。其位置应以使用方便、不妨碍施工为原则，同时要符合防火、安保等相关规定。临时办公和生活区域应与施工区域进行有效隔离，设置明显的警示标识，确保人员安全。

任务八　主要技术组织措施

技术组织措施主要是指在技术和组织方面对保证装饰质量、安全和文明施工所采用的方法。技术组织措施主要包括：质量保证措施，进度保证措施，安全施工保证措施，降低成本措施，成品保护措施，消防保证措施，环境保护措施等。

一、质量保证措施

建筑装饰工程质量保证措施必须以国家现行的施工及验收规范为准则，针对建筑装饰工程的特点来编制。在审查施工图和编制施工方案时就应提出装饰质量保证的措施，尤其是对采用新材料、新工艺、新技术的装饰工程，更应重视。一般来说，装饰质量保证措施主要包括以下几项。

（一）制度学习与技术准备

施工前组织人员学习现行施工规范、验评标准及质量管理制度，建立质量保证组织体系，设专职质检员等岗位。

（二）关键部位把控

选择经验丰富、技术熟练的施工队伍，合理安排工序。对于新材料、新工艺、新技术，除先行试验和明确质量标准外，还需按规定进行备案或审批。

（三）材料质量管控

对所有进场的装饰材料、成品、半成品严格检查验收，建立台账，按规定进行复试。

（四）组织管理强化

严格执行"三检制度"，即自检、互检和专职检查。加强质量跟踪检查，对重要分部工程推行样板引路制度。

（五）经济措施保障

制定详细的质量奖罚制度，对质量达到或超过预期目标的单位或个人给予奖励，对造成质量问题的进行处罚，奖励和处罚额度应在合同中明确约定。

二、进度保证措施

（一）组织保障

建立强有力的项目管理班子,施工人员由公司统一调配。设置施工进度控制专职人员,建立进度计划动态管理模式。

（二）技术推动

积极采用先进、成熟的施工工艺和技术,建立技术与生产融为一体的技术管理系统。

（三）合同约束

管理人员认真学习合同文本,以合同为依据编制施工组织设计和总进度网络计划,明确各协作单位的进度责任和奖惩条款。

（四）经济激励

设立进度奖励基金,对按时或提前完成任务的单位和个人给予奖励,对延误进度的进行处罚。

三、安全施工保证措施

保证安全施工的关键是贯彻安全操作规程,对施工中可能发生的安全问题提出预防措施并加以落实。建筑装饰工程施工安全的重点是防火、安全用电及高空作业等。在编制安全措施时要具有针对性,要根据不同的建筑装饰施工现场和不同的施工方法,从防护上、技术上和管理上提出相应的安全措施。

建筑装饰工程安全措施主要有以下几项内容。

（一）施工设施安全

脚手架等设施除进行强度设计及上下通路防护外,还需按规定进行验收和定期检查。

（二）安全网架设

安全平网、立网、封闭网的架设应符合现行安全技术规范,定期检查和维护,确保其完整性和有效性。

（三）垂直运输安全

外用电梯等垂直运输设备除拉结及防护外,还需有防坠、限位等安全装置,并定期检测。

（四）交叉与高空作业防护

"四口""五临边"防护应采用定型化、工具化设施。主体交叉施工作业和高空作业,应设置有效的硬隔离防护设施。

（五）防雷措施

高于周围避雷设施的相关金属构筑物,应安装合格的防雷装置,并进行接地电阻测试。

（六）危险作业防控

"易燃易爆有毒"作业场地要制定专项防火、防爆、防毒应急预案。对动火作业等严格履行动火分级审批手续。

（七）新技术安全

采用新材料、新工艺、新技术的装饰工程，除编制详细安全施工措施外，还需组织专家论证。

（八）设备操作安全

电气设备和装饰机具应符合现行安全标准，定期进行检查和维护。

（九）个人安全防护

施工人员应配备符合标准的个人安全防护用品，如安全帽、安全带等，并正确佩戴和使用。

四、降低成本措施

（一）优化项目团队与施工队伍管理

依据《建设工程项目管理规范》（GB/T 50326），精心组建专业素养高、实战经验丰富的项目团队。构建科学合理的人力资源管理体系，借助多元化的绩效考核机制，涵盖定量与定性指标，如工作任务完成量、工作质量、团队协作等维度，充分激发团队成员的主观能动性与创新精神。紧密结合项目特性，如建筑风格、装饰复杂程度，以及施工进度计划的关键节点，精准筛选技术精湛、协作默契的装饰队伍。按照职业技能培训相关要求，定期组织施工人员参加技能培训，包括新技术、新工艺的实操演练，提升其专业技能水平，从而提高劳动生产率，运用精细化的人员排班与任务分配，严格把控用工数量，杜绝人员闲置与窝工现象。

（二）加强技术与工艺创新应用

积极跟踪行业技术前沿动态，紧密关注相关部门发布的新技术推广目录，如绿色环保装饰技术、装配式装饰工艺等。结合项目实际，在采用新技术、新工艺前，依据相关技术管理规程进行全面的技术论证，组织专家评审，确保技术的可行性与安全性。开展小范围试点应用，总结经验教训后再全面推广。运用先进的施工技术，如数字化测量技术、智能化施工设备，提高施工效率，借助材料管理软件，精确核算材料用量，降低材料损耗率。深入分析施工流程，去除繁琐冗余环节，制定标准化施工工艺，节约施工总费用。

（三）强化质量管控与成本关联

遵循《建筑装饰装修工程质量验收标准》（GB 50210），搭建全面覆盖的质量管理体系。在材料采购环节，严格审查供应商资质，建立材料进场检验制度，对装饰材料的规格、性能、环保指标等进行严格检测。施工过程中，实行工序质量检验制度，上一道工序不合格不得进入下一道工序。成品验收阶段，依据验收标准进行全面细致的检查。加强质量检验检测设备的投入与更新，确保检测数据的准确性。推行质量奖励制度，设立专项奖励基金，对在质量管控中表现突出的团队和个人给予物质奖励，同时在企业内部进行表彰宣传，提升全员质量意识，降低因质量问题引发的返工和维修成本。

（四）落实安全管理与风险防范

严格执行《中华人民共和国安全生产法》《建设工程安全生产管理条例》等法规标准，制定详尽的安全管理制度与操作规程，涵盖高处作业、动火作业、电气作业等关键环节。按照

《建筑施工安全检查标准》(JGJ 59),定期开展施工现场安全检查,采用隐患排查治理信息系统,实现隐患排查、整改、复查的闭环管理。为施工人员配备符合国家标准的安全防护用品,如安全帽、安全带、防护手套等,并定期检查更新。依据《生产经营单位安全培训规定》,组织安全培训,包括安全法规、事故案例分析、应急处置演练等内容,提高施工人员的安全意识与自我保护能力,降低安全事故发生率,避免因安全事故造成的经济损失与工期延误。

(五)提升机械管理与成本控制

依据项目施工强度、作业环境等需求,运用设备选型分析软件,合理配置施工机械设备。制定详细的设备使用计划,明确设备的使用时间、任务分配,提高机械利用率。按照相关机械设备管理规定,建立设备日常维护保养制度,制定维护保养计划,定期对设备进行检查、清洁、润滑、调试等维护工作,确保设备正常运行。构建机械设备租赁与购买的成本分析模型,综合考虑设备使用频率、租赁价格、购买成本、维护费用等因素,选择最优的设备获取方式,降低机械费用开支。

五、成品保护措施

建筑装饰工程要求外表洁净、美观,面对施工工期长、工序多、工种复杂的情况,做好成品保护工作十分重要。建筑装饰工程对成品保护一般采取"防护、包裹、覆盖、封闭"四种措施。同时合理安排施工顺序以达到保护成品的目的。

(一)防护

(1)楼梯间踏步在未交付使用前,应采用专用的踏步保护套或铺设橡胶垫、木板等进行保护,确保踏步棱角不受损。对于出入口台阶,除搭设脚手板通行外,还可在台阶边缘设置警示标识,提醒人员注意保护。

(2)对于已装饰好的木门口等易踢部位,应安装专用的护角条或钉设防护板,防护高度应不低于1.5米。对于其他易受碰撞的部位,如墙角、柱角等,也应安装相应的防护设施。

(二)包裹

(1)不锈钢柱、墙、金属饰面在未交付使用前,外侧的防护薄膜应保持完整,如有破损应及时修补或更换,并在周边设置防撞条或防护栏杆等防碰撞措施。

(2)铝合金门窗在安装完成后,应用专用的门窗保护膜进行包裹,并用胶带固定牢固。对于门窗的五金配件,也应用塑料薄膜或泡沫纸等进行单独包裹,防止划伤和损坏。

(3)镶花岗石柱、墙在施工完成后,应用胶合板或纤维板等材料进行包裹捆扎,包裹高度应不低于2米,且应确保包裹材料与石材表面紧密贴合,防止松动。

(三)覆盖

(1)对于有卫生器具的房间,在进行其他工序施工前,应使用专用的下水口盖、地漏盖等对下水口、地漏进行覆盖,并用胶带或其他固定装置固定牢固。浴盆等洁具应使用塑料薄膜或厚纸板等进行覆盖,防止杂物落入和表面划伤。

(2)石材地面铺设达到强度后,应先清理干净表面,然后满铺专用的地面保护膜,再在上面铺设一层厚纸板或纤维板等进行保护,并用胶带将拼接处粘贴牢固。

(四)封闭

(1)房间或走廊的石材或水磨石地面铺设完成后,应立即在房间门口或楼层口处设置临时围挡或封闭门,防止无关人员进入。同时,应在围挡或封闭门上设置明显的警示标识,提醒人员注意保护地面。

(2)宾馆饭店客房、卫生间的五金、配件、洁具安装完毕后,应及时加锁封闭,钥匙由专人保管。对于公共区域的卫生间等,可在门口设置临时的封闭设施,在施工期间限制使用。

六、消防保证措施

建筑装饰施工过程中涉及的消防内容比较多,范围比较广,施工单位必须高度重视,制定相应的消防措施。施工现场实行逐级防火责任制,并指定专人全面负责现场的消防管理。具体措施如下。

(一)施工及临建设施要求

现场施工及一切临建设施应符合防火要求,建筑构件的燃烧性能等级应为 A 级,当采用金属夹芯板材时,其芯材的燃烧性能等级也应为 A 级。

(二)动火作业管理

建筑装饰工程易燃材料较多,现场从事电焊、气割等动火作业的人员要持操作合格证上岗,作业前严格执行动火审批流程,办理用火手续,明确动火等级、动火时间、动火范围等,且设专人全程监护,落实清理、动火、监护、处置等措施。

(三)材料存放管理

建筑装饰材料的存放、保管应符合防火安全要求,油漆、稀料等易燃品必须专库储放,设置明显的防火警示标志,库内安装的开关箱、接线盒距离堆放物品的外缘应大于 1.5 m,应采用防爆灯,严禁使用碘灯。要尽可能随用随进,专人保管、发放。

(四)电气设备管理

各类电气设备、线路要按照施工现场临时用电安全技术规范进行安装和使用,不准超负荷运行,线路接头要牢固并做好绝缘处理,安装短路、过载、漏电保护装置,防止设备线路过热或打火短路,定期进行电气安全检查,发现问题及时整改。

(五)消防器材配置

开工前按施工组织设计防火措施需要,配置相应种类和数量的消防器材、设备设施,如砂箱、水桶、灭火器、消防斧、消防锹、消防钩、水龙带、水枪等,并使其布局合理。建立消防器材台账,定期进行检查、维护、保养,确保消防器材能正常使用。

(六)消防用水保障

现场应设专用消防用水管网,较大工程要分区设消防竖管,随施工进度接高。临时消防给水系统应满足消防水枪充实水柱长度不小于 10 m 的要求,给水压力不足时,应设置消火栓泵,且不应少于 2 台,互为备用,宜设置自动启动装置。

(七)场地及道路要求

室外消火栓、水源地点应设置明显标志,临时消防车道的净宽度和净空高度均不应小于 4 m,与在建工程、临时用房、可燃材料堆场及其加工场的距离不宜小于 5 m,且不宜大于 40 m,保证消防车顺利通行。

（八）现场禁烟管理

施工现场应设专门的吸烟室，吸烟室应远离易燃、易爆物品存放区域及动火作业区域，场内严禁吸烟，并设置明显的禁烟标志。对违反规定者，按照相关制度进行严肃处理。

（九）人员培训与检查

定期向职工进行防火安全教育和普及消防知识，提高职工防火警惕性，定期实行防火安全检查制度，发现火险隐患必须立即消除，对于难以消除的隐患要限期整改。

七、环境保护措施

为了保护和改善生活环境及生态环境，防止由于建筑装饰材料选用不当和施工不妥造成的环境污染，保障用户与工地附近居民及施工人员的身心健康，促进社会的文明发展，必须做好建筑装饰用材及施工现场的环境保护工作。其主要措施如下。

（一）健全法规执行与责任制度

严格遵守《中华人民共和国环境保护法》《中华人民共和国噪声污染防治法》等相关法律法规，建立健全环境保护责任制度，明确各级人员环保职责，将环保指标纳入承包合同和岗位责任制，项目经理为环保第一责任人。

（二）强化材料环保管控

装饰用材优先选择通过国家绿色环保认证、有益人体健康的绿色环保建材或低污染无毒建材。依据《民用建筑工程室内环境污染控制标准》（GB 50325）等标准，严禁使用苯、酚、醛、氡等有害物质超标的有机建材，以及铅、镉、铬及其化合物制成的颜料、添加剂和制品。

（三）加强大气污染防治

采取设置围挡、配备洒水降尘设备等有效措施防治水泥、木屑、瓷砖切割等产生的粉尘污染。拆除旧有建筑装饰物时，应采用湿法作业，持续洒水降尘，必要时设置局部吸尘设备。运输水泥等易产生扬尘的材料要有遮盖措施，装卸时轻拿轻放。

（四）规范垃圾处理

及时清理现场施工垃圾，采用封闭式垃圾通道或容器运输，严禁随意高空抛洒。在施工现场设置分类垃圾桶，对可回收物、建筑垃圾和有害废物进行分类收集。与专业废物处理公司合作，定期对可回收物进行回收，对易产生有毒有害的废弃物，要分类妥善处理，禁止在现场焚烧、熔融沥青、油毡、油漆等。

（五）严格废水处理

对清洗涂料、油漆类的废水废液要设置专门的处理设施，经过分解、沉淀、过滤等处理，达到当地环保部门规定的排放标准后，方可排入市政污水管网。现制水磨石施工应设置沉淀池和截水沟，控制污水流向，经沉淀后达标排放。

（六）细化噪声控制措施

施工现场应按照《建筑施工场界环境噪声排放标准》（GB 12523），制定降噪制度和措施，如采用低噪声设备、设置隔声屏障、合理安排施工顺序等，控制噪声传播，减轻噪声干扰。在已竣工交付的住宅、商铺、办公楼等建筑物进行装修，应按规定限时工作，禁止在噪声敏感建筑物集中区域夜间(22 点至次日晨 6 点)进行产生噪声的建筑施工作业,因特殊情况需连续作业的,应取得相关部门证明并公示及告知附近居民。

(七)加强综合环境管理

建立环境监测系统,对施工现场的空气、水质、噪声等环境指标进行实时监测。定期对施工人员进行环保培训和教育,提高环保意识。合理规划施工场地,减少土地占用和对周边生态环境的破坏。

习 题

一、名词解释

1. 施工程序;2. 施工顺序;3. 技术组织措施;4. 施工进度计划

二、单项选择题

1. 单位工程施工平面图设计第一步是(　　)。

A. 布置运输道路

B. 确定搅拌站、仓库、材料和构件堆场、加工场的位置

C. 确定起重机的位置

D. 布置水电管线

2. 关于施工组织设计表述正确的是(　　)。

A. "标前设计"是规划性设计,由项目管理层编制

B. "标后设计"由企业管理层在合同签订之前完成

C. 施工组织设计由设计单位编制

D. 施工组织设计主要用于项目管理

3. 施工组织设计内容的三要素是(　　)。

A. 工程概况、进度计划、技术经济指标

B. 施工方案、进度计划、技术经济指标

C. 进度计划、施工平面图、技术经济指标

D. 施工方案、进度计划、施工平面图

4. 单位工程技术组织措施设计中不包括(　　)。

A. 质量保证措施　　　　　　B. 安全保证措施

C. 环境保护措施　　　　　　D. 资源供应保证措施

5. 编制标前施工组织设计的主要依据有(　　)。

A. 合同文件　　　　　　　　B. 施工任务书

C. 工程量清单　　　　　　　D. 施工预算文件

6. 施工组织总设计由(　　)负责编制。

A. 建设总承包单位　　　　　B. 施工单位

C. 监理单位　　　　　　　　D. 上级领导机关

7. 分部工程施工组织设计应突出(　　)。

A. 全局性　　　　　　　　　B. 综合性

C. 作业性 D. 指导性

三、多项选择题

1. 工程施工组织设计的作用是指导（　　）。
   A. 工程投标 B. 签订承包合同
   C. 施工准备 D. 施工全过程
   E. 从设计开始，到竣工结束全过程工作

2. 一般来说，确定施工顺序应满足（　　）方面的要求。
   A. 成本 B. 工艺合理 C. 保证质量 D. 组织
   E. 安全施工

3. 单位工程施工平面图的设计要求做到（　　）。
   A. 尽量不利用永久工程设施
   B. 利用已有的临时工程
   C. 短运输、少搬运
   D. 满足施工需要的前提下，尽可能减少施工占用场地
   E. 符合劳动保护、安全、防火等要求

4. 施工组织设计技术经济分析的指标有（　　）。
   A. 劳动生产率指标 B. 三大材料节约指标
   C. 安全指标 D. 工期指标
   E. 全员劳动生产率

5. 施工部署应包括的内容有（　　）。
   A. 项目的质量、进度、成本及安全目标
   B. 拟投入的最低人数和平均人数
   C. 包分计划、劳动力使用计划、材料供应计划、机械设备供应计划
   D. 施工程序
   E. 项目管理总体安排

6. 单位工程施工组织设计中所涉及的技术组织措施应包括（　　）。
   A. 降低成本技术 B. 节约工期措施
   C. 季节性施工措施 D. 防止环境污染措施
   E. 保证资源供应措施

四、简答题

1. 简述编制单位装饰工程施工组织设计的依据。
2. 单位装饰工程的工程概况包括哪些内容？
3. 简述建筑装饰工程总的施工程序。
4. 确定建筑装饰工程施工流向时，需考虑哪些因素？
5. 如何选择建筑装饰工程的施工方法？
6. 单位工程施工进度计划的作用有哪些？可分为哪两类？
7. 试述单位工程施工进度计划的编制依据。
8. 如何确定一个施工项目的劳动量、机械台班量？

9. 如何确定各分部分项工程的持续时间?
10. 如何检查和调整施工进度计划?
11. 试述施工平面图设计的原则和步骤。
12. 装饰工程主要技术措施有哪些?

【技能实训】

【实训 3-6】

背景:

某建筑装饰装修公司受某煤矿集团委托承担该集团的办公楼室内装修工程项目的施工任务,并签订了施工合同。工期为××××年 6 月 1 日至××××年 12 月 30 日。该煤矿集团基础处要求该施工单位 4 天内提交施工组织设计。施工组织设计编制的内容如下。

1. 编制依据
(1) 招标文件、答疑文件及现场勘查情况。
(2) 工程所用的主要规范、行业标准、地方标准图集。
2. 工程概况
3. 施工方案
(1) 轻钢龙骨纸面石膏板吊顶施工方案;
(2) 木作施工要求和方案;
(3) 墙面干挂石材施工方案;
(4) 内墙面涂料工程;
(5) 办公室内墙面裱糊工程;
(6) 装饰木门施工要求和方案;
(7) 楼地面地砖铺贴工程;
(8) 油漆工程。
4. 施工工期、施工进度及工期保证措施
5. 质量保证体系
6. 项目班子的组成
7. 施工机械配备及人员配备
8. 消防安全措施

问题:

1. 你认为施工组织设计编制依据中有哪些不妥,为什么?
2. 你认为施工组织设计内容有无缺项或不完善的地方?请补充完整。

解:

问题 1:(1) 编制依据中缺少工程设计图纸要求,相关法律法规要求及施工合同。
(2) 没有写明具体规范的名称代号。
问题 2:施工组织设计内容缺少平面布置图、施工环保措施、冬季施工措施及保修服务项目。

【实训 3-7】

背景:

某装饰装修公司承接了某大型煤矿集团的招待所室内装饰装修工程,随后组织有关施工技术负责人确定该招待所室内装饰装修工程施工组织设计的内容,并按如下内容和程序编制施工组织设计。

1. 编制内容

(1) 工程概况;

(2) 施工部署;

(3) 施工进度计划;

(4) 施工方法及技术措施;

(5) 施工准备工作计划;

(6) 主要技术经济指标。

2. 编制程序

熟悉审查图纸→计算工程量→编制施工进度计划→设计施工方案→编制施工准备工作计划→确定临时生产生活设备→确定临时水、电管线→计算技术经济指标。

问题:

1. 上述招待所装饰装修工程施工组织设计内容中缺少哪些项目?

2. 指出上述招待所装饰装修工程施工组织设计编制程序的错误,并写出正确的编制程序。

解:

问题1:上述施工组织设计内容里缺少"施工平面布置图""保证质量、安全、环保、文明施工、降低成本""各种资源需用量计划"等各项技术组织措施。

问题2:上述施工组织设计编制程序有如下错误:

(1) "编制施工进度计划"应在"设计施工方案"后;

(2) "编制施工准备工作计划"应在"确定临时水、电管线"后;

(3) 应补上缺项"施工平面布置图"与"各项技术组织措施"。正确的编制程序如下:熟悉审查图纸→调研→计算工程量→设计施工方案→编制施工进度计划→编制各种资源需用量计划→确定临时生产生活设备→确定临时水、电管线→编制施工准备工作计划→设计施工平面布置图→制定各项技术组织措施→计算技术经济指标。

【实训3-8】

背景:

甲建筑公司作为工程总承包商,承接了某市冶金机械厂的施工任务,该项目由铸造车间、机械加工车间、检测中心等多个工业建筑和办公楼等配套工程,经建设单位同意,车间等工业建筑由甲公司施工,将办公楼装饰工程分包给乙建筑公司,为了确保按合同工期完成施工任务,甲公司和乙公司均编制了施工进度计划。

问题:

1. 甲、乙公司应当分别编制哪些施工进度计划?

2. 乙公司编制施工进度计划时的主要依据是什么?

3. 编制施工进度计划常用的表达形式是哪两种?

解:

问题1:甲公司首先应当编制施工总体进度计划,对总承包工程有一个总体进度安排。对于自己施工的工业建筑和办公楼主体还应编制单位工程施工进度计划、分部分项工程进度计划和季度(月、旬或周)进度计划。乙公司承接办公楼装饰工程,应当在甲公司编制单位工程进度计划基础上编制分部分项工程进度计划和季度(月、旬或周)进度计划。

问题2:主要依据有施工图纸和相关技术资料、合同确定的工期、施工方案、施工条件、施工定额、气象条件、施工总进度计划等。

问题3:施工进度计划的表达形式一般采用横道图和网络图。

【实训3-9】

背景:

某装修公司承接一项5层办公楼的装饰装修施工任务,确定的施工工序为:砌筑隔墙→室内抹灰→安装塑钢门窗→顶、墙涂料,分别由瓦工、木工和油漆工完成。工程量及产量定额如表3-27所示。油工最多安排12人,其余工种可按需要安排。考虑到工期要求、机具供应状况等因素,拟将每层分3段组织等节奏流水施工,每段工程量相等,每天一班工作制。

表3-27 某装饰装修工程的主要施工过程、工程量及产量定额

施工过程	工程量	产量定额	施工过程	工程量	产量定额
砌筑隔墙	600 m^3	1 m^3/工日	安装塑钢门窗	3750 m^2	5 m^2/工日
室内抹灰	11250 m^2	10 m^2/工日	顶、墙涂料	18000 m^2	20 m^2/工日

问题:

1. 计算各施工过程劳动量、每段劳动量。
2. 计算各施工过程每段施工天数。
3. 计算各工种施工应该安排的工人人数。

解:

办公楼共5层,每层分3段,各段工程量相等,计算出各施工过程的劳动量后,除以15可取得各段劳动量。如砌筑隔墙劳动量＝600/1＝600(工日),每段砌筑隔墙劳动量＝600/15＝40(工日/段)。计算结果见表3-28。

表3-28 各施工过程劳动量、工作天数、工人人数

施工过程	工程量	产量定额	劳动量	每段劳动量	每段工作天数	工人人数
砌筑隔墙	600 m^3	1 m^3/工日	600 工日	40 工日	5	8
室内抹灰	11250 m^2	10 m^2/工日	1125 工日	75 工日	5	15
安装塑钢门窗	3750 m^2	5 m^2/工日	750 工日	50 工日	5	10
顶、墙涂料	18000 m^2	20 m^2/工日	900 工日	60 工日	5	12

【实训3-10】

背景:

某检测中心办公楼工程,地下1层,地上4层,局部5层,地下1层为库房,层高为3.0 m,1～5层层高均为3.6 m,建筑高度为16.6 m,建筑面积为6400 m^2。外墙饰面为面砖、涂料、花岗石板,采用外保温。内墙、顶棚装饰采用耐擦洗涂料饰面,地面贴砖。内墙部分墙体为加气混凝土砖砌块砌筑。由于工期比较紧,装修分包队伍交叉作业较多,施工单位在装修前拟定了各分项工程的施工顺序,确定了相应的施工方案,绘制了施工平面图。在施工平面图中标注了:

1. 材料存放区
2. 施工区及半成品加工区
3. 场区内交通道路、安全走廊
4. 总配电箱放置区、开关箱放置区
5. 现场施工办公室、门卫、围墙
6. 各类施工机具放置位置

问题：

1. 同一楼层内的施工顺序一般有：地面→顶棚→墙面；顶棚→墙面→地面。简述这两种施工顺序的优缺点。
2. 确定分项工程施工顺序时要注意的几项原则是什么？
3. 简述建筑装饰装修工程施工平面图设计原则。
4. 建筑装饰装修工程施工平面布置有哪些内容？
5. 根据该装饰工程特点，该施工平面布置图是否有缺项？请补充。

解：

问题 1：

前一种顺序便于清理地面，地面易于保证质量，且便于收集墙面和顶棚的落地灰，节省材料，但由于地面需要养护时间及采取保护措施，使墙面和顶棚抹灰时间推迟，影响工作。

后一种顺序在做地面前必须将顶棚和墙上的落地灰和渣子扫清干净后再做面层；否则，会影响地面面层同混凝土楼板的黏结，引起地面起鼓。

问题 2：

确定分项工程施工顺序时要注意的几项原则如下。

（1）施工工艺的要求。
（2）施工方法和施工机械的要求。
（3）施工组织的要求。
（4）施工质量的要求。
（5）当地气候的要求。
（6）安全技术的要求。

问题 3：

施工平面图设计原则如下。

（1）在满足施工条件的前提下，尽可能减少施工占用场地。
（2）在保证施工顺利进行的前提下，尽可能减少临时设施费用。
（3）最大限度地减少场内运输，特别是减少场内的二次搬运，各种材料尽可能按计划分期分批进场，材料堆放位置尽量靠近使用地点。
（4）临时设施的布置应便于施工管理，适用于生产生活的需要。
（5）要符合劳动保护、安全、防火等要求。

问题 4：

施工平面图布置的主要内容如下。

（1）易燃材料存放区。
（2）易爆材料存放区。

(3) 施工区及半成品区。
(4) 消防器材存放区。
(5) 安全走廊并设置明显标志。
(6) 总配电箱放置区,二级配电箱放置区,开关箱放置区。
(7) 现场办公室、材料室、现场安全保卫室。
(8) 施工机具放置区。
(9) 建筑垃圾存放点。

问题 5：

该施工平面布置图存在以下缺项。

(1) 易燃、易爆材料存放区。
(2) 建筑垃圾存放点。
(3) 消防器材存放区。

任务九　某单位装饰工程施工组织设计实例

背景：本工程为中国××银行股份有限公司××分行××大道支行迁址装修改造项目，位于某市繁华街道的框架结构高级办公写字楼内。某公司通过招标方式承揽了该工程的装饰改造。以下为该公司技术人员在进驻施工现场后编制的施工组织设计文件，且已通过监理工程师审批。

一、工程概况

工程概况如表 3-29 所示。

表 3-29　工程概况

序号	名称	内容
1	项目名称	中国××银行股份有限公司××分行××大道支行迁址装修改造项目
2	建设地点	××市××大道 228 号×××写字楼
3	质量控制	竣工验收合格
4	工期	装修改造计划工期：80 个日历天
5	安全文明施工要求	严格按照"中国××银行股份有限公司××分行××大道支行迁址装修改造项目"的要求组织施工,遵守工程建设安全文明施工的有关规定

施工内容：需将原有的一层（局部，建筑面积 419.29 m^2）和三层（全部建筑面积 1887.18 m^2）拆除，改造为服务大厅、办公室、餐厅等。

装饰做法如下。

天棚：卫生间、餐厅为轻钢龙骨铝扣板，其他均为轻钢龙骨石膏板，面刷乳胶漆。楼地面：卫生间地面为防滑地砖，其他均为玻化砖地面。墙柱面：卫生间、餐厅为瓷砖饰面，办公室为护墙板饰面，其他均为乳胶漆饰面。

二、施工部署

（一）工程项目部的人员配备和职责分工

1. 项目组织机构

项目组织机构如图 3-85 所示。

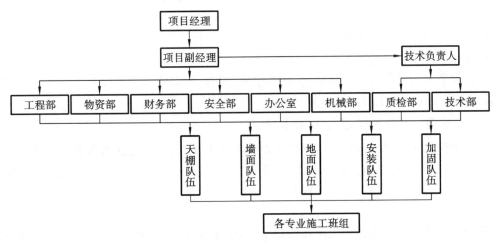

图 3-85　项目组织机构

2. 项目部主要成员及各部门职责

1）项目经理

项目经理受企业法人代表委托，对总部直接负责，代表企业全面负责履行总承包合同，负责项目部与总部的关系协调，负责施工所需人、财、物的组织管理与控制。

2）项目副经理

项目副经理对项目经理负责，直接管理现场的施工，具体负责施工现场的施工组织和协调管理，对工期、质量、安全、文明施工及成本目标进行控制；主管工程部的日常工作，对施工生产、安全生产管理直接负责。

3）技术负责人

技术负责人分管技术质量部和微机室，负责组织有关人员学习施工图纸和组织图纸会审，组织施工组织设计和施工方案的编制和交底，负责技术管理、质量管理、微机管理和档案管理。

4）工程部

工程部负责施工区段的全过程生产调度和流程及施工准备，协调各项生产要素，对现场文明施工、机械设备、总平面图进行有效管理，负责总进度计划及季、月、周计划的编制和落实，负责编制材料和机具设备使用计划，落实安全措施，确保安全生产。

5）技术部

技术部负责技术管理工作，主要包括组织图纸学习和会审，施工方案编制，技术交底，新技术应用和培训、测量、计量和试验检验、微机管理、工程的技术复核、隐蔽验收、施工技术档案管理等。

6)质量安全部

质量安全部负责现场安全计划的编制及实施,建立现场各项安全管理制度并监督执行,负责现场日常安全管理和监督;负责质量计划编制、实施、质量控制及质量检验与评定,组织日常质量管理活动。

7)物资部

物资部根据生产部门提出的要求,负责材料设备和工具的计划、采购、供应和管理工作。

8)财务部

财务部负责成本管理和财务资金管理。

9)办公室

办公室负责内外公共关系的协调,包括公安、交通、环卫环保及居民委员会等方面,负责文明施工、安全保卫及生活后勤保障工作。

(二)质量、工期和进度控制目标

科学组织施工,强化项目管理,推广应用技术成果,采用成熟先进的施工工艺,以强有力的技术和管理手段,促进施工的顺利进行,争取在此工程项目上创造管理一流、质量一流、工期一流、安全一流、文明施工一流和保修服务一流。

1. 质量目标

我们将严格按照国家施工规范和设计要求,合理组织施工,全面贯彻执行国家现行质量标准,确保工程质量符合国家相关标准要求。

2. 工期目标

根据以往的施工经验和业主单位对该工程进度要求,结合我司现有的施工、生产加工、安装能力,同时考虑到施工、生产安装中一些不可预见因素,公司将制订一套完整的施工、生产、施工进度计划,拟采用建筑施工、生产制作与现场安装交叉施工,以尽量缩短总的施工工期,确保本工程在招标文件规定的日期内竣工交付使用。

(三)环境保护、安全、文明施工控制目标

1. 环境保护目标

在确保工程安全、质量及进度的前提下,树立全员环境保护意识,采取有效措施,减少施工噪声和环境污染,自觉保护市政设施及业主绿化带,最大限度减少对环境的污染。

2. 安全目标

(1)严格执行《中华人民共和国安全生产法》《中华人民共和国建筑法》《建设工程安全生产管理条例》《安全生产许可证条例》等法律和法规的规定。

(2)杜绝死亡事故、重伤和职业病的发生。

(3)杜绝火灾、爆炸和重大机械事故的发生。

(4)轻伤事故发生率控制在3‰以内。

3. 文明施工目标

规范有序,整洁文明,确保达到文明施工要求标准。

(四)工程重难点分析

(1)本工程范围大,工种专业多,交叉作业多,对施工组织管理提出了较高要求,施工过程中,须按照施工区的划分原则,于各施工区设立现场办公点,对工程施工质量和施工安全进行实时监督和检查,并做好各工种间的协调工作,确保按期、保质、保量高效地完成施工任务。同时,各施工区不能各自为政,闭关自守,而应进行充分协调,对各项目工程的施工方法应有统一标准。

(2) 由于现场空间的局限性,给材料进场、材料堆放造成一定的影响。垂直运输是材料运输的重中之重,由于现场楼层室内电梯未安装落实,若借助消防楼梯搬运,增加了材料运输的难度。

(3) 本工程工期短、质量要求高。工程一开工就存在大量材料(规格、型号、色泽、厚度、尺寸大小等)需要提供材料样板给甲方确认,甲方确认完毕后还需进行材料的采购及加工生产。

(4) 本工程吊顶、墙面、隔断、铝合金门窗、地面等部位都涉及与各系统终端的定位、开孔、收边,标识的预埋件安装、定位、开孔、收边等工作。

(5) 室内环境污染的控制也是本项目工程重难点。

三、施工进度计划及工期保证措施

(一)施工进度计划

(1) 我司保证在 80 个日历天的时间内完工。施工进度横道图详见图 3-86,网络图详见图 3-87。

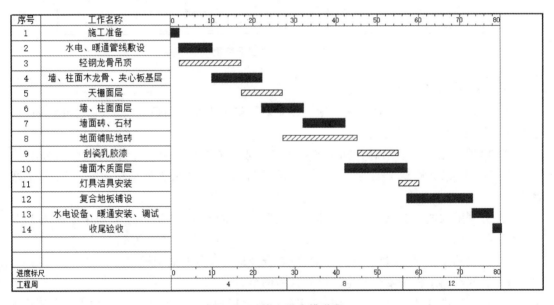

图 3-86 施工进度横道图

(2) 根据工期目标,结合我司承建类似项目的经验,在确保质量和安全的前提下,通过采用先进的施工技术和管理方法,以项目施工工期的总目标和各节点去控制各施工段、分部(项)工程的施工进度,以此为根据确定各阶段的目标,并将目标层层分解落实,尽量缩短工期,使工程能早日投入使用,为业主提高效益。

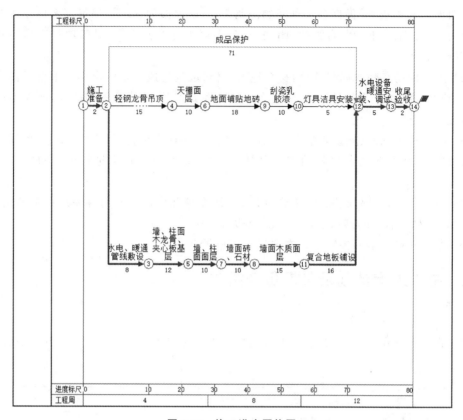

图 3-87 施工进度网络图

(二)施工进度计划控制

(1)以合同工期作为工期控制目标。建立多级施工进度计划系统,包括总进度计划、月进度计划、周进度计划、日进度计划。

(2)以项目施工工期的总目标和各里程碑时点去控制各工作段、施工段、分部分项工程的施工进度,以此确定分目标,将目标层层分解、落实,以保证分目标的实现来确保总目标。

(3)分别采取或综合采取技术措施、组织措施、合同措施、经济措施来加快工程施工进度,提高劳动生产率。

(4)优化施工程序,通过计算机辅助管理,合理确定并控制好关键线路。

(5)有效利用工程调度会与生产协调会和例会。

(6)在施工进度计划执行过程中,要定期和不定期地收集现场施工进展情况,对施工进度实行动态控制。对影响施工工期的各种复杂因素,均应予以充分的估计和留出调整时间,针对工期延误情况,必须制定赶工计划,加大人力或设备、材料等的投入。

(三)工期保障措施

1. 组织措施

(1)依据施工总进度计划及现场实际情况每月、旬编制阶段性施工计划,以指导当前施工。

(2) 统计员要及时统计工程完成进度情况,并及时上报建造师。每月 25 日前需编制"工程量完成情况统计报表",报建造师审核后,再报送建设单位,以便工程款的及时回收,确保施工顺利进行。

(3) 工程技术科每月根据工程施工进度计划,在每月项目生产调度会前提出下个月所需的各资源(原材料、机械、人工、环境、新技术工艺、用水用电高峰值、安全需要等)的种类及大致数量,报预算财务科、建造师审核计算。由建造师分配落实各种资源的采购。

(4) 各分项分部工种施工开始前,应提前做好各项准备工作,不允许因准备工作不足等问题而影响工程施工。

(5) 做好原材料、半成品采购工作。按公司程序文件选择合格的材料供应商,并与之签订必要的材料供应文件,按计划及时进行材料的采购。按规定做好材料的储备与保管,确保材料使用时能做到:材料有质量保证,各种材料已按要求试验检验合格,材料有明显的标识而不致误用,材料有妥善的保管措施,没有被侵蚀、破坏、污染,材料现有量能保证施工进度的需求,避免因机械故障而影响施工。

(6) 每周召开工程调度会和生产例会。层层签订经济责任状,实行多劳多得的资金分配制度,调动管理人员的劳动积极性,并实行责任分配制,明确规定工作责任大小、工作奖罚制度等。

2. 技术措施

(1) 安排多工作面同时开展交叉作业流水施工,做到工序不无故中断、停止、拖延等。

(2) 水、电等工程进度必须与装饰工程同步,不另排工期。

(3) 配备备用电源,在城区电网停电时自行发电施工,确保施工的顺利进行。

3. 管理措施

(1) 施工进度计划管理。在工程开工前,根据施工合同工期要求施工总进度计划,并对项目所有人员分别交底,使项目全体人员对本工程各分项、分部的工程量及完成期限都有很好的认识与理解。根据施工总进度计划,每月分旬再根据实际情况另行详细编制该时段施工进度计划,并以此分解为各资源的需求工作,按制度分头落实,保证各资源提供的正确性和及时性。确立计划管理的权限,确保工程有组织、有秩序地按计划进行。并将施工进度计划张贴上墙,对实际进度用红线标记与原计划比较,若发生计划实施推迟现象,由建造师立即召集相关人员进行分析,并制定补救措施。每月项目部召开一次生产调度会,对全月计划完成情况进行综合分析,分析利弊,解决困难,保证后续工程的顺利施工。

(2) 加强技术、质量管理。做好工序交接班工作,上道工序未完成并验收合格前不得进入下一道工序施工。施工中要做好过程控制工作,加强过程监控、质量检查工作,发现质量或工艺问题及时整改,避免因质量问题而引起返工或缺陷处理,造成工期的拖延。

(3) 抓好安全施工管理工作。根据工程实际进度,质量安全组必须针对实际做好各项安全防范工作,早安排、早落实、严制度、勤检查,把安全隐患消除在萌芽阶段,确保施工顺利进行。

(4) 严格执行机械设备管理制度,按本组织设计的要求做好机械设备进场验收与能力确认工作。加强机械设备维修保养工作,按公司管理要求定时维修、保养。配备必要的机修装备和修理人员,施工中要求特殊工种持证上岗,实行机械定人定点操作,认真执行机械操作规程,避免因机械故障而影响施工。

(5) 加强思想教育及责任教育,做好后勤保障工作,提高项目部全体管理人员的责任心与积极性。

四、施工技术措施

(一) 拆除工程

1. 拆除原则

(1) 遵循"安静生产、清洁施工"的环保方针,选择低噪声、低扬尘的施工方法,减小噪声。

(2) 保证保留结构与被拆除结构间的无损伤分离且将构件拆除时和拆除后对保留结构的影响降到最低。

(3) 保证拆除构件在拆除过程中和在与保留结构分离后的安全性和稳定性,并顺利将其破碎拆除。

2. 拆除注意事项

(1) 在拆除工程施工前应在现场做好标识,并会同建设方、监理对标识确认后方可进行拆除。施工现场必须有技术人员统一指挥,严格遵循拆除方法和拆除程序。

(2) 在拆除作业前,应检查水、电管线情况,确定水、电管线全部切断后方可施工。

(3) 拆除现场施工人员,必须经过行业主管部门指定的培训机构培训,并取得资格证方可施工。

(4) 施工人员进入施工现场,必须戴安全帽,扣紧帽带;高空作业必须系安全带,安全带应高挂低用,挂点牢靠。

(5) 电动机械和电动工具必须安装漏电保护器,其保护零线的电气连接应符合要求。

(6) 施工现场必须设置醒目的警示标志,采取警戒措施并派专人负责。非工作人员不得随意进入施工现场。

(7) 施工人员进行拆除工作时,应该站在专门搭设的脚手架或其他稳固的结构部分上进行操作。操作人员要戴安全帽、手套、安全鞋等个人防护用品。

(二) 测量工程

1. 测量准备工作

(1) 在开工前 1~2 天,负责测量的技术人员将协同业主、监理及其他部门进行测量。如果发现测量结果与提供的数据不同并且超过了规定的最大值,则应将结果及时报告给监理工程师并进行检查和处理。

(2) 全面了解设计意图,认真熟悉与审核图纸。测量人员应了解工程总体布局,工程特点,周围环境,建筑物的位置及坐标,水准点的位置,首层±0.000 的绝对标高并及时校对建筑物的平面、立面、剖面的尺寸、形状、构造,着重掌握轴线的尺寸、层高、细部尺寸等。

(3) 测量仪器。现场配备经纬仪、激光水准仪、测距仪、吊线锤、卷尺等。

2. 现场测量放线

(1) 用经纬仪复查土建方移交的基准线,做好轴线控制点。

(2) 各层柱和墙体均弹出 50 cm 楼层水平控制线,作为各层楼地面、吊顶的标高水平控制线。

（三）砌筑工程

1. 作业条件

(1) 弹好墙身门洞口位置线，在结构墙柱上和楼板面上弹好墙体外边线。

(2) 在楼面上定出标高，并用水泥砂浆或 C15 细石混凝土找平。

(3) 砌筑前按要求埋设好墙柱拉结筋，并做好拉拔试验。

(4) 砌筑前一天将砖浇水湿润，并将墙与原结构相接处清理干净并洒水湿润以保证砌体黏结良好。

2. 施工要点

(1) 砌砖通常先在墙角以皮数杆进行盘角，然后将准线挂在墙侧，作为墙身砌筑的依据，每砌一皮或两皮，准线向上移动一次。砖墙的转角处和交接处应同时砌筑，不能同时砌筑又必须留置的临时间断处应砌成斜槎，斜槎的长度应不小于斜槎高度的 2/3。

(2) 砌筑宜采用铺灰法，竖缝宜采用刮浆法。灰缝应横平竖直，水平灰缝和竖向灰缝宽度应控制在 10 mm，但应不小于 8 mm，也不应大于 12 mm。

(3) 水平灰缝的砂浆饱满度不得小于 80%，竖缝要刮浆适宜，并加浆灌缝，不得出现透明缝，严禁用水冲浆灌缝。

(4) 砌到接近上层梁、板底部时，应用普通黏土砖斜砌挤紧，砖的倾斜度约为 60°，砂浆应饱满密实。

(5) 柱与砖墙交接处，应在墙的水平灰缝内预埋拉结钢筋，拉结钢筋沿柱高每 500 mm 左右设一道，每道为 2 根直径 6 mm 的钢筋，伸出柱面的长度为不小于 1/5 墙长且不小于 700 mm。

(6) 对于设置钢筋混凝土构造柱的砌体部分，应按先砌墙后浇柱的施工程序进行。构造柱与墙体的连接处应砌成马牙槎，从每层柱脚开始，先退后进，每一马牙槎沿高度方向的尺寸不宜超过 300 mm。沿墙高每 500 mm 设 2φ6 拉结钢筋，每边伸入墙内不宜小于 1 m。预留伸出的拉结钢筋，不得在施工中任意反复弯折，如有歪斜、弯曲，在浇筑混凝土之前，应校正到准确位置并绑扎牢固。

(7) 砖墙每天可砌筑高度应不超过 1.8 m。

（四）内墙面抹灰

1. 工艺流程

清理基层→刷界面剂→找规矩→做灰饼→设置冲筋→抹底层灰→抹中层灰→抹窗台板、护角、踢脚板→抹面层灰→清理。

2. 施工要点

(1) 清理基层：浇水湿润，清扫墙面上浮灰污物，检查门窗洞口尺寸，浇水湿润基层，并刷一道界面剂。

(2) 找规矩、做灰饼、设置冲筋：先用托线板和靠尺检查整个墙面的平整度和垂直度，根据检查结果确定灰饼厚度。灰饼一般做在距地 1.5 m 左右的高度、距阴角 20 cm 左右处，用 1∶3 水泥砂浆做成 50 mm×50 mm 的灰饼，然后用托线板及线锤找垂直，一般沿墙长度方向每隔 1.5 m 做一个灰饼，用线找平加做灰饼。灰饼做好稍干后根据灰饼设置冲筋，可设置横向冲筋也可设置竖向冲筋。

(3) 抹底层灰：当冲筋有了一定强度后，洒水湿润墙面，然后在两道筋之间用力抹上底灰，表面用木抹子搓毛、搓平。

(4) 抹中层灰：当底层灰达到 60%~70% 强度时抹中层灰，中层灰的厚度稍高于冲筋，用大杠按冲筋刮平，紧接着用木抹子搓压，使表面平整密实，阴角用阴角抹子搓顺直，做到室内四角方正。

(5) 抹窗台板、护角、踢脚板。

窗台板：用 1∶3 水泥砂浆抹底层，表面刮毛，隔一天后刷一道素水泥浆，再用 1∶2.5 水泥砂浆抹面层，面层要原浆压光，上口做成小圆角，下口要求平直。

护角：室内门窗口、墙面、柱子阳角处应用 M20 水泥砂浆做护角，护角应高出中层灰 2~3 mm，用捋角器做成小圆角，宽度不小于 50 mm。

踢脚板：按设计要求弹出上口线，用 1∶3 水泥砂浆抹底层，隔一天后用 1∶2.5 水泥砂浆抹面层，面层要原浆压光，上口切齐压实抹平。

(6) 抹面层灰：当中层灰 6~7 成干时再抹面层灰，面层灰有纸筋灰、石膏灰或麻刀灰等，其厚度应控制在 2~3 mm 内，操作时应从阴角处开始，并用铁抹子压实、赶光，阴角用阴角抹子捋光，并用毛刷蘸水将门窗圆角等处清理干净。面层抹灰不得留有接槎缝。

（五）楼地面工程

本工程楼地面饰面为铺设玻化砖。

1. 工艺流程

准备工作→弹线→试拼→编号→刷素水泥浆→铺水泥砂浆→铺玻化砖→灌缝、擦缝。

2. 施工要点

(1) 清理基层，将凝固在上面的杂物和砂浆等全部清理干净，最后用水冲洗。

(2) 弹出装饰标高线，并在基层上做灰饼，以其表面作为地面标高的控制面。

(3) 在基层刷一道 1∶0.4 素水泥浆，随刷随摊铺水泥砂浆结合层。

(4) 摊铺干硬性水泥砂浆结合层。摊铺水泥砂浆长度应在 1 m 以上，其宽度要超出板材宽度 20~30 mm，摊铺水泥砂浆厚度为 10~15 mm，楼地面虚铺厚度比标高线高 3~5 mm。

(5) 将板材安放在铺设的位置上，对好纵横，用橡皮锤（或木锤）轻轻敲击板块料，使水泥砂浆振实，当锤击到铺设标高后，将石材搬起移至一旁，详细检查水泥砂浆粘贴层是否平整、密实，如有孔隙不实之处，应及时用水泥砂浆补上，最后抹上水灰比为 0.4~0.5 的水泥砂浆，然后正式进行铺贴。

(6) 正式铺贴时，要将石材四角同时平稳正落，对准纵横缝，用橡胶锤轻敲振实并用水平尺找平。对缝时要根据拉出的对缝控制线进行，并应注意板块的规格尺寸必须一致，其长度、宽度误差须在 1 mm 以内。锤击板块时不要敲砸边角，也不要敲打已经铺贴完毕的平板，以免造成饰面的空鼓。

(7) 板材完成安装施工后，需在其表面进行覆盖，要求覆盖严密，不能有疏漏，保证饰面不受污染、磨损、刮伤等；地面板材完成铺贴后，应静置 4~5 天，待结合层水泥砂浆达到一定的强度后，方可上人操作。

（六）天棚工程

1. 轻钢龙骨石膏板吊顶施工

(1) 工艺流程：弹线→安装吊杆→安装龙骨及配件→安装石膏板。

(2) 施工要点。

①弹线：根据楼层标高线，用尺竖向量至顶棚设计标高，沿墙、柱四周弹顶棚标高线，并沿顶棚的标高水平线在墙上画好分档位置线。

②安装吊杆。根据顶棚标高水平线，在顶棚上画出吊顶布局，确定吊杆位置并与预埋吊杆焊接，若预埋吊杆位置不符或无预留吊筋，采用 M8 膨胀螺栓在顶板上固定，吊杆由直径 8 mm 钢筋加工，中距 900 mm。

③安装主龙骨。根据吊顶设计标高安装主龙骨，基本定位后，调节吊挂件，抄平下皮，再根据板的规格确定次龙骨位置，次龙骨必须和主龙骨底面贴紧，调节紧固连接件，形成平整稳固的龙骨网架。主龙骨间距不大于 1000 mm，距墙 300 mm，龙骨接头必须使用连接件，且接头相互错开 500 mm 以上，吊挂件必须用螺栓拧紧，保证一定的起拱度，起拱高度一般不小于房间短向跨度的 1/200，待水平度调整好后，在逐个拧紧螺帽。

④安装次龙骨与横撑龙骨。次龙骨与横撑龙骨间距 400～600 mm，次龙骨与主龙骨、横撑龙骨与次龙骨挂件必须卡牢，靠墙边的龙骨须考虑石膏线安装。主次龙骨安装均需要考虑通风管线及灯具位置，当与其发生矛盾时，该部分龙骨应做加强处理。

⑤安装石膏板。纸面石膏板安装时长边（包封边）应沿纵向次龙骨铺设，并用镀锌自攻螺钉固定，钉距不大于 15 mm，距边不小于 15 mm，钉头略深入板面 1 mm 左右。注意不使纸面破损，钉眼用石膏腻子抹平。石膏板应在自由状态下固定，不得出现弯棱、凸鼓现象。固定板用的次龙骨间距不应大于 600 mm。

2. 轻钢龙骨铝扣板吊顶施工

(1) 工艺流程：弹线→安装吊杆→安装龙骨及配件→安装面板。

(2) 准备工作。

①在现浇板中按设计要求设置预埋件或吊杆。

②吊顶内的灯槽、水电管道应安装完毕，消防管道安装并试压完毕。

③吊顶内的灯槽、斜撑、剪刀撑等，应根据工程情况适当布置，轻型灯具应吊在主龙骨或附加龙骨上，重型灯具或电扇不得与吊顶龙骨连接，应另设吊钩。

(3) 材料要求。

①吊顶龙骨在运输安装时，不得扔摔、碰撞，龙骨应平放，防止变形，龙骨要存放于室内，防止生锈。

②铝扣板运输和安装时应轻放，不得损坏板材的表面和边角，应防止受潮变形，放于平整、干燥、通风处。

(4) 龙骨安装。

①根据吊顶的设计标高在四周墙上或柱子上弹线，弹线应清楚，位置应准确，其水平允许偏差为 ±5 mm。

②主龙骨吊顶间距，应按设计推荐系列选择，中间部分应起拱，金属主龙骨起拱高度应不小于房间短向跨度的 1/200，主龙骨安装后应及时校正其位置和标高。

③吊杆距主龙骨端部不得超过 300 mm，否则应增设吊杆，以免主龙骨下坠，当吊杆与设备相遇时，应调整吊点的构造或增设角钢过桥，以保证吊顶质量。

④次龙骨应贴紧主龙骨安装，当用自攻螺钉安装板材时，板材的接缝处，必须安装在宽度不小于 40 mm 的次龙骨上。

⑤全面校正主、次龙骨的位置及其水平度,连接件应错开安装,明龙骨应目测无明显弯曲,通长次龙骨连接处的对接错位偏差不超过 2 mm,校正后应将龙骨的所有吊挂件、连接件拧紧。

(5)顶棚面板安装。

①板材应在自由状态下固定,防止出现弯棱、凸鼓现象,铝扣板的长边沿棚边向次龙骨铺设。

②固定面板的次龙骨间距一般不大于 400 mm,在南方潮湿地区,间距应适当减小。

③面板与龙骨固定,应从一块板的中间向板的四边固定,不得多点同时作业。

(6)质量评定验收。

①铝扣板与龙骨应连接紧密,表面应平整,不得有污染、折裂、缺棱掉角、锤伤等缺陷,连接件均匀一致,粘贴面板不得有脱层。

②表面平整允许偏差为 3 mm,接缝高低允许偏差为 1 mm。

(七)墙面工程

1. 瓷砖饰面

(1)在铺贴前,内墙瓷板要浸泡至不冒泡为止,且不少于 2 h,在清理干净的找平层上,弹出瓷板的水平和垂直控制线。铺贴瓷板时,应先贴若干块废瓷板作为标志块,每隔 1.5 m 左右做一个标志块,作为粘贴厚度的依据。

(2)铺贴瓷板从阳角处开始,由下往上进行。铺贴用 1∶2 水泥砂浆,砂浆用量以铺贴后刚好满浆为止。贴于墙面的瓷板应用力按压,并用铲刀木柄轻轻敲击,使瓷板紧贴于墙面。对高于标志块的应轻轻敲击,使其平齐,若低于标志块,应取下瓷板,重新抹满刀灰再铺贴,不得在砖口处塞灰,否则会产生空鼓,然后依次按上法往上铺贴。

2. 墙面乳胶漆饰面

(1)施工前应将墙面上起皮、松动及鼓包等清除凿平,并将残留在基层表面上的灰尘、污垢、溅沫和砂浆流痕等杂物清扫干净,用石膏腻子将墙面上磕碰凹坑、缝隙等处分遍找平,干燥后用 1♯砂纸打磨平整,并将浮尘等扫净。

(2)施工时,严格按照产品说明书进行施工,涂刷顺序一般先上后下,分段分步,首尾衔接,先刷门窗套,再刷大面,最后刷横竖线条,不得留接槎,有分格缝的应按分格缝区间一次涂刷完,无分格缝的应按独立面区间一次涂刷完。面积过大,可组织多人多层同时从上至下涂刷,从一头开始,逐渐刷向另一头,至阴角或不明显处收口,每遍涂刷必须待前一遍涂层成膜干燥后进行,气温在 20 ℃以上时,一般 1 小时左右即可成膜,气温在 15 ℃时,2 小时左右成膜,气温在 10 ℃左右时,约 3 小时成膜,成膜标志是手摸不粘,颜色能恢复正常。

3. 护墙板安装

(1)护墙板安装时,应根据房间四角和上下龙骨先找平、找直,按面板大小由上到下做好木标筋,根据设计要求钉横竖龙骨,龙骨用膨胀螺栓与墙面固定,随即检查其表面平整度与立面垂直度,阴阳角用方尺套方。龙骨背面应涂刷防腐油。竖向龙骨间距为 500 mm,横向龙骨间距以不大于 400 mm 为宜。

(2)木龙骨上墙前,墙面基层涂刷防水涂料一道,龙骨表面刷一道防火剂。

(3)面层板上墙前背面均满刷乳胶,上墙的饰面板按每个房间、每个墙面仔细挑选,确保花色、纹理一致,板面纵向接头应设在窗口上部或窗台以下,钉面层自下而上进行,且宜竖向分格接缝,以防翘鼓,板顶应拉线找平,钉木压条。

(八) 门窗安装

1. 防火、防盗门安装

(1) 弹线定位:按设计要求尺寸、标高和方向,画出门框框口位置线。

(2) 门洞口处理:安装前检查门洞口尺寸,偏位、不垂直、不方正的要进行剔凿或抹灰处理。

(3) 门框内灌浆:对于钢质防火、防盗门,需要在门框内填充素水泥浆或C20细石混凝土。填充前应先把门关好,将门扇开启面的门框与门扇之间的防漏孔塞上塑料盖后,方可进行填充。填充水泥不能过量,防止门框变形影响开启。

(4) 门框就位和临时固定:先拆掉门框下部的固定板,将门框用木楔临时固定在洞口内,经校正合格后,固定木楔。凡框内高度比门扇的高度大于30 mm者,洞口两侧地面须设留凹槽。门框一般埋入±0.000 m标高以下20 mm,须保证框口上下尺寸相同,允许误差小于1.5 mm,对角线允许误差小于2 mm。

(5) 门框固定:钢质门采用1.5 mm厚镀锌连接件固定。连接件与墙体固定可采用膨胀螺栓、射钉或与预埋或后置的铁件焊接的方式进行。木门框多采用钢钉固定于预埋或后置的木砖之上。不论采用何种连接方式,每边均不应少于3个连接点,且应牢固连接。

(6) 门框与墙体间隙的处理:门框周边缝隙,用1∶2的水泥砂浆或强度不低于C20的细石混凝土嵌缝牢固,应保证与墙体黏结成整体;经养护凝固后,再粉刷洞口及墙体。门框与墙体连接处打建筑密封胶。

(7) 门扇及五金配件安装:粉刷完成后,安装门扇、五金配件及有关防火、防盗装置。门扇关闭后,门缝应均匀平整,开启自由轻便,不得有过紧、过松和反弹现象。

2. 铝合金窗安装

(1) 施工程序:准备工作→窗框安装→窗扇安装→清理。

(2) 施工要点。

①窗框一般采用后塞口,故门窗框加工的尺寸应略小于洞口尺寸,窗框与洞口之间的空隙,应视不同的饰面材料而定。窗框安装的时间,应选择在主体结构基本结束后,窗扇安装的时间,宜选择在室内外装修基本结束后,以免土建施工时将其损坏。

②窗框安装:将窗框临时用木楔固定,待检查立面垂直,左右间隙大小、上下位置一致,再将镀锌锚固板固定在窗洞口内。锚固板的一端固定在窗框的外侧,另一端固定在密实的洞口墙体内。锚固板应固定牢固,不得有松动现象,锚固板的间距不应大于500 mm。当有条件时,锚固板宜内、外交错布置。

③窗框与洞口的间隙,应采用矿棉条或玻璃棉毡条分层填塞,缝隙表面留5~8 mm深的槽口,填嵌密封材料。

④窗扇安装:窗扇安装应在室内外装修基本完成后进行。

⑤清理:交工前,应将型材表面的塑料胶纸撕掉。

(九) 装修收口细部处理

装修收口是指对装饰面的边、角以及衔接部分的工艺处理,以弥补装饰面的不足,增加装饰效果。它一方面是指装饰面收口部位的拼口接缝以及对收口缝的处理,用饰面材料遮盖避免基层材料外露影响装饰效果；另一方面是指用专门的材料对装饰面之间的过渡部位进行装饰，以增强装饰效果。一般装修收口的方法主要包括压边、留缝、碰接、榫接等。

1. 压边收口法

压边收口法是装修收口最基本、最常用的方法，不同饰面材料之间以及不同结构之间的收口均可采用此方法，就是用相邻两种材料或构件中的其中一种遮盖在另一种上，以达到收口的目的。压边收口有以下几种处理方式。

（1）易于加工或处理的装饰面遮盖难以加工处理的装饰面。选用易于在施工现场加工或处理的装饰面作为遮盖材料进行处理，使施工缝更加严密，也节省人工。当收口材料不宜加工处理、收口缝难以做到密实时，需要使用嵌缝胶对收口进行处理。

（2）不会位移的装饰面遮盖可能位移的装饰面。在装修施工中，装饰面常常因变形而需留有一定的伸缩空间，避免挤压或者拉裂装饰面。这些部位采用压边收口，给下层可能变形的装饰面留一定的收缩空间，可以避免收口缝产生变形。

（3）用特制的装饰构件遮盖需要收口的装饰面，这是最常见的收口方式。如天花线、装饰线、空调风口等收口用装饰构件遮盖需要收口的装饰面，简化了装饰面在收口位置的处理，大大地降低了人工成本，提高了工作效率。

2. 留缝收口法

留缝收口法是在相邻的材料或构件之间留出一定宽度的缝隙进行收口。这种收口方法有两种情况。

（1）质地较硬的材料，特别是体积比较大时，如果使用密缝收口很难保持接缝严密，因此，质地较硬、规格比较大的材料，例如石材、玻璃等，收口方式通常采用留缝收口。材料规格比较小时，使用留缝收口可以使装饰面显得整齐美观，但会增加施工的人力成本。是否留缝一般由设计师的设计要求和风格决定。如果材料规格误差比较大，可适当留缝避免累积误差。收口缝的大小根据材料的尺寸确定，施工完毕后用水泥膏等进行勾缝处理。

（2）还有一种留缝收口是由设计师的设计风格决定的，主要用来分隔不同的构件，或者分隔不同的建筑部位。这种留缝收口其实是综合运用各种收口方法做出一定宽度的收口缝或者分隔缝，来达到收口的目的。这种留缝收口既是一种收口施工工艺，也是一种设计风格。

3. 碰接收口法

碰接收口法在木饰面材料的收口中使用比较多，其做法通常是将木构件的碰接边刨成一定角度的倾角，然后彼此搭接。木饰面碰接收口一般出现在大面积的木饰面、阳角木饰面等搭接的位置，需要注意的是，由于碰口的部位一般使用胶水等黏结剂固定，强度不高，而木材容易随温度和湿度的变化产生变化，在碰口的位置容易产生翘曲、空鼓变形。当发生翘曲、空鼓变形时，可以用针筒将胶水注入空鼓的部位，然后压平、固定牢固。

4. 榫接收口法

榫接收口法一般在厚度比较大的木饰面或者实木材料的收口中，具有一定的强度，不仅是收口的一种方法，还是木作施工连接的一种方法，一般只用在具有特殊要求的部位，例如木板的拼接。

五、施工质量目标和质量保证措施

(一)质量目标

本工程质量目标:严格按照国家施工规范和设计要求,合理组织施工,全面贯彻执行国家现行质量管理标准,确保工程质量符合国家工程质量验收标准的合格要求。

(二)质量保证体系和质量检查监督机构

1. 建立健全质量管理制度和质量保证体系

以合同为制约手段,推行 ISO 9000 系列标准,强化质量职能,建立项目质量管理制度。建立由建造师领导,以项目现场经理和总工程师为中间控制,施工员跟班监督,质检员检验评定的四级管理系统,纵向贯穿从建造师到班组的质量管理网络。

落实各级人员岗位责任制,建立以建造师为工程质量第一责任者,由总工程师牵头的质量保证体系,确保工程每道工序都在质保体系的监控下。

严格按照 ISO 9000 系列标准和公司的程序文件要求,建立健全质量保证体系,确保工程合格。建立技术、质量例会制度,每周召开一次工地内部技术、质量会议,协调各工种之间的相互协作,并对相应阶段的工程质量作出评议,对下一步质量提出建议和整改措施。坚持计划、执行、检查、处理循环工作方法,不断改进过程控制。质量控制的要素包括人、材料、机械、方法和环境。质量控制实行样板制。

质量保证的核心是人的工作质量,凡参加本工程施工的全体干部职工都要认真学习公司的程序文件,学习施工组织设计、施工方案和有关规程、规范,提高质量意识。工程开工前应按公司程序文件要求认真编制项目策划书;对于关键工序和特殊工序要编制作业指导书并在施工中认真贯彻落实,做好图纸会审、技术交底及技术培训工作;对推广应用的新技术、新工艺要组织有关人员认真学习。

2. 材料质量控制

施工中使用的各种构件、配件必须坚持按设计要求及各规范进行验收。

(1) 所有的原材料、半成品必须附有合格证,进场时做好进货检验,对有二次检验要求的材料按要求取样并送有资质的试验部门进行试验,对不合格品予以退场处理,保证现场使用的材料都是合格品。

(2) 材料进场的检验和试验由材料员、试验员协调进行,实施现场见证取样制度,对需二次检验的物资由施工单位和业主(或监理)共同在现场进行检验。见证取样样品占该工程所需检验样品数量的 30%,见证取样人必须具备见证取样的资格证书。

(3) 项目部材料设备组要制定专门的防护方案,对制成品、半成品的搬运、贮存、包装、防护及交付进行管理。

(4) 材料进场后应在现场的指定地点分类存放,并有具体的标识。

(5) 在加工场加工好的半成品应做好标识,体积较小的还应存放在室内,派专人看管,以防丢失。

3. 施工过程的质量控制

(1) 实行样板引路,各样板分项、样板工序指导相应分项工程及各工序的施工。分管施工员在所管班组进行跟班监测,并及时将信息提供给质检员、技术员,由技术主管及时进行处理。

(2) 落实技术管理制度,每道工序施工前都必须进行技术交底,严格按照施工验收规范要求进行施工。

(3) 各质量小组严格按照"PDCA"循环开展全面质量管理,严格"三检"制度,并按要求认真做好施工记录和检查记录,做到层层落实,责任明确,及时处理现场质量问题,并积累原始资料。过程质量控制程序如图3-88所示。

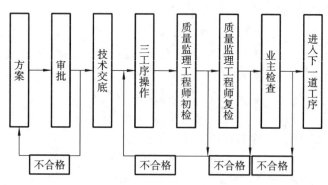

图 3-88 过程质量控制程序

(4) 对技术要求高、施工难度大的工序或环节,设置质量控制点,对操作人员、材料、工具、施工工艺参数和方法均重点控制。

(5) 建立质量监督制度和质量岗位责任制,明确分工职责,落实质量控制责任,各行其职,严格隐蔽工程预验制度,加强过程质量控制,将过程控制的重点聚焦在节点考核上,把质量问题消灭在过程中。严格实施施工质量控制程序,编写分部工程质量控制计划。

4. 室内环境污染的控制措施

(1) 按设计图纸要求及相关规范的有关规定,对所用建筑材料和装修材料进行现场检验。严禁使用不合格材料。

(2) 施工中使用的无机非金属建筑材料和装修材料必须有放射性指标检测报告,并应符合设计要求和相关规范的规定。

(3) 装饰用人造木板的游离甲醛含量及其释放量必须经测定且符合标准。

(4) 室内装修中所采用的水性涂料、水性胶黏剂、水性处理剂必须有总挥发性有机化合物(TVOC)和游离甲醛含量检测报告;溶剂型涂料、溶剂型胶黏剂必须有总挥发性有机化合物(TVOC)、苯、游离甲苯二异氰酸酯(TDI)(聚氨酯类)含量检测报告,并应符合设计要求和相关规范规定。

(5) 民用建筑工程室内装修所采用的稀释剂和溶剂,严禁使用苯、工业苯、石油苯、重质苯及混苯。

(6) 涂料、胶黏剂、水性处理剂、稀释剂和溶剂等使用后,应及时封闭存放,废料应及时清出室内。

(7) 严禁在民用建筑工程室内用有机溶剂清洗施工用具。

(8) 民用建筑工程室内装修中,进行装饰面人造木板拼接施工时,除E1类芯板外,其他应对其断面及无装饰面部位进行密封处理。

六、安全生产和文明施工保证措施

(一)安全管理目标

(1)严格执行《中华人民共和国安全生产法》《中华人民共和国建筑法》《建设工程安全生产管理条例》《安全生产许可证条例》等法律和法规的规定。

(2)杜绝死亡事故、重伤和职业病的发生。

(3)杜绝火灾、爆炸和重大机械事故的发生。

(4)轻伤事故发生率控制在3‰以内。

(二)安全生产管理体系

1.安全管理组织机构

成立以项目经理为首,由生产副经理、质安副经理、区域责任工程师、专业安全工程师,各施工队及各施工班组等各方面的管理人员组成本工程的安全管理组织机构。

2.安全生产职责

(1)项目经理:全面负责施工现场的安全措施、安全生产等,保证施工现场的安全。

(2)项目副经理:直接对安全生产负责,督促、安排各项安全工作,并按规定组织检查、做好记录。督促施工全过程的安全生产,纠正违章作业,配合有关部门排除施工不安全因素,安排项目部安全活动及安全教育的开展,监督劳保用品的发放和使用。

(3)项目技术负责人:制定项目安全技术措施和分部工程安全方案,督促安全措施落实,解决施工过程中不安全的技术问题。

(4)机电负责人:保证各类机械的安全使用,监督机械操作人员遵章操作,并对用电机械进行安全检查。

(5)施工工长:负责上级安排的安全工作的实施,制定分项工程的安全方案,进行施工前的安全交底工作,监督并参与班组的安全学习。

3.安全生产管理制度

(1)编制安全生产技术措施制度:除施工组织设计对安全生产有原则要求外,凡重大分项工程的施工分别由施工队、项目经理部编制安全生产技术措施,措施要有针对性。施工队编制的措施由项目技术负责人审批,项目部编制的措施由公司技术负责人审批。

(2)安全技术交底制度:施工员向班组、装饰负责人向施工员、项目技术负责人向装饰负责人及施工队层层交底。交底要有文字资料,内容要求全面、具体、针对性强。交底人、接受交底人均应在交底资料上签字,并注明收到日期。

(3)特殊工种职工实行持证上岗制度:特殊工种实行持证上岗,无证者不得从事上述工种的作业。

(4)安全检查制度:项目部每半月、施工队每十天定期做安全检查,平时做不定期检查,每次检查都要有记录,对查出的事故隐患要限期整改。对未按要求整改的要给单位或当事人以经济处罚,直至停工整顿。

(5)安全验收制度:凡大中型机械安装、脚手架搭设、电气线路架设等项目完成后,必须经过有关部门检查验收合格,方可试车或投入使用。

(6)安全生产合同制度:项目经理与公司签定"安全生产责任书",劳务队与分公司签定

"安全生产合同",操作工人与劳务队签定"安全生产合同",用合同来强化各级领导和全体员工的安全责任及安全意识,加强自身安全保护意识。

(7) 事故处理"四不放过"制度:发生安全事故,必须严格查处。做到事故原因不明、责任不清、责任者未受到教育、没有预防措施或措施不力不得放过。

4. 安全教育

安全教育既是施工企业安全管理工作的重要组成部分,也是施工现场安全生产的一个重要方面。安全教育的特点如下。

(1) 安全教育的全员性:安全教育是企业所有人员上岗前的先决条件,任何人不得例外。

(2) 安全教育的长期性:安全教育贯穿了每个工作的全过程,贯穿了每个工程施工的全过程,贯穿了施工企业生产的全过程。因此,安全教育的任务"任重而道远",不应该也不可能是一劳永逸的。

(3) 安全教育的专业性:安全生产的管理性与技术性相结合,使得安全教育具有专业性要求。

5. 安全保证措施

坚持"安全第一,预防为主"的安全方针,制定保证安全生产的各项规章制度,规范安全业务内容;施工现场设置明显安全标志和标语牌,严格执行《建筑施工安全检查标准》,在确保安全生产的前提下组织施工生产;根据管理生产必须管理安全的原则,建立安全生产岗位责任制,建造师对安全工作全面负责,是安全生产的第一责任者;分管生产的建造师对安全生产负间接的领导责任,具体组织实施各种安全措施和安全制度;项目总工程师负责组织安全技术措施的编制和审核、安全技术交底和安全技术教育;施工员对分管范围内的安全生产全权负责,并贯彻落实各项安全技术措施;工地设专职安全管理人员,负责安全管理和监督;项目班子必须认真贯彻执行国家有关劳动保护和安全生产的各项政策法规。

(1) 安全教育制度:加强安全教育,组织全体员工学习有关安全的法律法规,提高员工的安全意识和自我防范意识;职工进入工地应进行入场教育,定期进行安全意识教育,新工人进行上岗教育;各工种结合培训进行安全操作规程教育,特殊工种必须持证上岗。

(2) 安全技术交底制度:具体的分部分项工程及新工艺、新材料的使用,安全员要进行安全技术交底;每一次下达任务时对班组、工人进行安全技术交底;班组长每天上班时对班组进行上岗安全交底;安全技术交底必须有书面材料和接受交底人签字。

(3) 安全检查制度:安全检查分定期例行检查及不定期的专业检查。工地每一次的全面安全检查,由工地各级负责人与有关业务人员实施,检查整个工地的安全意识、安全制度、安全措施等方面,对检查结果进行安全生产讲评;工地每周(旬)进行一次的定期检查,由施工员实施,检查结果在班组长会议上讲评;每个作业班组结合上岗安全交底每天开展安全上岗检查,保证操作机具及作业环境安全。一般是按工程进度需要确定,进行不定期安全检查,由专业部门按安全制度规定的项目组织专业人员实施。

(三) 安全文明施工及环境保护措施

1. 施工降噪措施

整个施工过程所产生的噪声及振动都控制在国家及省有关法规要求范围之内,符合《建筑施工场界环境噪声排放标准》(GB 12523)和《城市区域环境振动标准》(GB 10070)要求。

尽可能选用噪声排放指标低的施工机械,对机械进行定期维修、保修,提高机械性能,尽量降低噪声污染。

2. 用电安全保证措施

严格执行《建筑与市政工程施工现场临时用电安全技术标准》和《建设工程施工现场供用电安全规范》,编制临时用电施工方案。

现场内电气线路、线材绝缘无破损、裂纹,安全载流量满足施工需要,选用机械和电气强度符合要求的橡皮和塑料绝缘线或橡套电缆线。手持电动工具电源线无接头,电源线符合规范要求。

设置固定的总配电箱、分配电箱和开关箱,箱底距地高度为 1.3~1.5 m,移动式配电箱箱底离地不低于 60 cm。配电箱制作符合规范要求,有防水、防火、防尘等三防措施,门锁齐全且有警示标志,统一编号。箱内电器按动力、照明分设,总配电箱和分配电箱各供电回路有符号示明用途。

3. 安全防火措施

(1) 建立健全防火制度和组织;认真落实防火责任制度;加强教育和技术培训;加强防火检查和日常防火管理,消除不安全因素;配备适用足够的灭火器材。

(2) 建立健全防火制度和组织,以区片为单位设立义务消防队,负责本单位义务消防工作。

(3) 认真落实防火责任人职责,贯彻"谁主管,谁负责"原则的中心任务,各级施工负责人要对自己主管工作的防火安全负责;各班组负责人以至每个职工都要对自己管辖工作范围内的防火安全负责,做到横向到边,纵向到线,纵横结合,形成一个整体型、全方位的防火网络。

4. 施工机具安全技术措施

(1) 所有机械设备均由专人操作,实行定人、定机、持证上岗制度,严禁无证违章操作。

(2) 施工现场用电设备必须做到一机一闸一漏保,确保漏保灵敏;使用手持电动工具时用流动开关箱,电源线长度不超过 5 m。各种施工、机械、手动电器经常检查防护罩、漏电情况。

(3) 定期对机械设备进行检查、维修和保养。

5. 夜间施工安全保障措施

凡夜间安排施工,应有足够的照明,同时必须有专职安全员和质量检查员跟班检查,发现问题及时解决。

6. 现场消防措施

(1) 建立健全防火责任制,防火安全制度齐全。建立动用明火审批制度,按规定划分级别,审批手续完善,并有监护措施。重点防范部位明确,消防器材管理记录齐全。

(2) 在现场主要出入口处按规定设置规格统一、位置合理、字迹端正、线条清晰、标识明确的"五牌一图"。

(3) 现场主要施工部位、作业点和危险区域以及主要通道口都设有醒目的、有针对性的安全宣传标语或安全警告牌。

7. 文明施工管理措施

(1) 施工现场项目部健全综合治理、工程质量、安全管理、环境卫生、卫生防疫、防火管理、宣传教育七大系列的内页资料以及现场施工管理日记。

(2) 制定和完善施工工地的环境卫生管理责任制度,明确生活、办公区域和施工现场具体管理责任人，同时要加强日常的检查和评定，确保工地环境处于良好状态。

（3）项目部材料负责人负责材料的进场、储存和合理使用。各种材料要分类码放整齐，禁止野蛮施工，损坏材料。

（4）设专职人员负责现场清理和垃圾清运工作，垃圾要清运到总包指定地点，现场随时保持清洁无杂物。

（5）各工种施工人员要做到工完料清。

8. 现场环境保护措施

（1）执行国家、地方、行业有关空气污染、水源污染、噪声污染的法律法规及现场管理制度。严格控制施工现场的粉尘、噪声、振动，消除污水污染。

（2）运输水泥有遮盖措施，防止遗洒、扬尘，装卸时尽量减少扬尘，运输车辆不得带泥沙出入现场。在施工现场禁止焚烧塑料、皮革、各种包装材料，防止产生有毒、有害烟尘及恶臭气味。

（3）在管理上严格控制人为噪声，进入现场不得高声喊叫、无故敲击、吹哨，声源上选用低噪声电动工具，如电动空压机、电锯等。

（4）在施工期间，对施工区域进行全封闭维护，严格控制噪声及环境污染。

（5）在施工中严格按照当地有关维护市容、市貌的文件规定，在噪声控制与粉尘控制方面，全面组织现场文明施工。

（6）针对粉尘较多的分项工程，单独围护施工，施工时尽力减少粉尘污染，减轻对人身健康的危害，更要避免影响周边环境，造成环境污染。

七、施工机械配置

拟投入的主要施工机械设备表详见表 3-30。

表 3-30 拟投入的主要施工机械设备表

序号	机械或设备名称	型号规格	数量	国别产地	制造年份	生产能力	用于施工部位	备注
1	电圆锯	GSK 190	22	中国	2019	优良	木制作	
2	电动螺丝钻	FD-788HV	30	中国	2021	优良	吊顶木制作	
3	冲击钻	PSB420	20	中国	2021	优良	拆除开孔	

续表

序号	机械或设备名称	型号规格	数量	国别产地	制造年份	生产能力	用于施工部位	备注
4	小手枪钻	φ10	20	中国	2019	优良	开孔	
5	云石机		10	中国	2020	优良	石材加工	
6	电锤	TE-15	10	中国	2022	优良	拆除	
7	小型块料切割机	CM4SB	20	中国	2022	优良	石材加工	
8	电动开槽机	PGZISA	18	中国	20219	优良	安装	
9	电动修正磨光机		20	中国	2018	优良	打磨	
10	电焊机	BX-120	18	中国	2019	优良	焊接	
11	气钉枪	F50	30	中国	2021	优良	木制作	

续表

序号	机械或设备名称	型号规格	数量	国别产地	制造年份	生产能力	用于施工部位	备注
12	射钉枪	603	10	中国	2020	优良	木制作	
13	电动试压泵	4D-SY	12	中国	2022	优良	现场	
14	手电刨	F20A	12	中国	2021	优良	现场	
15	油漆搅拌机	BMP-150B	18	中国	2021	优良	涂料搅拌	
16	经纬仪	DJJ2-2	2	中国	2021	优良	测量	
17	水准仪	DS3-1	2	中国	2022	优良	测量	
18	钢卷尺（标）	L-5M	50	中国	2021	优良	辅助施工	
19	阴阳角尺	JZC-8型	20	中国	2020	优良	辅助施工	

续表

序号	机械或设备名称	型号规格	数量	国别产地	制造年份	生产能力	用于施工部位	备注
20	塞尺	ZC-8 型	15	中国	2019	优良	辅助施工	
21	游标卡尺	0～150 mm	13	中国	2021	优良	辅助施工	
22	水平靠尺	2 m	30	中国	2020	优良	辅助施工	
23	接地摇表	2C398-2	10	中国	2021	优良	辅助施工	
24	万能角度尺	0～270°	10	中国	2019	优良	辅助施工	

八、施工合理化建议和降低成本措施

(一) 施工合理化建议

1. 工程新技术的应用

(1) 采用行业内最新的施工技术手段，应用高水平的施工工艺。

(2) 采用计算机、打印机、数码相机、扫描仪等高科技设备，实施工程全过程、全方位的数据化管理。将项目实施中的技术、物资、质量、安全、形状、机械等方面的情况输入计算机，采用数据库技术分类存档并通过网络实现信息的传输，有效保障项目经理部从数据采集、信息处理与资源共享到决策目标生成。

(3) 在施工工艺控制方面，应用优化下料、装饰板材 CAD 计量、试验室数据自动采集软件以及施工组织设计编制、工程图纸管理、竣工图绘制、施工图纸现场 CAD 放样等应用。

2. 信息化管理

(1) 要贯彻"数据管理、精确管理、系统管理"的管理理念。

(2)要确保项目交付使用后,各个设施、设备、系统均能安全可靠地运行,当发生故障时,能够在最短的时间内应急处理,恢复性能,就必须采用现代化的管理手段,建立工程的信息管理系统。通过实施信息管理系统,确保保养、维修和应急处理全过程、全方位的实时监控。

(二)降低成本措施

(1)加强工程项目的成本管理,编制工程成本控制计划,增收节支,定期进行成本分析,采取降低费用开支、增加盈利的措施。

(2)编制科学合理的施工计划。项目部根据工程总进度计划及时编制安装工程分部施工进度计划,充分采用交叉施工、流水作业等手段,科学安排施工的各要素,并严格落实,减少窝工、停工等现象,提高劳动生产率。

(3)项目部在满足施工进度的前提下,科学编制月、季度材料需用计划;加强现场材料管理工作,做到用料计划准确无误,按工程进度需要,组织不同品种、规格的材料分批进场。材料、设备的采购要货比三家,最后确定供货单位,批量材料争取由厂家直接供应,以减少中间流通环节,降低材料采购的成本。进场的材料及设备要减少露天堆放的时间,防止自然损耗,减小保管费用。施工时做到限量领料,合理用料,降低材料的损耗量。

九、质量通病防治措施

(一)消除质量通病的组织机构

消除质量通病的组织机构如图 3-89 所示。

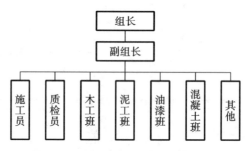

图 3-89 消除质量通病的组织机构图

相关人员配备如下。

成立以技术负责人为组长的"质量通病防治小组",根据本工程的具体特点,结合工程通病缺陷提出一些具体的防治措施。

(二)工程质量通病及防治措施

1. 砌体砂浆不饱满的防治

(1)砌体砂浆配合比必须经试验确定,试配砂浆强度应按设计标号提高15%。

(2)砂浆的配合比应采用重量比,施工现场计量器具应完备,并应采用机械拌和砂浆。

(3)砂浆应随拌随用,砂浆拌成后和使用前,均应盛入贮灰器内,如砂浆出现泌水现象,应在砌筑前再次拌和。

2. 卫生间渗漏水的防治

(1) 卫生间地面保证排水畅通,上下水管穿楼面孔洞应事先预留,不得事后凿打。

(2) 孔洞修补采用微膨胀细石混凝土,分次堵塞密实,管道与楼面交接处还应做止水包,高 30 mm,宽 50 mm。

3. 框架填充墙与柱梁板连接处粉刷产生裂缝现象的预防

(1) 柱连接处一定要按设计及规范要求留设拉结筋。

(2) 必要时可在墙中设圈梁或构造柱,以增强墙体的整体刚度。

(3) 墙体砌筑至梁板底应留出 100 mm 左右,待墙体变形基本稳定后粉刷之前,再用黏土砖斜砌顶紧并用砂浆填塞密实。

(4) 粉刷施工应待墙体变形基本稳定后进行。

(5) 必要时可考虑加设钢丝网粉刷。

4. 灰层空鼓、裂缝的防治

(1) 基层必须清理干净,特别是对浮动的粉屑。对于加气混凝土墙面,则应提应两天浇水,每天两遍,使渗水深度同样达到 8~10 mm,并涂刷匹配的界面剂。趁墙面潮而不湿时抹底灰,并将底灰界面适当拉毛以利与面层砂浆黏结,切忌光滑。

(2) 上一层砂浆必须等底层砂浆干至 6~7 成才能抹,以避免底灰产生松动或二层湿砂浆混合在一起造成收缩率过大,而引起空鼓、裂缝。若二层抹灰时间相隔较长,底灰已干,则在抹上一层砂浆时应将底层浇水润湿。

(3) 一次抹灰层的厚度不宜大于 15 mm,力求厚度均匀,对脚手架孔洞,管道孔、槽,以及基层表面明显下凹的部位,应事先用 1∶3 水泥砂浆(孔洞内加塞整砖和碎砖)填紧补平。待其凝固后再进行抹灰。

(4) 门窗框与墙体的缝隙宜用胶结砂浆填密实,胶结砂浆的重量配合比为水泥∶细砂∶107 胶∶水=1∶1∶0.2∶0.3。门框在立樘时下部必须有经过校正的横档木,且不准在立樘后随意去掉,致装门时发现门框成倒"八"字。木门窗框的上下冒头伸入墙内部分(木挂同)如为一靠一面立樘,立樘前应将其临墙面方向砍去 20 mm 左右,以免其露出墙面或在抹灰时再予砍除而松动门窗框。对门窗框的上下冒头和木挂,在砌筑墙体时必须用砌筑砂浆填压密实,避免开关门窗带动门窗框而引起与墙体交接处的裂缝。

(5) 不同基层的接头处应铺钉一层加强网再进行抹灰,加强网伸入不同基层的宽度宜不小于 100 mm。

5. 地面空鼓、起砂起灰的防治

(1) 基层应清理干净,提前浇水湿润,但不得有明积水,施工前应刷水泥浆,边刷浆边铺砂浆,砂浆的配合比应准确。

(2) 砂浆应用干硬性水泥砂浆,铺贴后,用橡皮锤敲击,四角平稳落地,捶击时不要砸边角,垫木方捶击时,木方长度不得超过单块板块的长度,也不要搭在另一块已铺设的板块上敲击,以免引起空鼓。

(3) 板块铺设 24 h 后,应洒水养护 1~2 次,养护期间禁止上人走动。

十、施工总平面图

现场施工总平面图如图 3-90 所示。

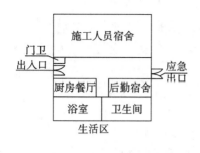
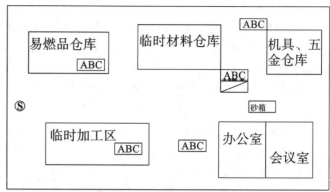

1.施工用电从建设单位接出，总配电箱带电表；设一至二个二级配电箱，根据用电需要设置若干个小配电箱，实行三级配电、二级保护；
2.施工用水从甲方指定区域引出；
3.各功能分区具体根据实际情况调整；
4.消防器材专放位置，按每50平方米放置两个灭火器，均匀分布；
5.临时办公室及宿舍等临时设施搭建位置，根据现场进行调整；
6.材料尽量按现场施工需要安排送货，货到工地及时分送到施工作业面，生产加工区域设置为流动性；
7.所有临时设施根据现场需要，在不影响文明和安全施工状况下，灵活设置。

图 3-90　施工总平面图

模块四　建筑装饰施工项目管理

学习描述

教学内容

合同管理：讲解合同类型、条款、签订流程，剖析履行要点，培养学生维护权益的能力。

质量控制：阐述质量概念、控制原则与方法，覆盖施工各阶段要点。

进度控制：介绍进度计划编制，分析影响因素与控制措施，培养动态管控能力。

成本管理：讲解成本构成与管理环节，传授管控方法技巧。

安全管理：强调重要性，讲解方针、法规与现场管理内容。

教学要求

深刻理解项目目标管理内涵与各目标之间的关系。

熟练掌握进度、合同、质量、成本、安全管理体系建立与实施。

具备分析处理索赔事件的能力。

实践环节

案例收集与分析：分组收集多领域管理案例，撰写分析报告。

模拟项目管理：模拟项目全程，应对各类问题，制定解决方案。

实地考察与调研：实地了解现场管理，交流经验，提改进建议。

【任务案例】

背景：

某公司承揽了某银行支行迁址装修改造项目业务，主要装饰做法为：外墙面为干挂花岗岩饰面，顶棚为轻钢龙骨吊顶，地面为地砖饰面和木地板饰面，墙面为乳胶漆饰面。

问题：

在项目实施过程中如何保证工程质量、进度及安全，应采取哪些管理措施？

项目一 建筑装饰施工项目管理基本知识

任务一 建筑装饰施工项目管理的基本概念

一、施工项目

"施工项目"是由"建筑业企业自施工承包投标开始到保修期满为止的全过程中完成的项目"。这就是说,"施工项目"是由建筑业企业完成的项目,它可能是以建设项目为过程的产出物,也可能是其中的一个单项工程或单位工程。过程的起点是投标,终点是保修期满。施工项目除了具有一般项目的特征,还具有自己的特征。

(1) 它是建设项目或其中的单项工程、单位工程的施工活动过程。
(2) 以建筑业企业为管理主体。
(3) 项目的任务范围是由施工合同界定的。
(4) 产品具有多样性、固定性、体积庞大的特点。

只有单位工程、单项工程和建设项目的施工活动过程才称得上施工项目,因为它们才是建筑业企业的最终产品。

二、项目管理

项目管理是指为了达到项目目标,运用系统的理论和方法,对项目进行的计划、组织、指挥、协调、控制和监督等专业化活动。

项目管理的对象是项目。项目管理者应是项目中各项活动主体本身。项目管理的职能与所有管理的职能是相同的。项目的特殊性带来了项目管理的复杂性和艰巨性,要求按照科学的理论、方法和手段进行管理,特别是要用系统工程的观念、理论和方法进行管理。项目管理的目的就是保证项目目标的顺利完成。项目管理具有以下特征。

(1) 每个项目的管理都有自己特定的管理程序和管理步骤。项目管理的特点决定了每个项目都有自己特定的目标,项目管理的内容和方法要针对项目目标而定,项目目标的不同决定了每个项目都有自己特定的管理程序和管理步骤。

(2) 项目管理是以项目负责人为中心的管理。由于项目管理具有较大的责任和风险,其管理涉及人力、技术、设备、资金、信息、设计、施工、验收等多方面因素和多元化关系,为更好地进行项目策划、计划、组织、指挥、协调和控制,必须实施以项目负责人为核心的项目管理体制。在项目管理过程中应授予项目负责人必要的权力,以使其及时处理项目实施过程中发生的问题。

(3) 项目管理应使用现代管理方法和技术手段。现代项目大多数是先进科学的产物或是一种涉及多学科、多领域的系统工程,要圆满地完成项目就必须综合运用现代管理方法和科学技术,如决策技术、预测技术、网络与信息技术、网络计划技术、系统工程、价值工程、目标管理等。

(4) 项目管理应实施动态管理。为了保证项目目标的实现,在项目实施过程中要采用动态控制方法,即阶段性地检查实际值与计划目标值的差异,采取措施,纠正偏差,制订新的计划目标值,使项目能实现最终目标。

三、建筑装饰施工项目管理

建筑装饰施工项目管理是项目管理的一类,是对建筑装饰施工活动进行有效的计划、组织、指挥、协调和控制,从而保证装饰施工活动的顺利进行,实现项目的特定目标。

(一) 建筑装饰施工项目管理的主要职能

1. 计划职能

建筑装饰施工项目管理的首要职能是计划。计划职能包括决定最后结果以及决定获取这些结果采取的适宜手段的全过程管理活动。计划职能可分为四个阶段:

第一阶段是确定项目目标及先后次序。在确定目标时,必须考虑目标的先后次序、目标实现的时间和目标的合理结构等三个因素。

第二阶段是预测对实现目标可能产生影响的未来事态。必须明确在计划期内,期望能获得多少资源来支持计划中的活动。

第三阶段是通过预算来执行计划。预算必须解决资源种类确定,预算各组成部分之间有什么内在联系和应怎样使用预算方法等问题。

第四阶段是提出和贯彻指导实现预期目标的政策和准则,它是执行计划的主要手段。政策是反映一个组织的基本目标的说明,并为在整个组织中进行活动规定指导方针,说明如何实现目标。在制定政策时,保持政策制定的灵活性、全面性、协调性和准确性,才能使政策更具实效。

综合上述四个阶段的工作结果,就可以制定出一个全面的计划,它将引导建筑装饰施工项目的组织达到预期目标。

2. 组织职能

通过职责的划分、授权,合同的签订与执行,并运用各种规章制度,建立一个高效率的组织保证系统,以确保建筑装饰施工项目目标的实现。

3. 协调职能

在建筑装饰施工各阶段、相关部门、相关层次之间存在着大量的结合部,这些结合部之间的协调和沟通是建筑装饰施工项目管理的重要职能。

4. 控制职能

控制职能涉及建筑装饰施工项目管理者为保证按计划完成工作而采取的一切行动,它不仅限制衡量计划的偏差,而且要采取措施纠正偏差。

5. 监督职能

业主对承包单位,监理对承包单位,总承包单位对分包单位,管理层对作业层都存在监督。监督的依据是建筑装饰施工合同、计划、制度、规范、规程、各种质量标准。监督职能是通过巡视、检查以及各种反映施工进度、质量、费用的报表、报告等信息,发现问题,及时纠正偏离目标现象,目的是保证项目计划目标的实现,有效的监督是实现目标的重要手段。

(二)建筑装饰施工项目管理的任务

建筑装饰施工项目管理的任务是最优地实现项目的总目标,即用有效的资金和资源,以最佳的工期、最少的费用来满足工程质量要求,完成装饰施工任务,使其实现预定的目标。

(三)建筑装饰施工项目管理的内容

在建筑装饰施工项目管理过程中,为了取得各阶段目标和最终目标的实现,必须围绕组织、规划、控制、生产要素的配置、合同、信息等方面进行有效管理,其主要内容如下。

1. 建立施工项目管理组织

项目部的建立是实现项目管理的关键,特别是要选好项目负责人及其他主要管理人员;根据装饰施工项目管理的需要,制订出施工项目管理的有关规章制度。

2. 做好施工项目管理规划

建筑装饰施工项目管理规划是对施工项目管理组织、内容、步骤,重点进行预测和决策,做出具体安排的纲领性文件。主要内容有:

(1)进行装饰工程项目分解,形成施工对象分解体系,以便确定阶段性控制目标,从局部到整体地进行施工活动和施工项目管理。

(2)建立施工项目管理工作体系,绘制施工项目管理工作体系图和施工项目管理工作信息流程图。

(3)编制施工管理规划,确定管理点,形成文件。

3. 进行施工项目的目标控制

施工项目的目标有阶段性目标和最终目标,实现各项目标是施工项目管理的目的所在。施工项目的控制目标分为:进度控制目标,质量控制目标,成本控制目标,安全控制目标,施工现场和环境保护控制目标。

由于在施工项目目标的控制过程中,会不断受到各种客观因素的干扰,各种风险事件随时可能发生,因此应通过组织协调和风险管理,对施工项目目标进行动态控制。

4. 对施工项目的生产要素进行优化配置和动态管理

施工项目的生产要素是施工项目目标得以实现的保证,主要包括劳动管理、材料管理、机具设备管理三大要素。管理的内容包括:

(1)分析各项生产要素的特点。

(2)按照一定原则、方法对装饰施工项目生产要素进行优化配置,并对配置状况进行评价。

(3)对施工项目的各项生产要素进行动态管理。

5. 施工项目合同管理

在市场经济条件下,建筑装饰施工活动是一项涉及面广、内容复杂的综合性经济活动,这种活动从投标报价开始并贯穿施工项目管理全过程。必须依法签订合同,企业应依法经营,提高合同意识,用法律来保护自己的合法权益,同时通过认真履行合同,树立企业的良好信誉。

6. 施工项目现场管理

施工项目现场是建筑装饰产品形成的场所，它是建筑装饰施工项目组织与指挥施工生产的操作场地。施工项目现场管理的主要任务是合理安排使用施工现场的场地并与各种环境保持协调关系，同时还对建筑装饰施工现场生产活动进行指挥、协调和控制。

7. 施工项目的信息管理

施工项目管理是一项复杂的现代化管理活动，要依靠大量信息，并采用现代化管理方法和手段，通过计算机加强对信息的管理，特别要依靠对信息的收集、整理和储存，使本项目的经验和教训得到记录和保留，为以后的项目管理服务，因此，认真记录和总结，建立档案和保管制度是非常重要的。

8. 组织协调

组织协调是指以一定的组织形式、手段和方法，对项目管理中产生的关系不畅进行疏通，对产生的干扰和障碍予以排除的活动。在控制与管理的过程中，由于各种条件和环境的变化，必定形成不同程度的干扰，使原计划的实施产生困难，这就必须协调。

任务二　建筑装饰施工项目管理组织机构的设置

一、施工项目管理组织机构设置的原则

施工项目管理组织机构与企业管理组织机构是局部与整体的关系，组织机构设置的目的是进一步充分发挥项目管理功能，提高项目整体管理效率，以达到项目管理的最终目标。高效率的组织体系和组织机构的建立是建筑装饰施工项目管理成功的组织保证，是形成权力系统、进行集中统一指挥的基础，是建立责任制、形成信息沟通体系的前提。

（一）目的性原则

为了产生组织功能，从实现建筑装饰施工项目管理的总目标这一根本目的出发，因目标设事、因事设机构定编制；按编制岗位定人员，以职责定制度授权力。

（二）精干高效原则

施工项目管理机构的岗位设置，以能实现施工项目要求的工作任务为原则，尽量简化机构，做到精干高效；人员配置力求一专多能，一人多职，加强学习和锻炼相结合，不断提高人员素质。

（三）管理跨度和分层统一的原则

管理跨度亦称管理幅度，是指一个主管人员直接管理的下属人员的数量。跨度大，管理人员的接触关系增多，处理人与人之间的关系的数量增大。对于施工项目管理层来说，管理跨度应尽量少，以集中精力于施工管理。项目负责人在组建组织机构时，必须认真设计切实可行的跨度和层次。

（四）业务系统化管理原则

建筑装饰工程施工项目是一个由众多子系统组成的开放的大系统，各子系统之间，子系

统内部不同组织、工种、工序之间,存在着大量结合部,这就要求项目组织也必须是一个完整的组织结构系统,在设计组织机构时,周密考虑层间关系、分层与跨度关系、部门划分、授权范围、人员配备及信息沟通等,使组织机构自身成为一个严密的、封闭的组织系统,能够为完成建筑装饰施工项目管理目标而实行合理分工协作。

（五）弹性和流动性原则

建筑装饰工程项目的特点,决定了施工项目生产活动必然带来生产对象数量、质量和地点的变化,带来资源配置的品种和数量变化,要求管理水平和组织机构随之进行调整,以适应工程任务变动对管理机构流动性的要求。

（六）项目组织与企业组织一体化原则

项目组织是企业组织的有机组成部分,从管理方面来看,企业是项目管理组织的外部环境,项目管理的人员来自企业,项目管理组织解体后,其人员仍回企业。

二、施工项目管理组织形式

（一）施工项目管理组织的主要形式

1. 线性组织形式

该组织结构形式的特点是信息传递简单迅速、线路清晰、责任分明,如图 4-1 所示,适用于小型的装饰施工企业。

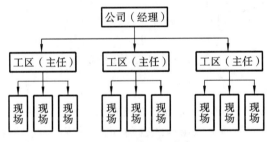

图 4-1　线性组织形式

2. 职能型组织形式

该组织形式是在线性组织形式基础上增加了多个职能部门,基层职能不仅必须接受上层职能部门的垂直命令,也必须接受其他职能部门的交叉命令,即命令源不是唯一的。对于项目管理,这种形式不宜提倡,如图 4-2 所示。

3. 矩阵式组织形式

该组织形式是在线性组织形式基础上增加横向领导系统,两者构成犹如数学上的矩阵结构。这种组织形式充分体现了项目管理的组织系统是由项目负责人和各职能人员组成的。其中项目负责人由公司任命,职能人员由项目负责人与企业各职能部门、业务系统双重领导。其管理信息既可以横向流动,也可以纵向流动。矩阵式组织形式的优点：一是人才作用发挥比较充分,有利于人尽其才,各司其责;二是职能方面通过业务系统化管理促使项目信息反馈较快;三是管理人员不必脱离原有职能部门,有利于加强业务单位与项目管理之间的结合;四是生产要素集中于相应管理部门,来了就能干,干完了就走,有利于项目动态管

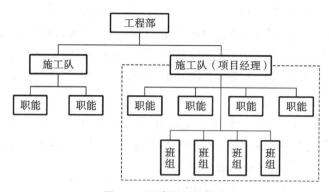

图 4-2 职能型组织形式

理,优化组合。其缺点是人员变动大,相对稳定性差,容易影响一些人的情绪,如图 4-3 所示。这是目前装饰施工企业中比较典型和理想的施工项目管理组织形式。

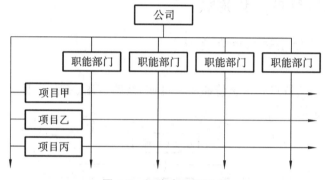

图 4-3 矩阵式组织形式

4. 事业部制项目组织形式

其特征是企业成立事业部,在事业部下边设置项目部。事业部对企业来说既是职能部门,也是一个独立单位。事业部可以按地区设置,也可以按工程类型或经营内容设置。事业部能较迅速适应环境变化,提高企业的应变能力,调动部门积极性。这种形式有利于企业延伸自身的经营职能,扩大经营业务,便于开拓业务领域,还有利于迅速适应环境变化以加强项目管理;缺点是企业对项目部的约束减弱,协调指导的机会减少等,有时会造成企业结构松散,必须加强制度约束,加大企业的综合协调能力。事业部制项目组织形式适用于大型装饰施工企业,如图 4-4 所示。

(二) 施工项目管理组织形式选择

项目组织形式的选择应由企业做出决策。要将企业的素质、任务、条件、基础,同施工项目的规模、性质、内容、要求的管理方式结合起来分析,选择适宜的项目组织形式,不能生搬硬套。对于大型装饰企业,人员素质好,管理基础强,业务综合性强,可以承担大型任务,宜采用矩阵式、事业部制组织形式;对于小型简单项目,承包内容单一,应采用线性组织形式;在同一企业内部可根据项目特点采用几种组织形式,如将事业部制与矩阵式或线性组织形式结合使用。

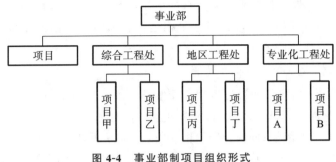

图 4-4 事业部制项目组织形式

三、建筑装饰施工项目部的作用、性质及设置

(一) 建筑装饰施工项目部的作用

建筑装饰施工项目部是建筑装饰施工项目管理的工作班子,置于项目负责人的领导之下,为了充分发挥项目部在项目管理中的作用,对项目部的组织机构应设置好、组建好、运转好,充分发挥其应有的责任。

(1) 项目部是在项目负责人的领导下,作为项目管理的组织机构,负责建筑装饰施工项目从开工到竣工全过程生产经营管理。项目部是建筑装饰施工企业在某一装饰工程项目的管理层,同时,又对作业层负有管理和服务的双重作用。

(2) 项目部是项目负责人的办事机构,为项目负责人决策提供信息依据,当好参谋;同时又要执行项目负责人的决策意图,向项目负责人负责。

(3) 项目部是一个组织体,其作用包括:完成企业所赋予的基本任务——项目管理和专业管理任务等;凝聚管理人员的力量,调动其积极性;促进管理人员的合作;协调部门之间、管理人员之间的关系,发挥每个人的岗位作用;影响和改变管理人员的观念和行为,使个人的思想、行为变为组织文化的积极因素;沟通部门之间、项目部与作业层之间、公司之间及其与环境之间的信息。

(4) 项目部是代表企业履行建筑装饰工程施工合同的主体,是对最终建筑装饰产品和建设单位全面、全过程负责的管理实体;通过履行主体与管理实体地位的体现,使每个施工项目部成为市场竞争的主体成员。

(二) 建筑装饰施工项目部的性质

建筑装饰施工项目部是建筑装饰施工企业内部独立的一个综合性责任单位。其性质包括三个方面:

(1) 项目部的相对独立性。项目部的相对独立性是指项目部与企业存在着双重关系,一方面建筑装饰施工项目部是建筑装饰施工企业的下属单位,是行政隶属关系,要绝对服从企业的全面领导;另一方面建筑装饰施工项目部与施工企业形成一种责任关系。

(2) 项目部的综合性。项目部的综合性包括以下几个方面:第一,其管理的性质是综合的,是建筑装饰施工企业的一级行政管理组织;第二,其管理的职能是综合的,它包括计划、组织、控制、协调、指挥等多方面;第三,其管理的业务是综合的,横向方面包括人、财、物、生产和经营活动,纵向方面包括建筑装饰项目从开工到竣工的全过程管理。

(3)项目部的单体性和临时性。项目部的单体性是指它仅是建筑装饰企业的一个施工项目的责任单位。项目部的临时性是指它是在建筑装饰施工项目施工开始前成立,随着施工项目管理任务的完成而解体。

(三)建筑装饰施工项目部的设置

(1)建筑装饰施工项目部的设置原则。建筑装饰施工项目部应根据建筑装饰项目的规模、复杂程度和专业特点而设置,它是具有弹性的一次性施工生产组织,随施工任务的变化而进行调整,不是固定的组织;同时,项目部人员的配置应面向施工现场,满足施工现场的计划与调度、技术与质量、成本核算、劳务与物资、安全与文明施工的需要。

(2)建筑装饰施工项目部机构设置。施工项目部是建筑装饰施工企业市场竞争的核心、管理的重心、成本核算的中心,是代表建筑装饰施工企业履行合同和管理的实体。施工项目部可采用"一长一师各大员"模式,即项目负责人(一长)、项目工程师(一师)、施工员、质量员、安全员、材料员、机械员、造价员、资料员、标准员等。

四、建筑装饰施工项目部管理制度建立与项目部解体

(一)建筑装饰施工项目部管理制度的建立

(1)管理制度是为保证其任务的完成和目标的实现,对例行性活动应遵循的方法、程序、要求及标准所作的规定,是根据国家和地方法规以及上级部门的规定制定的内部规定。建筑装饰施工项目部管理制度由施工项目部制定,对项目部及其作业组织全体职工有约束力。建筑装饰项目部管理制度的作用主要有以下两点:一是贯彻有关的法律、法规、方针、政策、标准、规范、规程等;二是用以指导本项目的管理,规范施工项目组织及职工的行为,使之按规定的方法、程序、要求、标准进行施工和管理活动,从而保证建筑装饰施工项目目标的顺利实现。

(2)建筑装饰施工项目部的工作制度的建立应围绕计划、责任、监督、奖惩、核算等方面。"计划制"使各方面都能协调一致地为建筑装饰施工项目总目标服务,它必须覆盖项目施工的全过程和所有方面,计划的制订必须有科学的依据,计划的执行和检查必须落实到人。"责任制"建立的基本要求是:一个独立的职责,必须由一个人全权负责,应做到人人有责可负,事事有人负责。"监督与奖惩制"可保证计划和责任制贯彻落实,对项目任务完成情况进行控制和激励。"核算制"为落实上述四项制度提供基础,控制、考核各种制度执行的情况。核算必须落实到最小的可控单位(即班组)上,要把按人员职责落实的核算与按生产要素落实的核算、经济效益和经济消耗结合起来,建立完整的体系。

(3)项目部应执行公司的管理制度,同时根据本项目管理的特殊需要建立相应的管理制度,包括:①项目管理岗位责任制度;②技术与质量管理制度;③技术与档案管理制度;④计划、统计与进度报告制度;⑤项目成本核算制度;⑥材料、机械设备管理制度;⑦文明施工和场容管理制度;⑧例会和组织协调制度;⑨分包和劳务管理制度;⑩沟通协调管理制度和信息管理制度。

(二)建筑装饰施工项目部解体

建筑装饰施工项目部是具有弹性的一次性施工现场生产组织机构,工程竣工后,项目部应及时解体并做好善后处理工作。

1. 项目部的解体条件
(1) 工程已经交工验收,已经完成竣工结算。
(2) 与各分包单位已结算完毕。
(3) 已协助企业与发包人签订了"工程保修书"。
(4) "施工项目管理目标责任书"已经履行完成,经承包人审计合格。
(5) 各种善后工作已与企业主管部门协商一致并办理了有关手续。
(6) 现场清理完毕。

2. 建筑装饰施工项目部善后工作和效益评估
(1) 企业工程管理部门是建筑装饰施工项目部组建和解体善后工作的主管部门,主要负责项目部的组建及解体后工程项目在保修期间的善后问题处理,包括因质量问题造成的返(维)修、工程剩余价款的结算以及余料回收等。
(2) 建筑装饰施工项目完成后,还要考虑该项目的保修问题,在工程项目解体和工程结算前,要确定工程保修费的预留比例。
(3) 项目部的工程成本盈亏审计以该项目工程实际发生成本与价款结算回收额为依据,由审计牵头,财务预算部门和工程部门参加,于项目部解体后写出审计评估报告。

任务三 施工项目负责人

一、施工项目负责人的地位和人员选择

(一) 施工项目负责人的地位

一个施工项目是一项一次性的整体任务,在完成这个任务过程中必须有一位最高的责任者和组织者,这就是我们通常所说的施工项目负责人。施工项目负责人是承包单位的法定代表人在承包的项目上的一次性授权代理人,是对施工项目实施阶段全面负责的管理者,在整个施工活动中占有举足轻重的地位。

(1) 施工项目负责人是建筑装饰企业法人代表在建筑装饰项目上负责管理和合同履行的一次性授权代理人。施工项目负责人是项目管理的第一责任人,是项目目标的全面实行者,既要对建设单位的成果目标负责,又要对企业效益负责。
(2) 施工项目负责人是协调各方面关系,使之相互紧密协作、配合的桥梁和纽带。
(3) 施工项目负责人对项目实施进行控制,是各种信息的集散中心。
(4) 施工项目负责人是建筑装饰项目的责、权、利的主体。责任感是实现项目负责人负责制的核心,它构成了项目负责人工作的压力,是确定项目负责人权力和利益的依据。权力是确保项目负责人能够承担起责任的条件和手段,权力的范围必须视项目负责人的责任要求而定。利益是项目负责人工作的动力。

(二) 施工项目负责人应具有的条件

选择什么样的人担任施工项目负责人,取决于两个方面:一方面是看建筑装饰施工项目的需要,不同的项目需要不同素质的人才;另一方面还要看建筑装饰企业储备人选的素质。

施工项目负责人应具备的基本素质如下：

（1）政治素质。施工项目负责人是建筑装饰施工企业的重要管理者，故应具备较高的政治素质和职业道德。

（2）领导素质。施工项目负责人是一名领导者，因此应具有较高的组织能力。施工项目负责人应具有现代管理、科学技术、心理学等基础知识，见多识广、眼光开阔，能够公正地处理各种关系。

（3）知识素质。施工项目负责人应具有大、中专以上相应的学历层次水平，懂得建筑装饰施工技术知识、经营管理知识和法律知识。

（4）实践经验。施工项目负责人必须具有一定的建筑装饰施工实践经历。

（5）身体素质。施工项目负责人不但要担当繁重的工作，而且工作和生活都在现场，相当艰苦，因此，施工项目负责人必须年富力强，具有健康的身体。

二、建筑装饰施工项目负责人责任制

建筑装饰施工项目负责人责任制是指以建筑装饰施工项目负责人为责任主体的施工项目管理目标责任制度。它是以施工项目为对象，以项目负责人为主体，以项目管理目标责任书为依据，以求得项目产品的最佳经济效益为目的，实行从施工项目开工到竣工验收到交工的施工活动以及售后服务在内的一次性全过程的管理责任制度。

（一）建筑装饰施工项目负责人责任制的作用

（1）建立和完善以施工项目管理为基点的适应市场经济的责任管理机制。

（2）明确项目负责人与企业、职工三者之间的责、权、利、效关系。

（3）利用经济手段、法制手段对项目进行规范化、科学化管理。

（4）强化项目负责人的责任与风险意识，对工程质量、工期、成本、安全、文明施工等方面负责，全过程负责，促使施工项目高速优质低耗地全面完成。

（二）建筑装饰施工项目负责人的责、权、利

1. 建筑装饰施工项目负责人的任务

项目负责人的任务主要包括两方面：一是要保证施工项目按照规定的目标高速优质低耗地全面完成；二是保证各生产要素在项目负责人授权范围内做到最大限度的优化配置。具体体现在以下几项：

（1）确定项目管理组织机构的构成并配备人员，制定规章制度，明确有关人员的职责，组织项目部开展工作。

（2）确定施工项目管理总目标和阶段目标，进行目标分解，制定控制措施，确保施工项目成功。

（3）及时、适当地做出施工项目管理决策，包括投标报价决策、人事任免决策、重大技术组织措施决策、财务工作决策、资源调配决策、工程进度决策、合同签订和变更决策，对合同执行进行严格管理。

（4）协调本组织机构与各协作单位之间的协作配合及经济、技术关系，代表企业法人进行有关签证，并进行监督、检查，确保质量、工期、成本控制成功。

（5）建立完善的内部及对外信息管理系统。

(6) 实施合同,处理好合同变更、洽商解决纠纷,处理索赔,处理好总分包关系。搞好有关单位的协作配合,与建设单位相互监督。

2. 建筑装饰施工项目负责人的职责

建筑装饰施工项目负责人的职责是由其所承担的任务所决定的。项目负责人应履行下列职责:

(1) 代表企业实施施工项目管理。贯彻执行国家法律、法规、方针、政策和强制性标准,执行企业的管理制度,维护企业的合法权益。

(2) 签订和履行"施工项目管理目标责任书"。

(3) 组织编制项目管理实施规划。

(4) 对进入现场的生产要素进行优化配置和动态管理。

(5) 建立质量管理体系和安全管理体系并组织实施。

(6) 在授权范围内负责与企业管理层、劳务作业层、各协作单位、发包人、分包人和监理工程师等的协调,解决项目中出现的问题。

(7) 按"施工项目管理目标责任书"处理项目部与国家、企业、分包单位以及职工之间的利益分配。

(8) 进行现场文明施工管理,发现和处理突发事件。

(9) 参与工程竣工验收,准备结算资料和分析总结,接受审计。

(10) 处理项目部的善后工作。

3. 建筑装饰施工项目负责人的权限

赋予施工项目负责人一定的权限是确保项目负责人承担相应责任的先决条件。为了履行项目负责人的职责,施工项目负责人必须具有一定的权限,这些权限应由企业法人代表授予,并采用制度和目标责任书的形式确定下来。施工项目负责人拥有的权限主要有:

(1) 生产指挥权。项目负责人有权按工程承包合同的规定,根据项目随时出现的人、财、物等资源变化情况进行指挥调度,对于施工组织设计和网络计划,有权在保证总目标不变的前提下进行优化和调整,以保证项目负责人能对施工现场临时出现的各种变化应付自如。

(2) 人事权。项目负责人有权决定项目管理机构班子的设置,聘任有关管理人员,选择作业班组,有权对班子成员进行监督、奖惩、辞退。

(3) 财权。项目负责人必须拥有承包范围内的财务决策权,在财务制度允许的范围内,项目负责人有权安排承包费用的开支,有权在资金范围内决定项目班子内部的计酬方式、分配方法、分配原则和方案,推行计件工资、定额工资、岗位工资和确定奖金分配。对风险应变费用、赶工措施费用等都有使用支配权。

(4) 技术决策权。主要是审查和批准重大技术措施和技术方案,以防止决策失误造成重大损失。必要时召开技术方案论证会或另请咨询专家,以防止决策失误。

(5) 设备、物资、材料的采购与控制权。在公司有关规定的范围内,决定机械设备的型号、数量和进场时间,对工程材料、周转工具、人中型机具的进场有权按质量标准检验后决定是否用于本项目。

(6) 质量否决权。项目负责人在工程施工过程中有权组织工程技术人员对工程中的每一道工序进行检查、验收,发现有不按规范、规程施工时,有权停止工序的施工,直至纠正错误,验收合格为止;工程竣工后,有权组织有关人员编制施工技术资料,参与工程竣工验收。

4. 建筑装饰施工项目负责人的利益

施工项目负责人的最终利益是项目负责人行使权力和承担责任的结果,也是市场经济条件下责、权、利相互统一的具体体现。利益分为两大类:一是物质兑现;二是精神奖励。项目负责人应享有以下利益:

(1) 获得基本工资、岗位工资和绩效工资。

(2) 在全面完成"施工项目管理目标责任书"确定的各项责任目标,交工验收并结算后,接受企业的考核和审计,除按规定获得物质奖励外,还可获得表彰、记功、优秀项目负责人等荣誉称号和其他精神奖励。

(3) 经考核和审计,未完成"施工项目管理目标责任书"确定的各项责任目标或造成亏损的,按有关条款承担责任,并接受经济或行政处罚。

习 题

一、名词解释

1. 项目管理;2. 组织机构

二、简答题

1. 项目组织机构设置原则是什么?
2. 项目组织机构形式有哪些?

项目二　建筑装饰施工项目合同管理

建筑装饰工程施工合同是发包人(建设单位或总包单位)和承包人(施工单位)之间,为完成商定的建筑装饰工程,明确相互权利和义务关系的协议。承发包双方签订施工合同,必须具备相应资质条件和履行施工合同的能力。对合同范围内的工程实施建设时,发包人必须具备组织协调能力;承包人必须具备有关部门核定的资质等级并持有营业执照等证明文件。依据施工合同,承包人应完成发包人交给的建筑装饰任务,发包人应按合同规定提供必须的施工条件并支付工程价款。

任务一　建筑装饰工程施工合同的特点

建筑装饰工程施工合同的特点是由建筑装饰工程特点所决定的,由于建筑装饰是附着在建筑物或构筑物上,而且根据不同建筑物或构筑物的使用功能和具体要求,对建筑装饰也就有不同要求,也就构成了建筑装饰施工合同的特殊性。

一、合同标的物的特殊性

建筑装饰工程是固定在建筑物或构筑物上进行的,这就形成了工程的固定性和施工的流动性;还因使用功能不同和使用者要求不同,其实物形态千差万别,艺术造型千变万化,形成了建筑装饰工程的个体性和施工的单件性;同时建筑装饰工程类别庞杂,质量要求高,做工精细,消耗的人力、物力、财力多,一次性投资额大。这就要求在建筑装饰工程施工合同中将施工内容、质量要求和标准、使用材料要求等进行明确。

二、合同履行期的长短不同

由于被装饰的建筑物的规模、面积不同,其合同履行期也不同。质量要求高、规模大的装饰工程,施工工期相对较长,少则几个月,长则一两年;而小型的建筑物或家庭装饰,施工工期相对较短。

三、合同内容条款多

由于建筑装饰工程本身的特点和施工的复杂性,涉及面广,合同内条款是多方面的,其主要条款要根据不同建筑装饰项目的不同装饰要求必须约定清楚,还有新技术、新工艺、新材料的使用,工程分包,不可抗力,违约责任,违约纠纷的解决方式、工程保险等,也是施工合同的重要内容。

四、合同性质的类型复杂

建筑装饰工程可以在新建工程上装饰,也可以在建筑物上单独装饰,或在旧建筑物上进行二次、三次装修,乃至多次装饰。建筑装饰工程承包方直接与发包方签订施工合同,这是总包合同性质;在新建或改建时已有总包单位,建筑装饰工程承包方与总包方签订的施工合同属于分包合同性质;在旧建筑物上重新装饰时签订的施工合同,又有修缮合同的性质。建筑装饰施工合同无论属于哪种性质,其主要条款内容基本上是一致的。

任务二　建筑装饰工程施工合同的作用

一、保护发包方和承包方的合法权益

建筑装饰工程施工合同中对工程内容、质量标准、工期和造价进行了约定,明确了双方责、权、利,使双方有章可循,以维护双方各自的合法经营权益。在合同履行过程中,双方都应严格遵守,严格履行。无论哪种情况违约,权利受到侵害的一方当事人就可以合同为依据,追究对方当事人的责任。

二、对施工过程进行全面管理的依据

建筑装饰工程施工合同为有关管理部门和签订合同的双方提供了监督和检查的依据,能根据合同随时掌握工程施工动态,全面监督检查其工作的落实情况,及时发现问题和解决问题。

三、施工企业提高经营管理水平的依据

建筑装饰工程施工合同中明确了工程的工期、质量标准和造价,这样有利于提高施工企业经营管理水平。

四、调解、仲裁和审理施工合同纠纷的依据

在施工合同中明确了双方的违约责任及解决办法,因此,一旦出现施工合同纠纷,就必须依据法律,以施工合同为依据进行调解、仲裁和审理。

任务三　建筑装饰工程施工合同文件的组成

通过招标投标方式订立的建设装饰工程施工合同,因为经过招标、投标、开标、评标、中标等一系列过程,合同文件不单是一份协议书,而常由以下文件共同组成。

(1) 本合同协议书。
(2) 中标通知书。
(3) 投标书及附件。
(4) 本合同专用条款。
(5) 本合同通用条款。
(6) 标准、规范及有关技术文件。
(7) 图纸、工程量清单、工程报价书或预算书。

任务四　建筑装饰工程施工合同管理内容

一、建筑装饰工程施工合同管理程序

(1) 合同评审。
(2) 合同订立。
(3) 合同实施计划。
(4) 合同实施控制。
(5) 合同管理总结。
严禁通过违法发包、转包及违法分包、挂靠的方式订立和实施建筑装饰工程施工合同。

二、合同评审

(1) 合同订立前,应进行合同评审,完成对合同条件的审查、认定和评估工作。以招标方式订立合同时,应组织对招标文件和投标文件进行审查、认定和评估。
(2) 合同评审内容包括：
①合法性、合规性评审。
②合理性、可行性评审。
③合同严密性、完整性评审。
④与产品或过程有关要求的评审。
⑤合同风险评估。
(3) 合同评审中发现的问题应以书面形式提出,要求予以澄清或解释。
(4) 应根据需要进行合同谈判、细化、完善、补充、修改或另行约定合同条款和内容。

三、合同订立

(1) 依据合同评审和谈判结果,按程序和规定订立合同。
(2) 合同订立应符合下列规定：
①合同订立应是双方的真实意思表示。
②合同订立应采用书面形式,并符合相关资质管理和许可管理的规定。
③合同应由当事方的法定代表人或其授权的委托代理人签字或盖章；合同主体是法人

或其他组织时,应加盖单位印章。
④法律、行政法规规定需办理批准、登记手续后合同生效时,应依照规定办理。
⑤合同订立后应在规定时间内办理备案手续。

四、合同实施计划

(1) 合同订立后应按要求编制合同实施计划,合同实施计划内容包括:
①合同实施总体安排。
②合同分解与分包策划。
③合同实施保证体系的建立。
(2) 分包合同的内容,应在质量、资金、进度、管理架构、争议解决方式方面符合总包合同的要求。

五、合同实施控制

(1) 项目管理机构应按约定全面履行合同。
(2) 合同实施前,相关部门和合同谈判人员应对项目管理机构进行合同交底。合同交底内容包括:
①合同的主要内容。
②合同订立过程中的特殊问题及合同待定问题。
③合同实施计划及责任分配。
④合同实施的主要风险。
⑤其他应进行交底的合同事项。
(3) 项目管理机构在合同实施过程中定期进行合同跟踪和诊断。
在合同实施过程中对合同实施信息进行全面收集、分类处理,查找偏差,定期对出现的偏差进行定性和定量分析,通报合同实施情况及存在的问题。
(4) 项目管理机构应根据合同实施偏差结果制定合同纠偏措施或方案,经授权人批准后实施。
(5) 项目管理机构应按规定实施合同变更的管理工作,将变更文件的要求传递至相关人员。
(6) 项目管理机构应按规定实施合同索赔的管理工作。
(7) 合同实施过程中产生争议时,可按下列方式解决:
①双方通过协商达成一致。
②请求第三方调解。
③按照合同约定申请仲裁或向人民法院起诉。

六、合同管理总结

项目管理机构应按时进行合同管理评价,总结合同订立和执行过程中的经验和教训。

任务五　建筑装饰工程施工索赔

一、建筑装饰工程施工索赔的含义

工程施工索赔是指在工程施工合同履行过程中,合同当事人一方因对方不履行或未能正确履行合同或者非自身因素或而受到经济损失或权利损害时,通过合同规定的程序向对方提出经济或时间补偿的要求的行为。

索赔是一种正当的权利要求,它是合同当事人之间的一种正常的、大量发生而且普遍存在的合同管理业务,是一种以法律和合同为依据的合情合理的行为。

在工程建设中,索赔有广义和狭义之分。广义的索赔包括承包商向业主提出的索赔以及业主向承包商提出的索赔。狭义的索赔特指承包商向业主提出的索赔(常称为施工索赔),而将业主向承包商提出的索赔称为反索赔。

在建筑工程实践中,比较多的是承包商向业主提出的索赔。下面仅介绍承包商向业主提出索赔的相关内容。

二、施工索赔的起因

施工索赔的起因多种多样,有的是业主或监理工程师的不当行为,也有的是现场条件、合同变更、法律法规变更等。施工索赔的主要原因如下:

(一)业主违约

业主违约是指业主(包括业主的代理人)未能按照合同约定为承包商提供必要的现场条件,或者未能在规定时间内付款。如,业主未能按约定的时间将施工现场交给承包商;工程师未能在规定时间内提供施工图纸、发出指令或批复;未及时交付由业主负责的材料和设备;下达了错误的指令或错误的图纸、文件;超出合同中的有关规定,不正确地干预承包商的施工过程等。

(二)合同缺陷

合同缺陷常常表现为合同文件规定不严谨甚至矛盾,合同有遗漏或错误,包括合同条款中的缺陷,技术规范中的缺陷以及设计图纸的缺陷等。在此情况下,工程师有权做出解答。但如果承包商按此解释执行而造成成本增加或者工期延误,则承包商可以据此提出索赔。

(三)监理工程师的工作失误

监理工程师的工作失误通常表现为工程师为了保证合同目标顺利实施,要求承包商改变施工方法;更换认为不合格的装饰材料(事后证明材料是合格的);对工程的苛刻检查等。

(四)工程承包合同发生变更

工程承包合同发生变更常常表现为设计变更、施工方法变更、增减工程量及合同规定的其他变更。对于因业主或者工程师的原因产生变更而使承包商遭受损失,承包商可以提出索赔要求,以弥补自己所不应该承担的损失。

(五)法律法规发生变更

法律法规发生变更通常是指直接影响到工程造价的某些法律法规的变更,如税收变化、利率变化以及其他收费标准的提高等。如果国家法律法规变化导致承包商施工费用增加,则业主应向承包商补偿该增加的支出。

(六)其他承包商的干扰

其他承包商的干扰通常是指其他承包商未能按时、按序、按质进行施工,或者承包商之间配合协调得不好,给承包商造成干扰。如土建施工承包商未能按时完工或提供不合格的半成品给装饰承包商。

(七)第三方的影响

第三方的影响通常表现为因与工程有关的其他第三方的问题而引起的对本工程的不利影响。如银行付款延误,因运输问题而造成装饰材料未能按时抵达施工现场等。

(八)工程环境的变化

工程环境的巨大变化可能会引发施工索赔。例如,市场物价上涨、法律政策变化、自然条件的变化、异常的其他情况等。

(九)不可抗力因素

不可抗力因素也会引发施工索赔。例如,战争、敌对行动、入侵、动乱、地震、洪涝灾害、核污染等。

三、施工索赔的程序

在工程施工过程中,如果发生索赔事项,一般可按下列程序进行索赔。

(一)意向通知

索赔事件发生时或发生后,承包商应首先与监理工程师通话或洽谈,表明索赔意向,使监理工程师有思想准备。

(二)提出索赔申请

索赔事件发生后的有效期内(一般为28天),承包商要向监理工程师提出书面索赔申请,并抄送业主。主要内容包括索赔事件发生的时间,实际情况及影响程度,同时提出索赔依据的合同条款等。

(三)编写索赔报告

索赔事件发生后,承包商应立即搜集证据,寻找合同依据,进行责任分析,计算索赔金额,最后编写索赔报告,在规定期限内报送监理工程师,抄送业主。

(四)索赔处理

监理工程师接到索赔报告后,应认真审查,分解和分析合同实施情况,考察其索赔依据和证据是否完整可靠,索赔计算过程是否准确。经审查并签名后,即可签发付款证明,由业主支付索赔款,索赔即告结束。

在审核索赔报告时,如果监理工程师有疑问,承包商应作出解释,必要时补充证据,直到监理工程师承认索赔有理。对争议较大的索赔问题,可由中间人调解解决,也可通过仲裁或诉讼解决。

四、施工索赔证据

（一）索赔证据的含义

索赔证据是当事人用来支持其索赔成立或和索赔有关的证明文件和资料。索赔证据作为索赔文件的组成部分，在很大程度上关系到索赔的成功与否。

（二）常见的索赔证据

在进行施工索赔时，承包商应善于从合同文件和施工记录等资料中寻找索赔的证据，在提出索赔要求时，提供必需的证据材料。主要的证据材料包括以下几种：

(1) 政策法规文件。
(2) 招标文件、合同文本及招标文件附件中所包括的合同文本。
(3) 施工合同协议书及附属文件。
(4) 各种往来的书面文件，如通知、答复等。
(5) 工程各项会议记录。
(6) 经批准的施工组织设计、施工进度计划、现场实际情况记录。
(7) 工程现场记录，如施工日记、设计变更、设计交底等。
(8) 气象报告和资料。
(9) 工程照片及录像资料。
(10) 检查验收报告、技术鉴定报告。

（三）索赔证据的基本要求

(1) 真实性。
(2) 及时性。
(3) 全面性。
(4) 关联性。
(5) 有效性。

五、施工索赔的内容

施工索赔一般包括费用索赔和工期索赔两类。

（一）费用索赔

可索赔的费用包括直接费、间接费、分包费、总部管理费、利润。原则上，承包商有索赔权利的工程成本增加，都是可以索赔的费用。但是，对于不同原因引起的索赔，承包商可索赔的具体费用内容是不完全一样的。哪些内容可索赔，要按照各项费用的特点、条件进行分析论证。

（二）工期索赔

由于非承包商的原因导致工程延误，同时发生延期时间的工程部位的延长时间超过了其相应的总时差时，承包商有权提出延长工期的申请，监理工程师应按合同规定，批准工期延期时间。因此由于工期延误造成的索赔根据补偿的内容不同，可分为三种情况：①只可索赔工期的延误；②只可索赔费用的延误；③可索赔工期和费用的延误。

习 题

一、名词解释

1. 施工索赔；2. 费用索赔；3. 工期索赔

二、单项选择题

1. 装饰工程合同签订前应组织进行合同评审，以下（　　）不是合同评审的内容。
   A. 合同的合规性　　B. 合同的合理性　　C. 合同的严谨性　　D. 合同的可行性
2. 工期索赔，一般指（　　）要求延长工期。
   A. 分包人向业主或者分包人向承包人
   B. 承包人向业主或者分包人向承包人
   C. 承包人向业主或者承包人向分包人
   D. 业主向承包人或者分包人向承包人
3. 对于承包人向发包人的索赔请求，索赔文件首先应该交由（　　）审核。
   A. 业主　　　　　B. 监理工程师　　　　C. 项目负责人　　　D. 律师
4. 由于发包人未能按时办理有关批准和手续，导致工程暂停施工，（　　）。
   A. 发包人承担所发生的追加合同价款，工期不相应顺延
   B. 发包人承担所发生的追加合同价款，工期相应顺延
   C. 承包人承担所发生的追加合同价款，工期不相应顺延
   D. 承包人承担所发生的追加合同价款，工期相应顺延
5. 某装饰工程施工过程中索赔事件发生后，承包人首先要做的工作是（　　）。
   A. 向监理工程师提交索赔证据　　　　B. 向监理工程师提交索赔意向通知
   C. 向监理工程师提交索赔报告　　　　D. 与业主就索赔事项进行谈判
6. 施工承包合同规定，工程师的检查检验不应影响施工的正常进行，如影响施工正常进行，其处理原则是（　　）。
   A. 检查检验不合格时，双方分担承担费用
   B. 检查检验不合格时，发包人承担费用
   C. 检查检验合格时，承包人承担费用，工期顺延
   D. 检查检验合格时，发包人承担费用，工期顺延
7. 某装饰工程的天花吊顶为轻钢龙骨纸面石膏板吊顶，监理工程师对隐蔽工程项目进行了验收，合格后，施工单位开始进行纸面石膏板的安装，一周后，监理工程师又要求施工单位拆除已安装的纸面石膏板，对隐蔽工程项目重新进行检验。经重新检验，发现施工质量不合格，材料品牌不符合合同要求。那么施工单位拆除、整改、重新安装纸面石膏板等费用以及造成的工期损失，应该由（　　）承担？
   A. 费用和工期损失全部由发包人承担　　B. 工期不予顺延，但费用由发包人给予补偿
   C. 费用由承包人承担，工期给予顺延　　D. 费用和工期损失全部由承包人承担
8. 某建设工程项目合同价为3000万元，合同总工期为20个月，施工过程中因设计变更导致增加额外工程款300万元，业主同意工期顺延。根据比例分析法，承包人可索赔工期（　　）个月。

A. 2　　　　　B. 3　　　　　C. 4　　　　　D. 5

9. 本工程装修合同约定,地面瓷砖的采购由建设单位负责,根据监理工程师审批后的施工进度计划,瓷砖应该3月20日到货,项目经理部组织了5名镶贴技师于3月19日进驻现场。可是由于所用瓷砖为进口产品,供货时间较长,直到3月30日仍然没有到货。下列说法不合理的是(　　)。

A. 项目经理让施工员周工向监理和建设单位发工作函,函中陈述了进度计划、人员到场以及货物延迟等情况事实,并催促材料尽快进场

B. 项目经理让预算员赵工起草索赔函,就因瓷砖供货期延误而导致的工期延误、人员窝工问题,向业主提出索赔

C. 由于瓷砖是进口产品,供货周期长,这属于不可抗力,项目经理部提出的索赔是不合理的,不应该由业主承担项目的损失

D. 镶贴技师已经到场,由于瓷砖没到货,窝工已成为事实,所以应该就人员窝工问题向业主提出索赔

10. 某装饰工程施工中墙面刷乳胶漆工程量由原来的 2500 m^2 增加到 3000 m^2,原定工期为30天,合同规定工程量变动10%为承包商应承担的风险,则可索赔工期为(　　)天。

A. 2　　　　　B. 3　　　　　C. 5　　　　　D. 6

11. 某装饰工程项目发生索赔事件,承包人必须在发出索赔意向通知后(　　)天内向工程师提交一份详细的索赔文件。

A. 28　　　　B. 30　　　　C. 42　　　　D. 56

12. 在下列解决合同纠纷的方式中,(　　)是不以双方自愿为前提的。

A. 协商　　　B. 调解　　　C. 仲裁　　　D. 诉讼

13. 浙江某装饰公司投标时采取了低报价的策略,该公司收到中标通知书后,立刻召开专门会议,就合同执行过程中可能存在的风险进行分析,并提出风险管理的措施,下列关于本工程合同风险分析和管理的说法不正确的是(　　)。

A. 由于装饰装修工程是在室内施工,不存在人员伤亡的风险,为了节约工程项目成本,可以不给工人购买保险

B. 由于在投标时,采取了低报价的策略,所以本工程在施工过程中,应加强索赔管理

C. 为了降低工程成本提高利润,可以通过改变材料采购渠道,减少流通环节,降低流通成本的办法

D. 加强现场管理,采用现代化施工手段,减少人工操作,提高施工效率

三、多项选择题

1. 某装饰工程项目中,承包人可以提出索赔的事件有(　　)。

A. 发包人违反合同给承包人造成时间、费用的损失
B. 因工程变更造成时间、费用损失
C. 发包人提出提前竣工而造成承包人的费用增加
D. 贷款利率上调造成贷款利息增加
E. 发包人延误支付期限造成承包人损失

2. 某写字楼装饰工程项目,在实际施工中,可以顺延工期的情况有(　　)。

A. 发包人比计划开工日晚5天下达开工通知

B. 发包人未按合同约定提供施工现场

C. 发包人提供的测量基准点存在错误

D. 监理人未按合同约定发出指示、批准文件

E. 分包人或供货商延误

3. 专业分包人的主要责任和义务包括（　　）。

A. 按照分包合同的约定，对分包工程进行设计（分包合同有约定时）、施工、竣工交付和保修

B. 在合同约定的时间内，向承包人提供年、季、月度工程进度计划及相应进度统计报表

C. 提供合同专用条款中约定的设备和设施，并承担因此发生的费用

D. 在合同约定的时间内，向承包人提交详细的施工组织设计，承包人应在专用条款约定的时间内批准，分包人方可执行

E. 已竣工工程未交付承包人之前，分包人应负责已完分包工程的成品保护工作

4. 某装饰工程项目施工中，可以提出工程变更的单位有（　　）。

A. 供货商　　　B. 承包人　　　C. 业主方　　　D. 质监站

E. 设计方

5. 承包人向发包人索赔成立的前提条件有（　　）。

A. 按合同规定程序和时间提交了索赔报告

B. 按合同规定程序和时间提交了索赔意向通知

C. 与合同对照，事件已造成了承包人实际损失

D. 索赔原因按合同约定不属于承包人的行为责任

E. 索赔前需进行现场保护

6. 某装饰工程在实施过程中，因设计变更出现了工期延误情况，事后，项目部及时向监理单位发出了索赔意向通知，并着手搜集索赔证据，下列内容可以作为索赔证据的是（　　）。

A. 设计变更单

B. 工程有关照片和录像

C. 有关会议纪要

D. 施工备忘录

E. 监理工程师发出的书面指令

四、简答题

1. 建筑装饰施工合同的特点。

2. 建筑装饰施工合同订立原则。

3. 建筑施工索赔程序。

4. 建筑施工索赔常见证据有哪些？

【技能实训】

【实训4-1】

背景：

某装修工程甲乙双方签订了装修施工合同，合同中对甲乙双方的责任进行了约定。在

合同履行过程中发生如下事件：

1. 甲方不能及时提供施工场地，造成乙方迟于合同约定开工日期若干天才进场施工。
2. 甲方供应的部分材料不满足设计要求，造成乙方停工待料若干天。
3. 由于乙方原因造成墙面瓷砖大面积空鼓，甲方要求乙方进行返工处理。
4. 甲方对乙方已隐蔽的干挂石龙骨的施工质量有质疑，要求乙方对已隐蔽的干挂石龙骨进行重新检验。
5. 工程具备验收条件后，乙方向甲方送交了竣工验收报告，但由于甲方原因，在收到乙方的验收报告后未能在约定日期内组织竣工验收。
6. 由于乙方原因未能在工程竣工验收报告经甲方认可后28天内将竣工结算报告及完整的结算资料报送甲方，造成工程结算不能正常进行及工程结算款不能及时支付。

问题：

1. 针对事件1，乙方提出顺延工期以及赔偿此间损失的要求，甲方是否答应？
2. 针对事件2，乙方要求甲方更换材料，赔偿乙方停工待料的损失，并顺延工期，乙方的要求合理吗？
3. 针对事件3，乙方是否应返工？发生的费用及拖延的工期是否应得到赔偿？
4. 针对事件4，接到重新检验的通知后，乙方是否应配合甲方的要求？重新检验合格与否的责任及费用由谁承担？
5. 针对事件5，乙方送交的竣工报告是否应被认可？
6. 针对事件6，工程结算不能正常进行及工程结算款不能及时支付责任在于哪方？如甲方要求交付工程，乙方是否应当交付？

解：

问题1：工期应顺延，甲方应当赔偿乙方造成的损失。

问题2：乙方的要求合理，甲方应负责将不合格材料运出施工场地并重新采购，并赔偿乙方由此造成的损失，工期相应顺延。

问题3：乙方应对不合格瓷砖进行返工处理，工期不可顺延，发生的费用全部由乙方承担，不应赔偿。

问题4：乙方应配合甲方做好重新检验工作，接到重新检验的通知后，乙方应按要求进行剥离，并在检验后新覆盖或修复。如重新检验质量合格，甲方承担由此发生的全部费用，赔偿乙方损失，并相应顺延工期；检验不合格，乙方承担发生的全部费用，工期不予顺延。

问题5：验收报告应被认可。甲方收到乙方递交的竣工验收报告后28天内不组织验收，或验收后14天内不提出修改意见，视为验收报告已被认可。同时，从第29天起，甲方承担工程保管责任及一切意外责任。

问题6：工程竣工结算不能正常进行或工程竣工结算价款不能及时支付的责任由乙方承担，如果甲方要求交付工程，乙方应当交付。

【实训4-2】

背景：

某幕墙公司通过招标投标直接向建设单位承包了某多层普通旅游宾馆的建筑幕墙工程。合同约定实行固定单价合同。工程所用材料除了石材和夹层玻璃由建设单位直接采购运到现场，其他材料均由承包人自行采购。合同约定工期120个日历天。合同履行过程中发生下列事件：

1. 建设单位直接采购的夹层玻璃到场后，经现场验收发现夹层玻璃采用湿法加工，质量不符合幕墙工程的要求，经协商决定退货。幕墙公司因此不能按计划制作玻璃板块，使这一在关键线路上的工作延误了15天。

2. 工程施工过程中，建设单位要求对石材幕墙进行设计变更。施工单位按建设单位提出的设计修改图进行施工。设计变更造成工程量增加及停工、返工损失，施工单位在施工完成15天后才向建设单位提出变更工程价款报告。建设单位对变更价款不予认可，而按照其掌握的资料单方决定变更价款，并书面通知了施工单位。

3. 建设单位因宾馆使用功能调整，又将部分明框玻璃幕墙改为点支承玻璃幕墙。施工单位在变更确定后第10天，向建设单位提出了工程变更价款报告，但建设单位未予确认也未提出协商意见。施工单位在提出报告20天后，就进行施工。在工程结算时，建设单位对变更价款不予认可。

4. 由于在施工过程中，铝合金型材涨价幅度较大，施工单位提出按市场价格调整综合单价。

问题：

1. 幕墙公司可否向建设单位提出工期补偿和赔偿停工、窝工损失？为什么？
2. 施工单位的做法是否正确？为什么？
3. 建设单位的做法是否正确？为什么？
4. 幕墙公司的要求是否合理？为什么？

解：

问题1：可以。因为玻璃板块制作是在关键线路上的工作，直接影响到总工期，建设单位未及时供应原材料造成工期延误和停工、窝工损失，根据《中华人民共和国民法典》，应给予工期和费用补偿。

问题2：正确。因为按照《建设工程价款结算暂行办法》规定，工程设计变更确定后14天内，如承包人未提出变更工程价款报告，则发包人可根据所掌握的资料决定是否调整合同价款和调整的具体金额。

问题3：不正确。因为按照《建设工程价款结算暂行办法》规定，自变更工程价款报告送达之日起14天内，建设单位未确认也未提出协商意见时，视为变更工程价款报告已被确认。所以，幕墙公司可以按照变更价款报告中的价格进行结算。

问题4：不合理。因为本工程为固定单价合同，合同中的综合单价应包含一定的风险因素，如一般的材料价格调整，所以不应调整综合单价。

【实训4-3】

背景：

某建筑装饰施工企业与建设单位签订了某工程建筑装饰施工合同，合同约定外墙铝合金门窗由业主负责供货。在施工过程中，监理工程师在对外墙铝合金门窗进行质量检验时，发现有5个铝合金窗框变形较大，随即下令施工单位拆除，经检查，这5个铝合金窗框使用材料不合格。

问题：

对此问题该如何处理？

解：

施工单位应按照监理工程师指令拆除质量不符合要求的铝合金窗框,并要求业主退货,重新购买合格铝合金窗框,重新安装,并经检查认可验收。所造成的工期和经济损失监理工程师应签字认可,由业主承担。

项目三　建筑装饰施工项目技术管理

建筑装饰施工项目技术管理是项目部在项目施工的过程中,对各项技术活动过程和技术工作的各种要素进行科学管理的总称。其中各项技术活动包括图纸会审、技术交底、技术试验、科学研究等。技术工作的各种要素包括技术人员责任制、职工的技术培训、技术装备、技术文件、资料、档案等。技术管理的目的就是运用管理的职能去组织各种技术要求的实施,促进各种技术工作的开展,鼓励各种技术项目的创新,完善各种技术规章制度。

任务一　技术管理的基本概念

一、技术管理的任务

建筑装饰施工项目技术管理的基本任务是:贯彻党和国家各项技术政策和法令,执行国家和部门制定的技术规范、规程,科学地组织各项技术工作,建立正常的技术工作秩序,提高建筑装饰施工企业的技术管理水平,不断革新原有技术和采用新技术,达到保证工程质量、提高劳动效率、实现安全生产、节约材料和能源、降低工程成本的目的。

二、技术管理的要求

(一)贯彻国家的技术政策

国家的技术政策是根据国民经济和生产发展的要求和水平提出来的,如现行的施工与验收规范或规程,在技术管理中,必须正确地贯彻执行。

(二)按科学规律办事

技术管理一定要实事求是,采取科学的工作态度和工作方法,按科学规律组织和进行技术管理工作。对于新技术的开发和研究,应积极支持,但是新技术的推广使用,应经试验和技术鉴定,在取得可靠数据并证明确定是技术可行、经济合理后,方可逐步推广应用。

(三)讲求经济效益

在技术管理中,应对每一种新的技术成果认真做好技术经济分析,考虑各种技术经济指标和生产技术条件,以及未来发展等因素,进行全面评价后的经济效益评估。

三、技术管理的主要内容

建筑装饰施工项目技术管理的内容可以分为基础工作和业务工作两部分。

（一）基础工作

基础工作是指为开展技术管理活动创造前提条件的最基本的工作。基础工作主要涉及技术责任制、技术标准与规程、技术原始记录、技术文件管理、科学研究与信息交流等方面的工作。

（二）业务工作

业务工作是指技术管理中日常开展的各项业务活动。业务工作主要包括施工技术准备工作，如施工图纸会审、编制施工组织设计、技术交底、材料技术检验等；施工过程中的技术管理工作，如技术复核、质量监督、技术处理等；技术开发工作，如科学技术研究、技术革新、技术改造、技术培训等。

基础工作和业务工作是相互依赖并存的，缺一不可。基础工作为业务工作提供必要的条件，但每一项技术业务都必须依靠基础工作才能进行，技术管理的基本任务必须由各项具体的业务工作来完成。

任务二 主要技术管理制度

一、图纸会审制度

图纸会审制度是指每项工程在施工前，均要在熟悉图纸的基础上，对图纸进行会审。目的是领会设计意图，明确技术要求，发现其中的问题和差错，以避免造成技术事故和经济上的浪费。

二、技术交底制度

技术交底工作是指工程开工之前，由各级技术负责人将有关工程的各项技术要求逐级向下贯彻，直到施工现场，使技术人员和工人明确所担负任务的特点、技术要求、施工工艺等，因此要制定制度，以保证技术责任制落实，技术管理体系正常运转，技术工作按标准和要求进行。

三、材料检验制度

在施工中，使用的所有原材料、构配件和设备等物资，必须由供方部门提供合格证明和检验单，各种材料在使用前按规定抽样检验，新材料要经过技术鉴定合格后才能在工程上使用。

四、技术复核制度

在现场施工中，为避免发生重大差错，对重要的或影响工程全局的技术工作，施工企业应认真健全现场技术复核制度，明确技术复核的具体项目，复核中发现问题要及时纠正。

五、施工日志制度

施工日志也叫施工技术日记,是工程项目施工过程中有关技术方面的原始记录,是改进和提高技术管理水平的主要工作。

六、质量检查和验收制度

制定工程质量检查和验收制度的目的是加强工程施工质量的控制,避免质量差错造成永久隐患,并为质量等级评定提供数据,为工程积累技术资料。工程质量检查验收制度包括工程预检制度、工程隐检制度、工程分阶段验收制度、分项工程交接验收制度、竣工检查验收制度等。

七、施工技术资料管理制度

工程施工技术资料是装饰施工企业根据有关规定,在施工过程中形成的应当归档保存的各种图纸、表格、文字、音像材料等技术文件材料的总称,是工程施工及竣工交付使用的必备条件,也是对工程进行检查、维护、管理、使用、改建和扩建的依据。制订该制度的目的是加强对工程施工技术资料的统一管理,提高工程质量的管理水平。它必须贯彻国家和地区有关技术标准、技术规程和技术规定,以及企业的有关技术管理制度。

任务三 主要技术管理工作内容

一、设计文件的学习和图纸会审

设计文件的学习和图纸会审是施工单位熟悉、审查设计图纸,了解工程特点、设计意图和关键部位的工程质量要求,帮助设计单位减少差错的重要手段。它是项目组织在学习和审查图纸的基础上,进行质量控制的一种重要而有效的方法。

图纸会审的要点是:主要尺寸、标高、轴线、孔洞、预埋件、节点大样和构造等是否有错误;建筑、结构、安装之间有无矛盾;标准图与设计图有无矛盾;设计假定与施工现场实际情况是否相符;企业是否具备采用新技术、新结构、新材料的可能性;某些结构的强度和稳定性对安全施工有无影响等。

图纸会审后,应将会审中提出的问题、修改意见等用会审纪要的形式加以明确,必要时由设计单位另出修改图纸。会审纪要由参加各方签字后下发,它与图纸具有同等的效力,是组织施工、编制预算的依据。

二、技术交底

技术交底是在正式施工之前,对参与施工的有关管理人员、技术人员和工人交待工程情况和技术要求,避免发生指导和操作的错误,以便科学地组织施工,并按合理的工序、工艺流程进行作业。技术交底的主要内容是：

（一）图纸交底

图纸交底的目的是使施工人员了解工程的设计特点、做法要求、抗震处理、使用功能等，以便掌握设计关键，做到按图施工。

（二）施工组织设计交底

要将施工组织设计的全部内容向施工人员交待，以便掌握工程特点、施工部署、任务划分、施工方法、施工进度、各项管理措施、平面布置等，用先进的技术手段和科学的组织手段完成施工任务。

（三）设计变更和洽商交底

将设计变更和洽商内容向施工人员做统一的说明，讲明变更的原因，以免施工时遗漏造成差错。

（四）分项工程技术交底

分项工程技术交底的主要内容包括施工工艺、规范和规程要求、材料使用、质量标准及技术安全措施等。对新技术、新材料、新结构、新工艺和关键部位，以及特殊要求，要重点交待，以使施工人员把握重点。

三、技术复核

技术复核是指在施工过程中对重要部位的施工，依据有关标准和设计要求进行的复查、核对工作。技术复核的目的是避免在施工中发生重大差错，保证工程质量。技术复核一般在分项工程正式施工前进行。复核的内容视工程情况而定，一般包括：标高和轴线；钢筋混凝土和砖砌体；大样图、主要管道和电气等。

四、技术检验

建筑材料、构件、零配件和设备质量的优劣，直接影响建筑工程质量。因此，必须加强技术检验工作，并健全检验试验机构，把好质量检验关。对材料、半成品、构配件和设备的检查有下列要求：

（1）凡用于施工的原材料、半成品和构配件等，必须有供应部门或厂方提供的合格证明。对于没有合格证明或虽有合格证明，但经质量部门检查认为有必要复查时，均须进行检验或复验，证明合格后方能使用。

（2）水泥、砖、焊条、防水材料等结构用材，除应有出厂证明或检验单外，还应按规范和设计要求进行检验。

（3）混凝土、砂浆的配合比等，都应严格按规定的部位及数量，制作试块、试样，按时送交试验，检验合格后才能使用。

（4）对铝合金门窗、玻璃幕墙、预埋件、高级装饰材料等材料成品及配件，应特别慎重检验，质量不合格的不得使用。

五、工程质量检查和验收

为了保证工程质量,在施工过程中,除根据国家规定的《建筑安装工程质量检验评定标准》逐项检查操作质量外,还必须根据安装工程特点,分别对隐蔽工程、分部分项检验批工程和交工工程进行检查和验收。

(一)隐蔽工程检查验收

隐蔽工程检查验收是指本工序操作完成后将被下道工序所掩埋、包裹而无法再检查的工程项目,在隐蔽前所进行的检查与验收。隐蔽工程应由技术负责人主持,邀请监理、设计和建设单位代表共同进行检查验收后才能进行下道工序的施工。经检查后,办理隐检签字手续,列入工程档案,对不符合质量要求的问题要认真进行处理,未经检查合格者不能进行下道工序施工。

(二)分部分项检验批工程预先检查验收

检验批、分项工程完工后先由施工单位自己检查验收,合格后报监理、建设单位验收;分部工程应由施工、监理、建设、设计及勘察单位共同检查验收,并将签证验收记录纳入工程技术档案。

(三)工程交工验收

在所有建设项目和单位规定内容全部竣工后,进行一次综合性检查验收,评定质量等级。交工验收工作由建设单位组织,监理单位、设计单位、勘察单位、施工单位参加。

六、工程技术档案工作

工程技术档案是国家整个技术档案中的一个组成部分。它是记述和反映工程施工技术科研等活动,具有保存价值,并按照档案制度,真实记录、集中保管起来的技术文件资料。工程技术档案工作的任务是:按照一定的原则和要求,系统地收集记录工程建设全过程中具有保存价值的技术文件资料,按归档制度加以整理,以使工程竣工验收后完整地移交给有关档案管理部门。

习 题

一、名词解释

1. 图纸会审;2. 技术交底;3. 技术复核;4. 隐蔽验收

二、简答题

1. 简述主要技术管理制度。
2. 简述主要技术管理内容。

项目四　建筑装饰施工项目进度管理

任务一　建筑装饰施工项目进度控制的基本概念

一、进度控制的含义

施工项目进度控制是指在既定的工期内,编制出最优的施工进度计划,在执行该计划的施工过程中,经常检查施工实际进度情况,并将其与计划进度相比较,若出现偏差,即分析偏差产生的原因和对工程总工期的影响程度,制定必要的调整措施,修改原定的计划安排;不断地如此循环,直至工程最后进行竣工验收为止的整个施工控制过程。

二、影响施工进度的主要因素

(一) 参与单位和部门

影响项目施工进度的单位和部门众多,包括建设单位、设计单位、总承包单位以及施工单位上级主管部门、政府有关部门、银行信贷单位、资源物资供应部门等等。只有做好有关单位的组织协调工作,才能有效地控制项目施工进度。

(二) 工程材料、物资供应进度

施工过程中需要的工程材料、构配件、施工机具和工程设备等,如果不能按照进度计划要求抵达施工现场,或者抵达后发现其质量不符合要求,都会对施工进度产生影响。

(三) 工艺和技术

对设计意图和技术要求未能完全领会,工艺方法选择不当,盲目施工,在施工操作中没有严格执行技术标准、工艺规程而出现问题;新技术、新材料、新工艺缺乏经验等都会直接影响施工进度。

(四) 工程设计变更

建设单位改变项目设计功能,项目设计图样错误或变更,致使施工速度放慢或停工。

(五) 建设资金

有关方面拖欠资金,资金不到位,资金短缺,都会影响工程进度。

(六) 施工组织管理不当

施工平面布置不合理,出现相互干扰和混乱;劳动力和机械设备的选配不当;流水施工组织不合理等。

（七）其他各种风险因素

其他各种风险因素包括政治、社会、经济、技术及自然等方面的各种可预见和不可预见的因素。如自然灾害、工程事故、政治事件、工人罢工或战争等都将影响项目施工进度。

三、施工项目进度控制的措施

施工项目进度控制的措施主要有组织措施、技术措施、合同措施、经济措施和信息管理措施等。

（一）组织措施

组织措施主要是指落实各级进度控制人员的具体任务和工作责任，建立进度控制的组织系统；按照施工项目的结构、施工阶段或合同结构的层次进行项目分解，确定其各分进度控制的工期目标，建立进度控制的工期目标体系；建立进度控制的工作制度，如定期检查的时间、方法，召开协调会议的时间、参加人员等，并对影响施工实际进度的主要因素进行分析和预测，制定调整施工实际进度的组织措施。

（二）技术措施

技术措施主要是指应尽可能采用先进施工技术、方法和新材料、新工艺、新技术，保证进度目标实现；落实施工方案，在发生问题时，能适时调整工作之间的逻辑关系，加快施工进度。

（三）合同措施

合同措施是指以合同形式保证工期目标的实现，即保持总进度控制目标与合同总工期目标一致；分包合同的工期目标与总包合同的工期目标一致；供货、供电、运输、构件加工等合同规定的提供服务时间与有关的进度控制目标一致。

（四）经济措施

经济措施是指要制定切实可行的实现施工进度计划所必须的资金保证措施。包括落实实现进度目标的保证资金；签订并实施关于工期和进度的经济承包责任制；建立并实施关于工期和进度的奖惩制度。

（五）信息管理措施

信息管理措施是指建立完善的工程统计管理体系和统计制度，详细、准确、定时地收集有关工程实际进度情况的资料和信息，并进行整理统计，得出工程施工实际进度完成情况的各项指标，将其与施工进度计划的各项指标进行比较，定期地向建设单位提供施工进度计划比较报告。

任务二　建筑装饰施工项目进度计划的比较方法

在施工项目的实施过程中，为了有效地进行进度控制，进度检查人员应经常地、定期地跟踪检查施工实际进度情况，主要有收集施工项目进度材料，进行统计整理和对比分析，确定偏差数值。将收集的资料整理和统计成具有与进度计划可比性的数据后,用施工项目实际进度与计划进度的比较方法进行比较。通过比较得出实际进度与计划进度相一致、超前、拖后三种情况,对于超前或拖后的偏差,还应计算出检查时的偏差量。

通常用的进度比较方法有:横道图比较法、S形曲线比较法、香蕉形曲线比较法、前锋线比较法和列表比较法等。

一、横道图比较法

横道图比较法是指将项目实施过程中检查实际进度收集到的数据,经加工整理后直接用横道线平行绘于原计划的横道线处,进行实际进度与计划进度的比较的方法。这种方法的特点是形象、直观地反映实际进度与计划进度的比较情况。但由于其以横道计划为基础,因而受到横道计划本身的局限。在横道计划中,各项工作之间的逻辑关系表达不很明确,关键工作与关键线路无法确定,一旦某些工作实际进度出现偏差,难以预测其对后续工作和工程总工期的影响,也就难以确定相应的进度计划调整方法。正因为如此,横道图比较法主要应用于工程项目中某些工作实际进度与计划进度的局部比较。根据工程项目中各项工作的进展是否匀速进行,其比较方法可分为两种。

(一)匀速进展横道图比较法

匀速进展是指在工程项目实施过程中,其进展速度为固定不变的情况,即每项工作累计完成的任务量与时间成线性关系,如图4-5所示。其完成的任务量可以用实物工程量、劳动消耗量或费用支出额表示。

依据图4-6对比分析实际进度与计划进度,可以得知:
(1)如果涂黑的粗线右端落在检查日期的左侧,表明实际进度拖后。
(2)如果涂黑的粗线右端落在检查日期的右侧,表明实际进度超前。
(3)如果涂黑的粗线右端与检查日期重合,表明实际进度与计划进度一致。

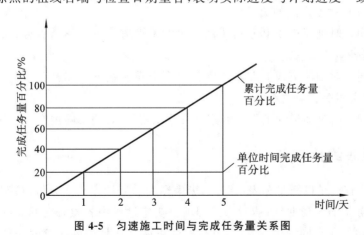

图4-5 匀速施工时间与完成任务量关系图

(二)非匀速进展横道图比较法

当工作在不同单位时间里的进展速度不相等时,累计完成的任务量与时间的关系就不可能是线性关系,如图4-7所示。此时,在采用横道图比较法时,在用涂黑粗线表示工作实

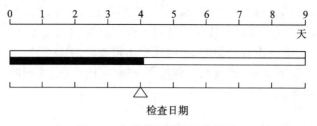

图 4-6　匀速进展横道图比较图

际进度的同时,还要标出其对应的时刻完成任务量的累计百分比,并将该百分比与其同时刻计划完成任务量的累计百分比相比较,判断工作实际进度与计划进度之间的关系。

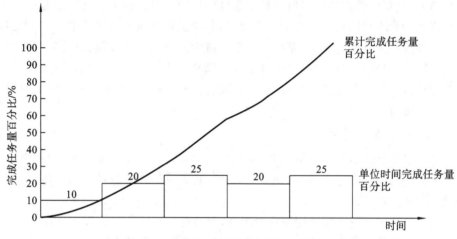

图 4-7　非匀速施工时间与完成任务量关系图

通过比较同一时刻实际完成任务量累计百分比和计划完成任务量累计百分比,判断工作实际进度与计划进度之间的关系。

(1) 如果同一时刻横道线上方累计百分比大于横道线下方累计百分比,表明实际进度拖后,拖后的任务量为二者之差。

(2) 如果同一时刻横道线上方累计百分比小于横道线下方累计百分比,表明实际进度超前,超前的任务量为二者之差。

(3) 如果同一时刻横道线上下方的累计百分比相等,表明实际进度与计划进度一致。

二、S形曲线比较法

S形曲线比较法是以横坐标表示时间,纵坐标表示累计完成任务量,绘制一条按计划时间累计完成任务量的S形曲线;然后将工程项目实施过程中各检查时间实际累计完成任务量的S形曲线也绘制在同一坐标系中,进行实际进度与计划进度比较的一种方法,如图4-8所示。

(1) 通过比较实际进度S形曲线和计划进度S形曲线,可得出以下信息:

①工程项目实际进度状况。如果工程项目实际进度S形曲线上点 a 落在计划进度S形曲线左侧,表明此时实际进度比计划进度超前;如果工程项目实际进度S形曲线上点 b 落在

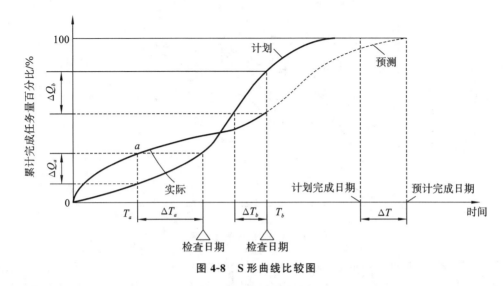

图 4-8 S 形曲线比较图

计划进度 S 形曲线右侧，表明此时实际进度拖后；如果工程实际进度 S 形曲线与计划进度 S 形曲线交于一点 c，表明此时实际进度与计划进度一致，如图 4-8 所示。

②工程项目实际进度超前或拖后的时间。在 S 形曲线比较图中可以直接读出实际进度比计划进度超前或拖后的时间，即在某时间点两曲线在横坐标上相差的数值，如图 4-8 所示，ΔT_a 表示 T_a 时刻实际进度超前的时间，ΔT_b 表示 T_b 时刻实际进度拖后的时间。

③工程项目实际超前或拖后的任务量。在 S 形曲线比较图中可直接读出实际进度比计划进度超前或拖后的任务量，即在某时间点两曲线在纵坐标上相差的数值，如图 4-8 所示，ΔQ_a 表示 T_a 时刻超前的任务量，ΔQ_b 表示 T_b 时刻拖后的任务量。

(2) 后期工程进度预测。如果后期工程按原计划速度进行，则可作出后期工程计划 S 形曲线，如图 4-8 中虚线所示，从而可据此确定工期拖延预测值 ΔT。

三、香蕉形曲线比较法

香蕉形曲线是由两条曲线组合而成的闭合曲线。其中一条曲线是以各项工作最早开始时间 ES 安排进度计划而绘制的 S 形曲线，称为 ES 曲线；另一条曲线是以各项工作最迟开始时间 LS 安排进度计划而绘制的 S 形曲线，称为 LS 曲线。由于该闭合曲线形似香蕉，故称其为香蕉形曲线，如图 4-9 所示。

(1) 实际进度与计划进度比较：工程项目实施进度的理想状态是任一时刻工程实际进度 S 形曲线上的点均落在香蕉形曲线图的范围内。如果工程实际进度 S 形曲线上的点落在 ES 曲线的左侧，表明此刻实际进度比各项工作按其最早开始时间安排的计划进度超前；如果工程实际进度 S 形曲线上的点落在 LS 曲线的右侧，表明此刻实际进度比各项工作按其最迟开始时间安排的计划进度拖后。

(2) 预测后期工程进展趋势：如果后期工程按原计划速度进行，则可以做出后期工程进展情况的预测。

香蕉形曲线除了可用于进度比较，还可用于合理安排工程项目进度计划。因为，如果工程项目中的各项工作均按其最早开始时间安排进度计划，将会导致项目的投资加大。如果

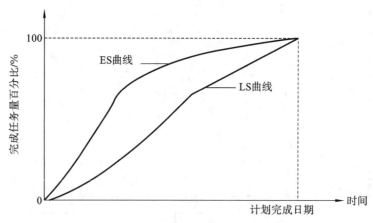

图 4-9　香蕉形曲线示意图

各项工作都按其最迟开始时间安排进度,则一旦受到进度影响因素的干扰,又将导致工程拖期,使工程进度风险加大。因此,一个科学合理的进度优化曲线应处于香蕉形曲线所包络的区域之内。因此,可利用香蕉形曲线优化进度计划。

同时,香蕉形曲线的形状还可以反映出进度控制的难易程度。当香蕉形曲线很窄时,说明进度控制的难度大,当香蕉形曲线很宽时,说明进度控制很容易。由此,也可以利用其判断进度计划编制的合理程度。

四、前锋线比较法

前锋线比较法是通过绘制某检查时刻工程项目实际进度前锋线,进行工程实际进度与计划进度比较的方法,它主要用于时标网络计划。

前锋线是指在原时标网络计划上,从检查时刻的时标点出发,用点画线依次将各项工作实际进展位置点连接而成的折线。前锋线比较法就是通过实际进度前锋线与原进度计划中各工作箭线交点的位置来判断工作实际进度与计划进度的偏差,进而判定该偏差对后续工作及总工期影响程度的一种方法。

采用前锋线比较法进行实际进度与计划进度比较的步骤如下。

(1)绘制时标网络计划图:按照时标网络计划图的绘制方法绘制时标网络图,并在时标网络计划图的上方和下方各设一时间坐标。

(2)绘制实际进度前锋线:从时标网络计划图上方时间坐标的检查日期开始绘制,依次连接相邻工作的实际进展位置点,最后与时标网络计划图下方坐标的检查日期相连接(如图4-10 所示)。

(3)进行实际进度与计划进度的比较:对某项工作来说,实际进度与计划进度之间的关系可能存在三种情况。

①工作实际进展位置点落在检查日期的左侧,表明该工作实际进度拖后,拖后的时间为二者之差。

②工作实际进展位置点与检查日期重合,表明该工作实际进度与计划进度一致。

③工作实际进展位置点落在检查日期的右侧,表明该工作实际进度超前,超前的时间为二者之差。

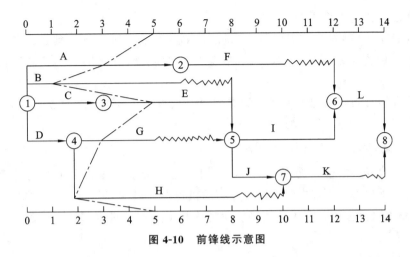

图 4-10　前锋线示意图

（4）预测进度偏差对后续工作及总工期的影响：通过实际进度与计划进度的比较确定进度偏差后，还可以根据工作的自由时差和总时差预测该进度偏差对后续工作及总工期的影响。

前锋线比较法既适用于工作实际进度与计划进度之间的局部比较，又可用来分析和预测工程项目整体进度状况。

五、列表比较法

当工程进度计划用非时标网络图表示时，可以采用列表比较法进行实际进度与计划进度的比较。这种方法是记录检查日期应该进行的工作名称及其已经作业的时间，然后列表计算有关实际参数，并根据工作总时差进行实际进度与计划进度比较的方法。

比较的结果可能出现以下几种情况：

（1）如果工作尚有总时差与原有总时差相等，说明该工作实际进度与计划进度一致。

（2）如果工作尚有总时差大于原有总时差，说明该工作实际进度超前，超前的时间为二者之差。

（3）如果工作尚有总时差小于原有总时差，且为正值，说明该工作实际进度拖后，拖后的时间为二者之差，但不影响总工期。

（4）如果工作尚有总时差小于原有总时差，且为负值，说明该工作实际进度拖后，拖后的时间为二者之差，此时工作实际进度偏差将影响总工期。

任务三　建筑装饰施工项目进度计划的检查与调整

一、对进度计划的检查

（一）跟踪检查施工实际进度

为了对施工进度计划的完成情况进行统计、分析，为调整计划提供信息，应对施工进度计划的实施记录进行跟踪调查。

跟踪检查施工实际进度是项目施工进度计划控制的关键措施。其目的是收集实际施工进度的有关数据。跟踪检查的时间和收集数据的质量,直接影响到控制工作的质量和效果。

一般检查的时间间隔与施工项目的类型、规模、施工条件和对进度执行要求程度有关。通常可以确定每月、半月、旬、周进行一次。

（二）对比实际进度与计划进度

将收集到的资料整理和统计成具有与计划进度可比性的数据后,将实际进度与计划进度进行比较。通常用的比较方法有以上介绍的横道图比较法、S形曲线比较法、香蕉形曲线比较法、前锋线比较法和列表比较法等。通过比较得出实际进度与计划进度相一致、提前、滞后的三种情况。

二、进度计划的动态调整

（一）分析进度偏差的影响

1. 分析出现进度偏差的工作是否为关键工作

如果出现进度偏差的工作为关键工作,则无论偏差大小,都将影响后续工作按计划施工,并使工程总工期拖后,必须采取相应措施调整后期施工计划,以便确保计划工期;如果出现进度偏差的工作为非关键工作,则应按下一步继续分析。

2. 分析进度偏差时间是否大于总时差

如果某项工作的进度偏差时间大于该工作的总时差,则都将影响后续工作和总工期,必须采取措施调整;如果进度偏差时间小于或等于该工作的总时差,则不会影响工程总工期,但是否影响后续工作,则应按下一步继续分析。

3. 分析进度偏差时间是否大于自由时差

如果某项工作进度偏差时间大于该工作的自由时差,则应对后续的有关工作的进度安排进行调整;如果进度偏差时间小于或等于该工作的自由时差,则对后续工作毫无影响,不必调整。

（二）施工项目进度计划的调整方法

在对实施的进度计划分析的基础上,应确定调整原计划的方法,一般主要有以下几种：

1. 改变某些工作间的逻辑关系

若检查的实际施工进度产生的偏差影响了总工期,在工作之间的逻辑关系允许改变的条件下,可改变关键线路和超过计划工期的非关键路上的有关工作之间的逻辑关系,达到缩短工期的目的。

2. 缩短某些工作的持续时间

这种方法是不改变工作之间的逻辑关系,而是缩短某些工作持续时间,使施工进度加快,并保证实现计划工期的方法。这些被压缩持续时间的工作是位于由于实际施工进度的拖延而引起总工期增长的关键线路和某些非关键线路上的工作,同时这些工作又是可压缩持续时间的工作。

习题

一、名词解释

1. 进度控制；2. 前锋线比较法

二、单项选择题

1. 施工进度计划的检查方法中匀速进展横道图比较法，对比分析实际进度与计划进度时，涂黑的粗线右端在检查日期的右侧，表明（　　）。

　　A. 实际进度超前　　　　　　　　　B. 实际进度拖后
　　C. 实际进度与计划进度一致　　　　D. 实际进度超前或拖后

2. 某项目的进度控制中关键工作和关键线路的说法正确的是（　　）。

　　A. 关键线路上的工作全部是关键工作
　　B. 关键工作不能在非关键线路上
　　C. 关键线路上不允许出现虚工作
　　D. 关键线路上的工作总时差均为零

3. 某装饰公司承担当地小型施工任务，在编制施工进度计划时，采用了横道图法，下列关于横道图进度计划编制的说法正确的是（　　）。

　　A. 横道图的一行只能表达一项工作　　B. 工作的简要说明必须放在表头内
　　C. 横道图不能表达工作间的逻辑关系　D. 横道图的工作可按项目对象排序

4. 影响施工进度的各类因素中，属于施工组织管理方面的有（　　）。

　　A. 地下障碍物　　　　　　　　　　B. 质量缺陷
　　C. 施工和机械资源配置不当　　　　D. 严重自然灾害

5. 在建设工程进度调整的系统过程中，当分析进度偏差产生的原因之后，首先需要（　　）。

　　A. 确定后续工作和总工期的限制条件
　　B. 采取措施调整进度计划
　　C. 实施调整后的进度计划
　　D. 分析进度偏差对后续工作和总工期的影响

6. 关于进度控制的说法，正确的是（　　）。

　　A. 施工方必须在确保工程质量的前提下，控制工程进度
　　B. 进度控制的目的是实现建设项目的总进度目标
　　C. 各项目管理方进度控制的目标和时间范畴应相同
　　D. 施工方对整个工程项目进度目标的实现具有决定性作用

三、多项选择题

1. 在项目实施过程中，应定期地跟踪检查施工实际进度情况，确定实际进度与计划进度之间的关系，其主要工作包括（　　）。

　　A. 分析计划进度　　　　　　　　　B. 跟踪检查工程实际进度
　　C. 整理统计跟踪检查数据　　　　　D. 对比实际进度与计划进度

E. 工程项目进度检查结果的处理

2. 检查和调整施工进度计划不包括以下哪些方面？（　　）

A. 施工工期的检查与调整　　　　B. 施工方案的检查与调整

C. 施工顺序的检查与调整　　　　D. 资源均衡性的检查与调整

E. 施工组织的检查与调整

3. 为了有效地控制工程项目的施工进度，施工方应根据工程项目的特点和施工进度控制的需要，编制(　　)。

A. 项目动用前准备阶段的工作计划　　B. 年度、季度、月度和旬的施工计划

C. 采购计划、供货进度计划　　　　　D. 设计准备工作计划、设计进度计划

E. 控制性、指导性和实施性的施工进度计划

【技能实训】

【实训 4-4】

背景：

已知某工程双代号网络计划如图 4-11 所示，该项任务要求工期为 14 d。第 5 天末检查发现：A 工作已完成 3 d 工作量，B 工作已完成 1 d 工作量，C、D 工作已全部完成，E 工作已完成 2 d 工作量，G 工作已完成 1 d 工作量，H 工作尚未开始，其他工作均未开始。

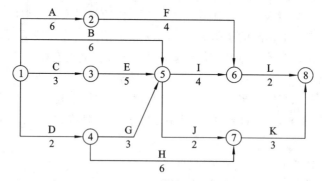

图 4-11　某工程施工进度计划图

问题：

试用前锋线比较法分析工程实际进度与计划进度。

解：

绘制前锋线比较图。将题示的网络进度计划图绘成时标网络图，如图 4-12 所示。再根据题示的工程有关工作的实际进度，在该时标络图上绘出实际进度前锋线。

实际进度与计划进度比较及预测。由图可见，工作 A 进度偏差 2 d，不影响工期；B 工作进度偏差 4 d，影响工期 2 d；工作 E 无进度偏差，正常；工作 G 进度偏差 2 d，不影响工期；工作 H 进度偏差 3 d，不影响工期。

【实训 4-5】

背景：

某工程项目开工之前，承包方向监理工程师提交了施工进度，如图 4-13 所示。该计划满足合同工期 100 d 的要求。在此施工进度计划中，由于工作 E 和 G 共用一台塔吊（塔吊原

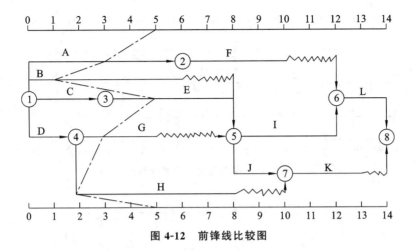

图 4-12　前锋线比较图

计划在开工第 25 d 后进场投入使用），必须顺序施工，使用的先后顺序不受限制（其他工作不用塔吊）。

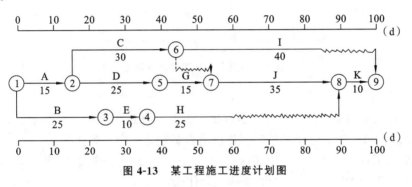

图 4-13　某工程施工进度计划图

在施工过程中，由于业主要求变更设计图纸，使工作 E 停工 10 d（其他工作持续时间不变），监理工程师及时向承包方发出调整进度计划通知，以保证按期完成施工任务。

问题：

1. 如果在原计划中先安排工作 E，后安排工作 G 施工，塔吊应安排在第几天进场投入使用较为合理？为什么？

2. 工作 E 停工 10 d 后，应如何调整进度计划较为合理？

解：

问题 1：塔吊应安排在第 31 d 进场投入使用较为合理，因为这样，塔吊无闲置时间。

问题 2：调整后的进度计划如图 4-14 所示。先工作 G，后工作 E，因为工作 E 有 30 d 总时差可利用。

【实训 4-6】

背景：

某建筑装饰装修工程合同工期为 25 个月，其双代号网络计划如图 4-15 所示。该计划经过监理工程师批准。

问题：

1. 该网络计划的计算工期是多少？为保证施工按期完成，哪些工作应作为重点控制对

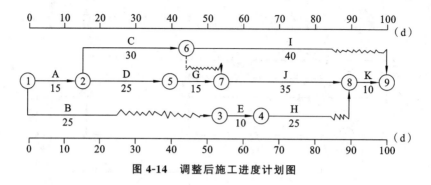

图 4-14 调整后施工进度计划图

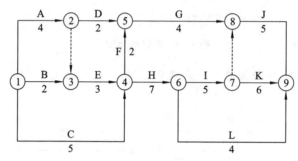

图 4-15 某工程施工进度计划图

象？为什么？

2. 当该计划执行 7 个月后，检查发现，施工过程 C 和施工过程 D 已完成，而施工过程 E 将拖后 2 个月。此时施工过程 E 的实际进度是否影响总工期？为什么？

3. 如果施工过程 E 的施工进度拖后 2 个月是由于 20 年一遇的大雨造成的，那么承包单位是否可以向建设单位索赔工期和费用？为什么？

解：

问题 1：用标号法确定关键线路和工期，如图 4-16 所示。可知，计算工期为 25 个月。由于 A、E、H、I、K 为关键工作，因此，为确保工期，A、E、H、I、K 工作应作为重点控制对象。

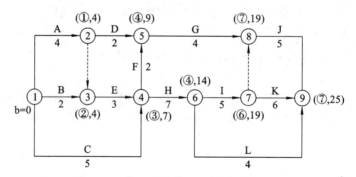

图 4-16 标号法计算工期和找关键线路

问题 2：因为 E 工作为关键工作，总时差为 0；E 拖延 2 个月，影响总工期 2 个月。

问题 3：可以索赔工期 2 个月，不可索赔费用。20 年一遇的大雨是由于自然条件的影响，这是有经验的承包商无法预料的，因此只可索赔工期，不可索赔费用。

项目五　建筑装饰施工项目质量管理

任务一　工程质量管理的基本概念

一、质量

我国国家标准 GB/T 19000 对质量的定义是：产品、体系或过程的一组固有特性满足顾客和其他相关方要求的能力。要求包括明示的、隐含的和必须履行的需求或期望。"明示要求"，一般是指在合同环境中，用户明确提出的需求或要求，通常是通过合同、标准、规范、图纸、技术文件等所作出的明文规定，由供方保证实现。"隐含要求"，一般是指非合同环境（即市场环境）中，用户未提出明确要求，而由生产企业通过市场调研进行识别或探明的要求或需要。这是用户或社会对产品服务的"期望"，也就是人们公认的、不言而喻的那些"需要"。如住宅的平面布置要方便生活，要能满足人们最起码的居住功能就属于隐含的要求。

二、工程项目质量

工程项目质量是国家现行的有关法律、法规、技术标准、设计文件及工程合同中对工程的安全、使用、经济、美观等特性的综合要求。在工程质量管理中，"质量"包括三个方面的内容，即工程质量、工序质量、工作质量。

（一）工程质量

工程质量是指能满足国家建设和人们需要所具备的自然属性。通常包括适用性、可靠性、安全性、经济性和使用寿命等，即为工程的使用价值。建筑装饰工程的施工质量是指建筑装饰材料、装饰构造做法等是否符合设计文件、施工验收规范的要求。

（二）工序质量

在生产过程中，人、机具、材料、施工方法和环境等对装饰产品综合起作用的过程，这个过程所体现的工程质量为工序质量。工序质量同样也要符合设计文件、施工验收规范、验评标准的规定。工序质量是形成工程质量的基础。

（三）工作质量

工作质量并不像工程质量那样直观，它主要体现在企业的一切经营活动中，通过经济效果、生产效率、工作效率和工作质量集中表现出来。

工程质量、工序质量、工作质量是三个不同的概念，但三者又有密切联系。工程质量是企业施工的最终成果，它取决于工序质量和工作质量。工作质量是工序质量和工程质量的保证和基础。

任务二　建筑装饰施工项目质量控制

建筑装饰工程质量控制，是指建筑装饰工程项目为达到工程项目质量要求所采取的作业技术和活动。工程项目质量要求则表现为工程合同、设计文件和技术规范规定的质量标准。因此，工程项目质量控制就是为了保证达到工程合同、设计文件和技术规范规定的质量标准而采取的一系列措施、手段和方法。

施工阶段是形成建筑装饰工程实体的过程，也是形成最终建筑装饰产品质量的重要阶段。因此，施工阶段的质量控制是建筑装饰施工项目质量控制的重点。

一、建筑装饰施工项目质量控制的特点

建筑装饰项目施工涉及面广，是一个极其复杂的综合过程，再加上项目位置固定、生产流动、质量要求不一、施工方法不一等特点，因此，建筑装饰施工项目质量比一般工业产品的质量更难以控制，主要特点表现为：

（一）影响质量因素多

装饰设计、装饰材料、机具、环境、温度、施工工艺、操作方法、技术措施等因素，均直接影响建筑装饰施工项目的质量。

（二）容易产生质量变异

由于影响建筑装饰施工项目质量的偶然性因素和系统性因素都较多，因此，很容易产生质量变异。

（三）容易产生第一、第二判断错误

建筑装饰施工项目由于工序交接多、中间产品多、隐蔽工程多，若不及时检查实际质量，事后再看表面，就容易产生第二判断错误，也就是说，容易将不合格的产品认为是合格产品；反之，若检查不认真，仪器不准等就会产生第一判断错误，也就是容易将合格产品认为是不合格产品。

（四）质量检查不能解体、拆卸

建筑装饰施工项目完工后无法拆开检查。

（五）质量受到投资、进度的制约

建筑装饰施工项目在施工中要正确处理质量、投资、进度三者的关系，使其达到对立的统一。

二、建筑装饰施工项目质量控制的原则

（一）坚持"质量第一，用户至上"

建筑产品作为一种特殊商品，使用年限较长，直接关系到人民财产安全，所以在施工过程中应自始至终把"质量第一，用户至上"作为质量控制的基本原则。

（二）坚持以人为核心

人是质量的创造者，质量控制必须"以人为本"，把人作为控制的动力，调动人的积极性、创造性，增强人的责任感，树立"质量第一"观念，以人的工作质量保证工序质量、工程质量。

（三）坚持以预防为主

"以预防为主"就是要加强过程控制，加大对工程质量、工序质量及中间产品质量的检查。

（四）坚持质量标准、严格检查，一切用数据说话

质量标准是评价产品质量的尺度，数据是质量控制的基础和依据。产品质量是否符合质量标准，必须通过严格检查，用数据说话。

（五）贯彻科学、公正、守法的职业道德

各级质量管理员在处理质量问题过程中，应尊重客观事实，尊重科学，正直，公正，遵纪守法。

三、建筑装饰施工项目质量因素的控制

影响建筑装饰施工项目质量的因素包括人、装饰材料、机具、施工方法、环境等五个方面。事前对这五个方面的因素严加控制，是保证建筑装饰施工项目质量的关键。

（一）人的控制

人，是指直接参与施工的组织者、指挥者和操作者。人，作为控制的对象，要避免产生失误；作为控制的动力，要充分调动人的积极性，发挥人的主导作用。因此，不仅要加强政治思想教育、职业道德教育、专业技术培训，健全岗位责任制，还需根据工程特点，在人的技术水平、生理缺陷、心理行为、错误行为等方面来控制人的使用。

（二）装饰材料的控制

装饰材料的控制包括原材料、成品、半成品等的控制，主要是严格检查验收，正确合理地使用，建立管理台账，进行收、发、储、运等各环节的技术管理，避免混料和将不合格的原材料使用到建筑装饰工程上。

（三）机具控制

机具控制包括施工机械设备、工具等控制。要根据不同装饰工艺特点和技术要求，选用合适的机具设备；正确使用、管理和保养好机具设备。为此要健全人机固定制度、操作证制度、岗位责任制度、交接班制度、技术保养制度、安全使用制度、机具检查制度等，确保机具设备处于最佳使用状态。

（四）施工方法控制

这里所指的施工方法控制，包含施工方案、施工工艺、施工组织设计、施工技术措施等的控制，主要应切合工程实际，能解决施工难题，技术可行，经济合理，有利于保证工程质量，加快进度，降低成本。

（五）环境控制

影响建筑装饰工程质量的环境因素较多，有工程技术环境，如建筑物的内外装饰环境等；工程管理环境，如质量管理制度等；劳动环境，如劳动组合、作业场所、工作面等。环境因素对工程质量的影响具有复杂而多变的特点。因此，应根据工程特点和具体条件，对影响质量的环境因素，采取有效的措施严加控制。

四、建筑装饰施工项目质量控制的内容

建筑装饰施工项目质量控制的内容具体包括：
(1) 根据政府和行业的质量规定，结合工程实际制定质量计划和质量标准并组织实施。
(2) 运用全面质量管理的思想和方法，实行工程项目质量控制。
确定质量控制点，成立质量管理小组，进行 PDCA 循环，即计划、运行、检查、处理，不断提高工程质量水平。
(3) 进行工程项目质量检查。
采取自检和专职检查相结合的方法。
(4) 进行工程项目质量检验评定工作。
按照国家施工及验收规范、质量检验标准和施工图纸，开展质量检验评定工作。
(5) 进行工程项目回访工作。
工程交付使用后，定期进行回访，听取用户意见，及时收集质量信息。

五、现场质量检查方法和内容

（一）质量检查方法

建筑装饰施工现场进行质量检查的方法有观感目测法、实测法和试验法三种。
(1) 观感目测法。观感目测法可归纳为"看、摸、敲、照"四个字。
"看"，就是根据建筑装饰工程质量标准进行外观目测。如清水墙面是否洁净，喷涂是否密实和颜色是否均匀，内墙抹灰大面及边角是否平直，地面是否光洁平整，油漆表面观感，施工顺序是否合理，工人操作是否正确等，均是通过观感目测检查、评价。
"摸"，就是手感检查，主要用于建筑装饰工程的某些检查项目，如水刷石、干粘石黏结牢固程度，油漆的光滑度，地面有无起砂等，均可通过手摸加以鉴别。
"敲"，是运用工具进行音感检查，对地面工程、装饰工程中的水磨石、面砖、锦砖和大理石贴面等，均应进行敲击检查，通过声音的虚实确定有无空鼓；还可通过声音的清脆和沉闷，判定是否属于面层空鼓；此外，用手敲玻璃，如发出颤动音响，一般是底灰不满或压条不实。
"照"，对于难以看到或光线暗的部位，则可通过镜子反射或灯光照射的方法进行检查。
(2) 实测法。实测法就是通过实测数据与建筑装饰工程施工验收规范及质量标准所规定的允许偏差对照，来判别质量是否合格。实测检查法的手段，可归纳为"靠、吊、量、套"四个字。
"靠"，是用直尺、塞尺检查墙面、地面、顶棚的平整度。
"吊"，是用托线板以线锤吊线检查垂直度。
"量"，是用测量工具和计量仪表等检查装饰构造尺寸、轴线、位置标高、湿度、温度等

偏差。

"套",是以方尺套方,辅以塞尺检查。如对阴阳角的方正、踢脚线的垂直度、室内装饰配件的方正等项目的检查。

（3）试验法。试验法指必须通过试验手段对质量进行判断的检查方法。如建筑装饰工程施工中的预埋件、连接件、锚固件及饰面板与基层连接的安全牢固性检验,必要时需进行拉力试验；外铝合金窗的"三性"试验等。

（二）材料复验

（1）建筑装饰工程所用材料的品种、规格和质量应符合设计要求和国家现行标准的规定。不得使用国家明令淘汰的材料。

（2）建筑装饰工程所用材料的燃烧性能应符合现行国家标准《建筑内部装修设计防火规范》(GB 50222)和《建筑设计防火规范》(GB 50016)的规定。

（3）建筑装饰工程所用材料应符合国家有关建筑装饰材料有害物质限量标准的规定。

（4）建筑装饰工程采用的材料、构配件应按进场批次进行检验。属于同一工程项目且同期施工的多个单位工程,对同一厂家生产的同批材料、构配件、器具及半成品,可统一划分检验批对品种、规格、外观和尺寸等进行验收,包装应完好,并应有产品合格证书、中文说明书及性能检验报告,进口产品应按规定进行商品检验。

（5）进场后需要进行复验的材料种类及项目应符合规定（详见表4-1）,同一厂家生产的同一品种、同一类型的进场材料应至少抽取一组样品进行复验,当合同另有更高要求时应按合同执行。抽样样本应随机抽取,满足分布均匀、具有代表性的要求,获得认证的产品或来源稳定且连续三批均一次检验合格的产品,进场验收时检验批的容量可扩大一倍,且仅可扩大一次。扩大检验批后的检验中,出现不合格情况时,应按扩大前的检验批容量重新验收,且该产品不得再次扩大检验批容量。

（6）当国家规定或合同约定应对材料进行见证检验时,或对材料质量发生争议时,应进行见证检验。

（7）建筑装饰工程所使用的材料在运输、储存和施工过程中,应采取有效措施防止损坏、变质和污染环境。

（8）建筑装饰工程所使用的材料应按设计要求进行防火、防腐和防虫处理。

表4-1　材料复检项目

序号	子分部工程名称	需要复检的项目
1	抹灰工程	水泥的凝结时间和安定性
2	外墙防水工程	（1）防水砂浆的黏结强度和抗渗性能 （2）防水涂料的低温柔性和不透水性 （3）防水透气膜的不透水性
3	门窗工程	（1）人造木板门的甲醛释放量 （2）建筑外窗的气密性能、水密性能和抗风压性能
4	吊顶工程	人造木板的甲醛释放量
5	轻质隔墙工程	人造木板的甲醛释放量

续表

序号	子分部工程名称	需要复检的项目
6	饰面板工程	(1) 室内用花岗石板的放射性、室内用人造木板的甲醛释放量 (2) 水泥基黏结料的黏结强度 (3) 外墙陶瓷板的吸水率 (4) 严寒和寒冷地区外墙陶瓷板的抗冻性
7	饰面砖工程	(1) 室内用花岗石和瓷质饰面砖的放射性 (2) 水泥基黏结材料与所用外墙饰面砖的拉伸黏结强度 (3) 外墙陶瓷板的吸水率 (4) 严寒和寒冷地区外墙陶瓷饰面砖的抗冻性
8	幕墙工程	(1) 铝塑复合板的剥离强度 (2) 石材、瓷板、陶板、微晶玻璃板、木纤维板、纤维水泥板和石材蜂窝板的抗弯强度；严寒、寒冷地区石材、瓷板、陶板、纤维水泥板和石材蜂窝板的抗冻性；室内用花岗石的放射性 (3) 幕墙用结构胶的邵氏硬度、标准条件拉伸黏结强度、相容性试验、剥离黏结性试验；石材用密封胶的污染性 (4) 中空玻璃的密封性能 (5) 防火、保温材料的燃烧性能 (6) 铝材、钢材主受力杆件的抗拉强度
9	涂饰工程	无
10	裱糊与软包工程	(1) 木材的含水率 (2) 人造木板的甲醛释放量
11	细部工程	(1) 花岗石的放射性 (2) 人造木板的甲醛释放量
12	建筑地面工程	(1) 基土土质、压实系数 (2) 砂石的粒径、级配、含泥量 (3) 混凝土配合比、强度 (4) 水泥安定性、强度 (5) 木材含水率 (6) 绝热层材料的导热系数、表观密度、抗压强度或压缩强度、阻燃性 (7) 砖、大理石、花岗石面层板块的放射性限量 (8) 水性涂料的挥发性有机化合物（VOC）和甲醛限量；溶剂型涂料中的苯、甲苯＋二甲苯、挥发性有机化合物（VOC）和游离二异氰酸酯（TDI） (9) 地毯、衬垫、胶黏剂的挥发性有机化合物（VOC）和甲醛限量 (10) 溶剂型胶黏剂中的挥发性有机化合物（VOC）、苯、甲苯＋二甲苯；水性胶黏剂中的挥发性有机化合物（VOC）和游离甲醛 (11) 所有竹木类地板的游离甲醛（释放量或含量）

(三) 隐蔽工程验收

建筑装饰工程施工过程中,应按规范要求对隐蔽工程进行验收,验收的项目详见表 4-2。隐蔽验收完毕按表 4-3 填写隐蔽工程验收记录。

表 4-2 隐蔽工程验收项目

序号	子分部工程名称	需隐蔽验收的项目
1	抹灰工程	(1) 抹灰总厚度大于或等于 35 mm 时的加强措施 (2) 不同材料基体连接处的加强措施
2	外墙防水工程	(1) 外墙不同结构材料连接处的增强处理措施 (2) 防水层在变形缝、门窗洞口、穿外墙管道、预埋件及收头等部位的节点 (3) 防水层的搭接宽度及附加层
3	门窗工程	(1) 预埋件的锚固件 (2) 隐蔽部位的防腐、填嵌处理 (3) 高层金属窗防雷连接节点
4	吊顶工程	(1) 吊顶内管道、设备的安装及水管试压、风管严密性检验 (2) 木龙骨防火、防腐处理 (3) 埋件 (4) 吊杆安装 (5) 龙骨安装 (6) 填充材料的设置 (7) 反支撑及钢结构转换层
5	轻质隔墙工程	(1) 骨架隔墙中设备管线的安装及水管试压 (2) 木龙骨防火和防腐处理 (3) 预埋件或拉结筋 (4) 龙骨安装 (5) 填充材料的设置
6	饰面板工程	(1) 预埋件(或后置埋件) (2) 龙骨安装 (3) 连接节点 (4) 防水、保温、防火节点 (5) 外墙金属板防雷连接节点
7	饰面砖工程	(1) 基层和基体 (2) 防水层

续表

序号	子分部工程名称	需隐蔽验收的项目
8	幕墙工程	(1) 预埋件或后置埋件、锚栓及连接件 (2) 构件的连接节点 (3) 幕墙四周、幕墙内表面与主体结构之间的封堵 (4) 伸缩缝、沉降缝、防震缝及墙面转角节点 (5) 隐框玻璃板块的固定 (6) 幕墙防雷连接节点 (7) 幕墙防火、隔烟节点 (8) 单元式幕墙的封口节点
9	涂饰工程	基层
10	裱糊与软包工程	基层封闭底漆、腻子、封闭底胶及软包内衬材料
11	细部工程	(1) 预埋件(或后置埋件) (2) 护栏与预埋件的连接节点
12	建筑地面工程	各构造层

表 4-3 隐蔽工程验收记录表

装饰装修工程名称		项目负责人	
分项工程名称		专业工长	
隐蔽工程项目			
施工单位			
施工标准名称及代号			
施工图名称及编号			
隐蔽工程部位	质量要求	施工单位自查记录	监理(建设)单位验收记录
施工单位自查结论	专业工长： 年 月 日		质量检查员： 年 月 日
监理单位验收结论			专业监理工程师： 年 月 日

任务三 建筑装饰施工项目质量验收

一、建筑装饰工程质量验收依据

(一) 建筑装饰工程质量验收

建筑装饰工程质量验收应按照国家有关工程质量验收规范规定的程序、方法、内容、质量标准进行。与建筑装饰有关的规范、标准包括:《建筑工程施工质量验收统一标准》(GB 50300)、《建筑装饰装修工程质量验收标准》(GB 50210)、《建筑地面工程施工质量验收规范》(GB 50209)、《住宅装饰装修工程施工规范》(GB 50327)、《建筑内部装修防火施工及验收规范》(GB 50354)、《民用建筑工程室内环境污染控制标准》(GB 50325)、《住宅室内装饰装修工程质量验收规范》(JGJ/T 304)、《砌体结构工程施工质量验收规范》(GB 50203)、《混凝土结构工程施工质量验收规范》(GB 50204)、《建筑给水排水及采暖工程施工质量验收规范》(GB 50242)、《建筑电气工程施工质量验收规范》(GB 50303)、《通风与空调工程施工质量验收规范》(GB 50243)、《自动喷水灭火系统施工及验收规范》(GB 50261)等。

(二) 建筑工程验收应符合工程勘察设计文件和设计变更

勘察设计文件和设计变更是施工的依据,同时也是验收的依据。施工图设计文件应经过审查,并取得施工图设计文件审查批准书。施工单位应严格按图施工,不得擅自变更,如有变更,应有设计单位同意的书面变更文件。

(三) 各阶段工程质量控制的验收记录

验收记录包括:施工单位为了加强施工过程质量控制采取的各种有效措施,工序交接验收记录以及相关技术管理资料,同时也包括建设(监理)对各阶段的施工质量验收记录。

二、建筑装饰工程质量验收项目

《建筑工程施工质量验收统一标准》(GB 50300)规定建筑工程质量验收按单位(子单位)工程、分部(子分部)工程、分项工程、检验批分别验收。建筑装饰子分部工程、分项工程的划分详见表4-4。建筑地面工程子分部工程、分项工程的划分详见表4-5。

表 4-4 建筑装饰子分部工程、分项工程的划分表

项次	子分部工程	分项工程
1	抹灰工程	一般抹灰,保温层薄抹灰,装饰抹灰,清水砌体勾缝
2	外墙防水工程	外墙砂浆防水,涂膜防水,透气膜防水
3	门窗工程	木门窗安装,金属门窗安装,塑料门窗安装,特种门安装,门窗玻璃安装
4	吊顶工程	整体面层吊顶,板块面层吊顶,格栅吊顶
5	轻质隔墙工程	板材隔墙,骨架隔墙,活动隔墙,玻璃隔墙

续表

项次	子分部工程	分项工程
6	饰面板工程	石板安装,陶瓷板安装,木板安装,金属板安装,塑料板安装
7	饰面砖工程	外墙饰面砖粘贴,内墙饰面砖粘贴
8	幕墙工程	玻璃幕墙安装,金属幕墙安装,石材幕墙安装,人造板材幕墙安装
9	涂饰工程	水性涂料涂饰,溶剂型涂料涂饰,美术涂饰
10	裱糊与软包工程	裱糊、软包
11	细部工程	橱柜制作与安装,窗帘盒和窗台板制作与安装,门窗套制作与安装,护栏和扶手制作与安装,花饰制作与安装
12	建筑地面工程	基层,整体面层,板块面层,竹木面层

表 4-5 建筑地面工程子分部工程、分项工程的划分表

分部工程	子分部工程		分项工程
建筑装饰工程	地面	整体面层	基层:基土、灰土垫层、砂垫层和砂石垫层、碎石垫层和碎砖垫层、三合土及四合土垫层、炉渣垫层、水泥混凝土垫层和陶粒混凝土垫层、找平层、隔离层、填充层、绝热层
			面层:水泥混凝土面层、水泥砂浆面层、水磨石面层、硬化耐磨面层、防油渗面层、不发火(防爆)面层、自流平面层、涂料面层、塑胶面层、地面辐射供暖的整体面层
		板块面层	基层:基土、灰土垫层、砂垫层和砂石垫层、碎石垫层和碎砖垫层、三合土及四合土垫层、炉渣垫层、水泥混凝土垫层和陶粒混凝土垫层、找平层、隔离层、填充层、绝热层
			面层:砖面层(陶瓷锦砖、缸砖、陶瓷地砖和水泥花砖面层)、大理石面层和花岗石面层、预制板块面层(水泥混凝土板块、水磨石板块、人造石板块面层)、料石面层(条石、块石面层)、塑料板面层、活动地板面层、金属板面层、地毯面层、地面辐射供暖的板块面层
		木、竹面层	基层:基土、灰土垫层、砂垫层和砂石垫层、碎石垫层和碎砖垫层、三合土及四合土垫层、炉渣垫层、水泥混凝土垫层和陶粒混凝土垫层、找平层、隔离层、填充层、绝热层
			面层:实木地板面层、实木集成地板面层、竹地板面层(条材、块材面层)、实木复合地板面层(条材、块材面层)、浸渍纸层压木质地板面层(条材、块材面层)、软木类地板面层(条材、块材面层)、地面辐射供暖的木板面层

三、建筑装饰工程质量验收方法

(1) 建筑工程施工质量应按下列要求进行验收。

①工程质量验收均应在施工单位自检合格的基础上进行；

②参加工程施工质量验收的各方人员应具备相应的资格；

③检验批的质量应按主控项目和一般项目验收；

④对涉及结构安全、节能、环境保护和主要使用功能的试块、试件及材料，应在进场时或施工中按规定进行见证检验；

⑤隐蔽工程在隐蔽前应由施工单位通知监理单位进行验收，并应形成验收文件，验收合格后方可继续施工；

⑥对涉及安全和功能的重要分部工程，应在验收前按规定进行抽样检验；

⑦工程的观感质量应由验收人员现场检查，并应共同确认；

⑧建筑装饰工程的室内环境质量应符合现行国家标准《民用建筑工程室内环境污染控制标准》(GB 50325) 的规定。

(2) 参加建筑装饰工程验收的各方人员应具备规定的资格。

①检验批应由专业监理工程师组织施工单位项目专业质量检查员、专业工长等进行验收。

②分项工程应由专业监理工程师组织施工单位项目专业技术负责人等进行验收。

③分部工程应由总监理工程师组织施工单位项目负责人和项目技术负责人等进行验收。

(3) 检验批质量验收合格应符合下列规定：

①主控项目的质量经抽样检验均应合格。

②一般项目的质量经抽样检验合格。当采用计数抽样时，合格点率应符合有关专业验收规范的规定，且不得存在严重缺陷。

③具有完整的施工操作依据、质量验收记录。

(4) 分项工程质量验收合格应符合下列规定：

①所含检验批的质量均应验收合格；

②所含检验批的质量验收记录应完整。

(5) 子分部工程质量验收合格应符合下列规定：

①所含分项工程的质量均应验收合格；

②质量控制资料应完整；

③有关安全和功能检验项目的抽样检验结果应符合相应规定(见表 4-6)；

④观感质量应符合要求。

(6) 分部工程质量验收合格应符合下列规定：

①所含子分部工程的质量均应验收合格；

②质量控制资料应完整；

③有关安全和功能检验项目的抽样检验结果应符合相应规定(见表 4-6)；

④观感质量应符合要求。

(当建筑工程只有装饰分部工程时，该工程应作为单位工程验收。)

表 4-6　有关安全和功能的检验项目表

项次	子分部工程	检验项目
1	门窗工程	建筑外窗的气密性能、水密性能和抗风压性能
2	饰面板工程	饰面板后置埋件的现场拉拔力
3	饰面砖工程	外墙饰面砖样板及工程的饰面砖黏结强度
4	幕墙工程	(1)硅酮结构胶的相容性和剥离黏结性； (2)幕墙后置埋件和槽式预埋件的现场拉拔力； (3)幕墙的气密性、水密性、耐风压性能及层间变形性能

(7) 当建筑工程施工质量不符合要求时,应按下列规定进行处理：

①经返工或返修的检验批,应重新进行验收；

②经有资质的检测机构检测鉴定能够达到设计要求的检验批,应予以验收；

③经有资质的检测机构检测鉴定达不到设计要求、但经原设计单位核算认可能够满足安全和使用功能的检验批,可予以验收；

④经返修或加固处理的分项、分部工程满足安全及使用功能要求时,可按技术处理方案和协商文件的要求予以验收。

(8) 工程质量控制资料应齐全完整。当部分资料缺失时,应委托有资质的检测机构按有关标准进行相应的实体检验或抽样试验。

(9) 经返修或加固处理仍不能满足安全或重要使用要求的分部工程及单位工程,严禁验收。

(10) 未经竣工验收合格的建筑装饰工程不得投入使用。

四、建筑装饰工程质量验收的要求

(1) 建筑装饰工程必须有完整的施工图设计文件。

①对设计单位的要求：具备相应资质；有健全的质量管理体系；施工前对施工单位进行图纸设计交底。

②对施工图设计文件的要求：符合城市规划、消防、环保、节能等规定；符合防火、防雷、抗震设计等国家标准规定；设计深度要符合国家规范和满足施工要求；选用装饰装修材料、构配件、设备等要注明规格、型号、性能等技术指标,其质量必须符合国家标准；施工图必须经过审查机构审查。

③建筑装饰装修应按有关规定报建。

(2) 单位工程中的分包工程完工后,分包单位应对所承包的工程项目进行自检,并应按相关标准规定的程序进行验收。验收时,总包单位应派人参加。分包单位应将所分包工程的质量控制资料整理完整,并移交给总包单位。

(3) 单位工程完工后,施工单位应组织有关人员进行自检。总监理工程师应组织各专业监理工程师对工程质量进行竣工预验收。存在施工质量问题时,应由施工单位整改。整改完毕后,由施工单位向建设单位提交工程竣工报告,申请工程竣工验收。

(4) 建设单位收到工程竣工报告后,应由建设单位项目负责人组织监理、施工、设计、勘察等单位项目负责人进行单位工程验收。

(5) 建筑装饰工程竣工验收应具备的条件：

①完成建筑装饰工程全部设计和合同约定的各项内容，达到使用要求；

②有完整的技术档案和施工管理资料；

③有工程使用的主要建筑装饰材料、构配件和设备的进场试验报告；

④有设计、施工图审查机构、施工、监理等单位分别签署的质量合格文件；

⑤有施工单位签署的工程保修书。

(6) 建筑装饰工程竣工验收程序：

①施工单位完成设计图纸和合同规定的全部内容后，自行组织验收，并按国家有关技术标准自评质量等级，由施工单位法人代表和技术负责人签字、盖公章后，提交监理单位；

②监理单位审查竣工报告后，并经监理单位法人代表和总监理工程师签字、加盖公章，由施工单位向建设单位申请验收；

③建设单位提请规划、消防、环保、档案等有关部门进行专项验收，取得合格证明文件；

④建设单位审查竣工报告，并组织设计、施工、监理、施工图审查机构等单位进行竣工验收，由质量监督部门实施验收监督；

⑤建设单位编制工程竣工验收报告。

五、建筑装饰工程竣工备案

我国实行建设工程竣工备案制度。新建、扩建和改建的各类房屋建筑工程和市政基础设施工程的竣工验收，均应按《建设工程质量管理条例》的规定进行备案。

(1) 建设单位应当自建设工程竣工验收合格之日起 15 天内，将建设工程竣工验收报告和规划、公安消防、环保部门出具的认可文件或准许使用文件，报建设行政主管部门或其他相关部门备案。

(2) 备案部门在收到备案文件资料后的 15 天内，对文件资料进行审查，符合要求的工程，在验收备案表上加盖"竣工备案专用章"，并将一份退建设单位存档。如审查中发现建设单位在竣工验收过程中，有违反国家有关建设工程质量管理规定行为的，责令停止使用，重新组织竣工验收。

 习题

一、名词解释

1. 质量；2. 工序质量；3. 工程质量；4. 主控项目；5. 一般项目

二、单项选择题

1. 按照《建筑工程施工质量验收统一标准》(GB 50300)和《建筑装饰装修工程质量验收标准》(GB 50210)的规定，细部工程是建筑装饰装修工程的(　　)。

　　A. 分部工程　　　　B. 子分部工程　　　　C. 分项工程　　　　D. 子分项工程

2. 施工质量验收中，检验批质量验收记录应由(　　)填写验收结论并签字认可。

　　A. 施工单位专职质检员　　　　　　B. 施工单位项目负责人

C. 专业监理工程师　　　　　　　D. 总监理工程师

3. 分部工程观感质量的验收,由各方验收人员根据主观印象判断,按(　　)给出综合质量评价。

　　A. 合格、基本合格、不合格　　　B. 基本合格、合格、良好
　　C. 优、良、中、差　　　　　　　D. 好、一般、差

4. 施工过程中的分部工程验收时,对于地基基础、主体结构分部工程,应由(　　)组织验收。

　　A. 建设单位项目负责人
　　B. 总监理工程师
　　C. 建设单位项目负责人和总监理工程师共同
　　D. 建设单位项目负责人和质监站负责人共同

5. 各类房屋建筑工程和市政基础设施工程,竣工验收合格后,都应该在规定的时间内将工程竣工验收报告和有关文件,由(　　)报建设行政主管部门备案。

　　A. 施工单位　　　　　　　　　　B. 建设单位
　　C. 监理单位　　　　　　　　　　D. 建设单位与监理单位共同

6. 某写字楼装饰工程承包人于2021年5月5日提交了竣工验收申请报告,5月31日工程竣工验收,验收合格,6月5日发包人签发了工程接收证书,根据《建设工程施工合同(示范文本)》通用条款,该工程的缺陷责任期、保修期起算日分别为(　　)。

　　A. 5月31日、6月5日　　　　　B. 5月5日、5月31日
　　C. 5月5日、6月5日　　　　　　D. 6月5日、5月31日

7. 某装饰工程建筑材料进场后,质量员李工到现场进行检查,对装饰工程中的水磨石、面砖、石材饰面等进行现场检查时,均敲击检查其铺贴质量。该方法属于现场质量检查方法中的(　　)。

　　A. 目测法　　　B. 实测法　　　C. 记录法　　　D. 试验法

8. 下列不属于幕墙工程材料性能复验的项目有(　　)。

　　A. 铝塑复合板的剥离强度　　　B. 室内用大理石的放射性
　　C. 石材的抗弯强度　　　　　　D. 中空玻璃的密封性能

9. 装饰工程中,同一品种、类型和规格的特种门每(　　)樘应划分为一个检验批,不足(　　)樘也应划分为一个检验批。

　　A. 100,100　　　B. 50,50　　　C. 30,30　　　D. 50,30

10. 下列关于施工质量控制的工作,属于事前质量控制的是(　　)。

　　A. 隐蔽工程的检查
　　B. 工程质量事故的处理
　　C. 分析可能导致质量问题的因素并制定预防措施
　　D. 进场材料抽样检验或试验

11. 某工程在验收时发现工程施工质量不符合要求,发包方要求承包人在规定期限内返工、返修,当建筑工程施工质量不符合要求时,应按下列规定进行处理(　　)。

　　A. 返工或返修后检验批不需再重新组织验收
　　B. 经有资质的检测机构检测鉴定能够达到设计要求的检验批,视情况是否予以验收

C. 经有资质的检测机构检测鉴定达不到设计要求、原设计单位核算认可能够满足安全和使用功能的检验批,也严禁验收

D. 经返修或加固处理的分项、分部工程,满足安全及使用功能要求时,可按技术处理方案和协商文件的要求予以验收

12. 厨房墙砖施工完成后,施工员小李到现场检查墙体的平整度,应采用下列哪种方法检查?（　　）

A. 用 2 m 垂直检测尺检查

B. 用 2 m 靠尺和塞尺检查

C. 用钢直尺和塞尺检查

D. 拉 5 m 线,不足 5 m 拉通线,用钢直尺检查

13. 某住宅小区共有 8 栋高层建筑,为精装修住宅,装饰公司进场后质量员现场检查墙体的平整度采用的是下列哪种方法?（　　）

A. 吊　　　　　　B. 靠　　　　　　C. 量　　　　　　D. 套

14. 对进场材料进行复验,是保证建筑装饰工程质量采取的一种确认方式。吊顶工程应对（　　）进行复验。

A. 木龙骨的防火、防腐处理　　　　B. 材料的性能检验报告

C. 人造木板的甲醛释放量　　　　　D. 吊杆安装的间距、牢固性

15. 质量员小李在检查卫生间墙面瓷砖安装质量时,下列检查方法正确的是（　　）。

A. 用 1 m 垂直检测尺检查墙面瓷砖的垂直度

B. 用 2 m 塞尺和靠尺检查墙面瓷砖平整度

C. 检查接缝宽度时,用靠尺和塞尺检查

D. 检查接缝直线度时,拉 5 m 线,不足 5 m 拉通线,用钢直尺检查

16. 室内饰面板工程验收时应检查的文件和记录中,下列哪项说法有误?（　　）

A. 材料的产品合格证书、性能检测报告、进场验收记录和复验报告

B. 后置埋件的现场拉拔检测报告

C. 饰面板工程的施工图、设计说明及其他设计文件

D. 饰面板样板件的黏结强度检测报告

17. 某装饰工程是单位工程的分部工程,分部工程质量验收合格应符合下列规定（　　）。

A. 质量控制资料应完整

B. 所含单项工程的质量均应验收合格

C. 主要功能项目的抽查结果应符合相关专业质量验收规范的规定

D. 观感质量验收应符合要求

18. 某吊顶工程检验批完工后,需要组织验收,关于检验批验收组织的说法,正确的是（　　）。

A. 由施工单位专业工长组织　　　　B. 由总监理工程师组织

C. 由施工单位专业质检员组织　　　D. 由专业监理工程师组织

19. 建设工程质量验收应划分为单位工程、分部工程、分项工程和检验批的验收,下列关于建筑工程质量验收的程序和组织的说法中正确的是（　　）。

A. 检验批应由专业监理工程师组织施工单位项目专业质量检查员、专业工长等进行验收

B. 分项工程应由总监理工程师组织施工单位项目专业技术负责人等进行验收

C. 分部工程应由总监理工程师组织施工单位专业质量检查员、专业工长等进行验收

D. 节能工程验收时,设计单位项目负责人可不参加

三、多项选择题

1. 下列施工现场质量检查属于实测法检查的有(　　)。

A. 肉眼观察墙面喷涂的密实度

B. 用敲击工具检查地面铺贴密实度

C. 用直尺检查地面平整度

D. 用线锤吊线检查墙面的垂直度

E. 现场检测混凝土试件的抗压强度

2. 某酒店装修工程施工单位进场后,设计交底由建设单位负责组织,(　　)等单位参加。

A. 设计主管部门　　　　　　　B. 设计单位

C. 监理单位　　　　　　　　　D. 施工单位

3. 下列施工现场质量检查的内容中,属于"三检"制度范围的有(　　)。

A. 自检自查　　　　　　　　　B. 巡视检查

C. 互检互查　　　　　　　　　D. 平行检查

E. 专职管理人员的质量检查

4. 轻质隔墙工程应进行隐蔽工程项目验收的是(　　)。

A. 木龙骨防火处理　　　　　　B. 木龙骨防水处理

C. 预埋件或拉结筋　　　　　　D. 龙骨安装

E. 填充材料的设置

5. 门窗工程应进行隐蔽工程项目验收的内容有(　　)。

A. 预埋件和锚固件　　　　　　B. 隐蔽部位的防腐和填嵌处理

C. 高层金属窗防雷连接节点　　D. 人造木板门的甲醛释放量

E. 五金件

6. 有排水要求的水泥砂浆地面,在检查坡向、排水和渗漏时,可采用下列哪些方法?(　　)

A. 观察检查　　　　　　　　　B. 蓄水、泼水检验

C. 坡度尺检查　　　　　　　　D. 检查验收记录

E. 询问施工人员

7. 饰面砖工程应对(　　)隐蔽工程项目进行验收。

A. 结合层　　　　　　　　　　B. 基层和基体

C. 防水层　　　　　　　　　　D. 饰面砖吸水率

E. 施工记录

8. 装饰工程中对一般抹灰所用材料的品种和性能是否符合设计要求及国家现行标准的有关规定的检查办法有(　　)。

A. 检查产品合格证书　　　　　　　B. 进场验收记录
C. 性能检验报告　　　　　　　　　D. 复验报告
E. 施工前拿样品试用

9. 根据《建设工程质量管理条例》的规定,以下关于保修范围及其在正常使用条件下各自对应的最低保修期限的表述,正确的是(　　)。

A. 屋面防水工程最低保修期限为 5 年
B. 供热与供冷系统最低保修期限为 3 个采暖期、供冷期
C. 房间和外墙面的防渗漏工程最低保修期限为 4 年
D. 给水排水管道、设备安装和装修工程最低保修期限为 2 年
E. 房屋建筑的地基基础工程最低保修期限为设计文件规定的该工程的合理使用年限

10. 施工过程的工程质量验收中,分项工程质量验收合格的条件有(　　)。

A. 所含检验批的质量均应验收合格
B. 观感质量符合要求
C. 质量控制资料应完整
D. 所含检验批的质量验收记录应完整
E. 主要使用功能的抽查结果应符合相关专业质量验收规范的规定

11. 施工过程的工程质量验收中,分部工程质量验收合格应符合下列哪些规定?(　　)

A. 所含分项工程的质量均应验收合格
B. 质量控制资料应完整
C. 有关安全、节能、环境保护和主要使用功能的抽样检验结果应符合相应规定
D. 所含分项工程质量验收合格率超过 90%
E. 观感质量应符合要求

四、简答题

1. 简述影响建筑装饰施工项目质量的因素。
2. 简述质量检查的方法。

【技能实训】

【实训 4-7】

背景:某既有综合楼进行重新装修,共 12 层,层高 3.6 m,建筑面积 1200 m^2,施工内容为原有装饰工程拆除后的全部室内外装修,包括外墙干挂石材幕墙和涂料饰面;室内顶棚吊顶、墙面抹灰,卫生间饰面砖铺贴,楼地面地砖铺贴,裱糊与软包,内墙和天棚涂饰,门窗工程,细部工程等。

问题:

1. 按照过程控制方法,建筑工程质量验收有哪些过程?
2. 该装饰工程分部质量验收时,有关安全和功能的检测项目有哪些?
3. 该装饰工程观感质量验收包括哪些内容?

解：

1. 建筑工程质量验收分为过程验收和竣工验收。过程验收包括隐蔽工程验收，分项、分部工程验收。

2. 有关安全和功能的检测项目有：

项次	子分部工程	检验项目
1	门窗工程	建筑外窗的气密性能、水密性能和抗风压性能
2	饰面板工程	饰面板后置埋件的现场拉拔力
3	饰面砖工程	外墙饰面砖样板及工程的饰面砖黏结强度
4	幕墙工程	（1）硅酮结构胶的相容性和剥离黏结性； （2）幕墙后置埋件和槽式预埋件的现场拉拔力； （3）幕墙的气密性、水密性、耐风压性能及层间变形性能
5	地面工程	有防水要求的地面蓄水试验

3. 观感质量验收是经过现场对工程的检查，由检查人员共同做出评价。分为分部工程观感质量验收和单位工程观感质量验收。

【实训4-8】

背景：某综合楼工程拟进行装饰工程分部质量验收。

问题：

1. 装饰工程分部质量验收由谁组织？应由哪些人员参加？
2. 装饰工程分部质量验收应符合哪些规定？

解：

1. 装饰工程分部质量验收应由项目总监理工程师组织。施工、设计、建设等单位项目负责人参与验收。

2. 分部工程质量验收合格应符合下列规定：

①所含子分部工程的质量均应验收合格；

②质量控制资料应完整；

③有关安全和功能检验项目的抽样检验结果应符合相应规定；

④观感质量应符合要求。

项目六　建筑装饰施工项目成本管理

任务一　建筑装饰施工项目成本的基本概念

在建筑装饰施工项目的施工过程中,必然要发生活劳动和物化劳动的消耗。这些消耗的货币表现形式叫作生产费用。把建筑装饰施工过程中发生的各项生产费用归集到施工项目上,就构成了建筑装饰施工项目的成本。建筑装饰施工项目成本管理是以降低施工成本,提高效益为目标的一项综合性管理工作,在建筑装饰施工项目管理中占有十分重要的地位。

一、建筑装饰施工项目成本的含义

建筑装饰施工项目成本是在建筑装饰施工中所发生的全部生产费用的总和,即在施工中各个物化劳动和活劳动创造的价值的货币表现形式。它包括支付给生产工人的工资、奖金,消耗的材料、构配件、周转材料的摊销费或租赁费,施工机具台班费或租赁费,项目部为组织和管理施工所发生的全部费用支出。

在建筑装饰施工项目成本管理中,既要看到施工生产中的消耗形成的成本,又要重视成本的补偿,这才是对建筑装饰施工项目成本的完整理解。建筑装饰施工项目成本是否准确客观,对施工企业财务成果和投资者效益都有很大影响。若成本多算,则利润少计,可分配的利润就会减少;反之,成本少算,则利润多计,可分配的利润就会虚增实亏。建筑装饰施工项目成本管理的目的在于降低项目成本,对于项目成本的降低,除控制成本支出以外,还需要一方面增加预算收入,另一方面节约支出,坚持开源和节流相结合的原则。做到每产生一笔金额较大的成本费用,都要查一下有无与其相应的预算收入,是否支大于收,以便随时掌握成本节约、超支的原因,纠正项目成本的不利偏差,提高建筑装饰施工项目成本的降低水平。

二、建筑装饰施工项目成本的主要形式

为了便于认识和掌握建筑装饰施工项目成本的特性,根据建筑装饰施工项目成本管理的需要做好成本管理,将建筑装饰施工项目成本划分为预算成本、计划成本、实际成本。

（一）预算成本

工程预算成本反映各地区建筑装饰行业的平均成本水平,它是根据建筑装饰施工图由工程量计算规则计算出工程量,再由建筑装饰工程预算定额计算出工程成本。工程预算成本是构成工程造价的主要内容,是甲、乙双方签订建筑装饰工程承包合同的基础,一旦造价

经双方在合同中认可签字,它将成为建筑装饰施工项目成本管理的依据,直接关系到建筑装饰施工项目能否取得好的经济效益。所以,预算成本的计算是成本管理的基础。

(二)计划成本

建筑装饰施工项目计划成本是指建筑装饰施工项目部根据施工条件和实施该项目的各项技术组织措施,在实际成本发生前预先计算的成本。计划成本是建筑装饰施工项目部控制成本支出、安排施工计划、供应料和指导施工的依据。它综合反映建筑装饰施工项目在计划期内达到的成本水平。

(三)实际成本

建筑装饰施工项目实际成本是实际发生的各项生产费用的总和。把实际成本与计划成本相比较,可以直接反映出成本的节约与超支情况,考核建筑装饰施工项目施工技术水平及施工组织措施的贯彻执行情况和施工项目的经营效果。

综上所述,预算成本是确定工程造价的基础,也是编制计划成本的依据和评价实际成本的依据。实际成本与预算成本相比较,可以直接反映施工项目最终盈亏情况。计划成本和实际成本都是反映建筑装饰施工项目成本水平的,它受建筑装饰施工项目的生产技术、施工条件及生产经营管理水平所制约。

三、建筑装饰施工项目成本的构成

在建筑装饰施工项目施工中为提供劳务、施工作业等施工过程中所发生的各项费用支出,按照国家规定计入成本费用。建筑装饰施工项目成本由直接成本和间接成本组成。

(一)直接成本

直接成本是指建筑装饰施工过程中直接耗费的构成工程实体或有助于工程形成的各项支出,包括人工费、材料费、机具使用费和其他直接费。所谓其他直接费是指直接费以外建筑装饰施工过程中发生的其他费用,包括建筑装饰施工过程中发生的材料二次搬运费、临时设施摊销费、生产机具使用费、检验试验费、工程定位复测费、工程点交费、场地清理费等。

(二)间接成本

间接成本是指建筑装饰施工项目部为施工准备,组织和管理施工生产所发生的全部施工间接费支出,包括现场管理人员的人工费(基本工资、补贴、福利费)、固定资产使用维护费、工程保修费、劳动保护费、保险费、工程排污费、其他间接费等。

应该指出,下列支出不得列入建筑装饰施工项目成本,也不能列入建筑装饰施工企业成本,如为购置和建造固定资产、无形资产和其他资产的支出;对外投资的支出;没收的财物;支付的滞纳金、罚款、违约金、赔偿金;以及企业赞助、捐赠支出;国家法律、法规规定以外的各种支付费和国家规定不得列入成本费用的其他支出。

四、建筑装饰施工项目成本控制的意义

建筑装饰施工项目成本控制就是在施工过程中,运用必要的技术与管理手段对物化劳动和活劳动消耗进行严格组织和监督的一个系统过程。建筑装饰施工企业应以建筑装饰施工项目成本控制为中心,进行施工项目管理。成本控制的意义表现如下:

（一）建筑装饰施工项目成本控制是建筑装饰施工项目工作质量的综合反映

建筑装饰施工项目成本的降低，表明施工过程中物化劳动和活劳动消耗的节约。活劳动的节约，表明劳动生产率提高；物化劳动节约，说明固定资产利用率提高和材料消耗率降低。所以，抓住建筑装饰施工项目成本控制这项关键因素，可以及时发现建筑装饰施工项目生产和管理中存在的问题，及时采取措施，充分利用人力物力，降低建筑装饰施工项目成本。

（二）建筑装饰施工项目成本控制是增加企业利润，扩大社会积累的最主要途径

在施工项目价格一定的前提下，成本越低，盈利越高。建筑装饰施工企业是以装饰施工为主业，因此其施工利润是企业经营利润的主要来源，也是企业盈利总额的主体，故降低施工项目成本即成为装饰施工企业盈利的关键。

（三）建筑装饰施工项目成本控制是推行项目负责人承包责任制的动力

项目负责人项目承包责任制中，规定项目负责人必须承包项目质量、工期与成本三大约束性目标。成本目标是经济承包目标的综合体现。项目负责人要实现其经济承包责任，就必须充分利用生产要素和市场机制，管好项目，控制投入，降低消耗，提高效率，将质量、工期和成本三大相关目标结合起来综合控制。这样，既实现了成本控制，又带动了项目的全面管理。

任务二　建筑装饰施工项目成本管理的内容

建筑装饰施工项目成本管理是建筑装饰施工企业项目管理系统中的一个子系统，这一系统的具体工作内容包括：成本预测、成本计划、成本控制、成本核算、成本分析和成本考核等。建筑装饰施工项目部在项目施工过程中，对所发生的各种成本信息，通过有组织、有系统地进行预测、计划、控制、核算和分析等一系列工作，促使施工项目系统内各种要素按照一定的目标运行，使建筑装饰施工项目的实际成本能够控制在预定计划成本范围内。

一、建筑装饰施工项目成本预测

建筑装饰施工项目成本预测是指通过成本信息和装饰施工项目的具体情况，并运用一定的专门方法，对未来的成本水平及其可能发展趋势作出科学的估计，其实质就是将建筑装饰施工项目在施工之前对成本进行核算。通过成本预测，可以使项目部在满足业主和企业要求的前提下，选择成本低、效益好的最佳成本方案，并能够在建筑装饰施工项目成本形成过程中，针对薄弱环节，加强成本控制，克服盲目性，提高预见性。因此，建筑装饰施工项目成本预测是施工项目成本决策与编制成本计划的依据，它是实行建筑装饰施工项目科学管理的一项重要工具，越来越被人们所重视。

成本预测在实际工作中虽然不常提到，但人们往往已经在不知不觉中应用。例如建筑装饰施工企业在工程投标报价时或中标施工时往往都是根据过去的经验对工程成本进行估计，这种估计实际就是一种预测，其发挥的作用是不能低估的。但是如何能够更加准确而有效地预测施工项目成本，仅靠经验的估计很难做到，还应掌握科学的、系统的预测方法，以使其在建筑装饰施工经营管理中发挥更大的作用。

二、建筑装饰施工项目成本计划

建筑装饰施工项目成本计划是项目部对建筑装饰施工项目施工成本进行计划管理的工具。它是建立施工项目成本管理责任制、开展成本控制和核算的基础。一般来说，建筑装饰施工项目成本计划应包括从开工到竣工所需的施工成本，它是建筑装饰施工项目降低成本的指导文件，是确立目标成本的依据。

建筑装饰施工项目成本计划一般由项目部编制，规划出实现项目负责人成本承包目标的实施方案。建筑装饰施工项目成本计划的关键内容是降低成本措施的合理设计。

三、建筑装饰施工项目成本控制

建筑装饰施工项目成本控制是指在建筑装饰项目施工过程中，对影响建筑装饰施工项目成本的各种因素加强管理，并采取各种有效措施，将施工中实际发生的各种消耗和支出严格控制在成本计划范围内，随时检查调整实际成本和计划成本之间的偏差并进行分析，消除施工中的损失浪费现象。建筑装饰施工项目成本控制应贯穿施工项目从招标投标阶段开始直至项目竣工验收的全过程，它是建筑装饰施工企业全面成本管理的重要环节。

建筑装饰施工项目成本计划执行中的控制环节包括：建筑装饰施工项目计划成本责任制的落实，施工项目成本计划执行情况的检查与协调。

四、建筑装饰施工项目成本核算

建筑装饰施工项目成本核算是指项目施工过程中所发生的各种费用和形成建筑装饰施工项目成本的核算。它包括两个基本环节：一是按照规定的成本开支范围对施工费用进行归集，计算出施工费用的实际发生额；二是根据成本核算对象，采用适当的方法，计算出建筑装饰施工项目的总成本和单位成本。建筑装饰施工项目成本核算所提供的各种成本信息，是成本预测、成本计划、成本控制、成本分析和成本考核等各个环节的依据。同时，建立施工项目成本核算制是当前建筑装饰施工项目管理的中心，用制度规定成本核算的内容并按程序进行核算，是成本控制取得良好效果的基础和手段。

五、建筑装饰施工项目成本分析

建筑装饰施工项目成本分析是在成本形成过程中，对建筑装饰施工项目成本进行的对比评价和剖析总结工作，它贯穿建筑装饰施工项目成本管理的全过程。就是一方面根据统计核算、业务核算和会计核算提供的资料，对建筑装饰项目成本的形成过程和影响成本升降的因素进行分析，以寻求进一步降低成本的途径；另一方面，通过成本分析，可从账簿、报表反映的成本现象看清成本的实质，从而增强项目成本的透明度和可控性，为加强成本控制，实现项目成本目标创造条件。由此可见，建筑装饰施工项目成本分析，应该随着项目施工的进展，动态地、多形式地开展，而且要与生产诸要素的经营管理结合。这是因为成本分析必须为生产经营服务。即通过成本分析，及时解决问题，从而改善生产经营，降低成本，提高建筑装饰施工项目经济效益。

六、建筑装饰施工项目成本考核

所谓成本考核,就是建筑装饰施工项目完成后,对建筑装饰施工项目成本形成中的责任者,按施工项目成本目标责任制的有关规定,将成本的实际指标与计划、定额、预算进行对比和考核,评定建筑装饰施工项目成本计划的完成情况和各责任者的业绩,并为此给予相应的奖励和处罚。通过成本考核,做到奖罚分明,才能有效地调动企业的每一个职工在各自的施工岗位上努力完成目标成本的积极性,为降低建筑装饰施工项目成本和增加企业的积累做出自己的贡献。

综上所述,建筑装饰施工项目成本管理系统中每一个环节都是相互联系和相互作用的。成本预测是成本决策的前提,成本计划是成本决策所确定目标的具体化。成本控制则是对成本计划的实施进行监督,保证决策的成本目标实现,而成本核算又是成本计划是否实现的最后检验,它所提供的成本信息又对下一个建筑装饰施工项目成本预测和决策提供基础资料。成本考核是实现成本目标责任制的保证和实现决策目标的重要手段。

任务三　降低建筑装饰施工项目成本的途径

一、认真会审图纸,积极提出修改意见

在建筑装饰项目施工过程中,装饰施工单位必须按图施工。但是,图纸是设计单位按照业主要求设计的,其中起决定作用的是设计人员的主观意图,很少考虑为装饰施工企业提供方便,有时还可能给施工单位出些难题。因此,装饰施工企业应在满足业主要求和保证工程质量的前提下,在取得业主和设计单位同意后,提出修改图纸的意见,同时办理增减账。装饰施工企业在会审图纸的时候,对于装饰工程比较复杂、施工难度大的项目,要认真对待,并且从方便施工,有利于加快装饰施工进度和保证工程质量,又能降低资源消耗,增加工程收入等方面综合考虑,提出有科学依据的合理的施工方案,争取业主和设计单位的认同。

二、加强合同预算管理,增创装饰工程预算收入

(1) 深入研究招标文件和合同内容,正确编制施工图预算。

在编制装饰施工图预算时,要充分考虑可能发生的成本费用,包括合同内属于包干性质的各项定额外补贴,并将其全部列入施工图预算,然后通过工程款结算向业主取得补偿。

(2) 根据工程变更资料,及时办理增减账。

由于设计、施工和业主使用要求等各种原因,建筑装饰工程发生变更,随着工程的变更,必然会带来工程内容的增减和施工工序的改变,从而也必然会影响成本费用发生变化。因此,装饰施工项目承包方应就工程变更对既定施工方法、机具设备使用、材料供应、劳动力调配和工期目标等影响程度,以及为实施变更内容所需要的各种资源进行合理估价,及时办理增减账手续,并通过工程款结算从业主处取得补偿。

三、制订先进的、经济合理的施工方案

建筑装饰施工方案包括四项内容：施工方法的确定、施工机具的选择、施工顺序的安排和流水施工组织。施工方案的不同，工期、所需机具就会不同，发生的费用也不同。因此，正确选择施工方案是降低成本的关键所在，必须强调，建筑装饰施工项目的施工方案，应该同时具有先进性和可行性。如果只先进而不可行，不能在施工中发挥有效的指导作用，那就不是最佳施工方案。

四、降低材料成本

材料成本在整个建筑装饰施工项目成本中的比重最大，一般可达70％左右，而且具有较大的节约潜力，往往在人工费和机具费等成本项目出现亏损时，要靠材料成本的节约来弥补。因此，材料成本的节约是降低项目成本的关键。节约材料费用的途径十分广阔，归纳起来有如下几方面：

（1）节约采购成本——选择运费少、质量好、价格低的装饰材料供应单位。
（2）认真计量验收——如遇数量不足、质量差的材料，要求进行索赔。
（3）严格执行材料消耗定额——通过限额领料制度落实。
（4）正确执行材料消耗水平——坚持余料回收。
（5）改进装饰施工技术——推广新技术、新工艺、新材料。
（6）减少资金占用——根据施工需要合理储备各种装饰材料。
（7）加强施工现场材料管理——合理堆放，减少搬运，减少仓储和材料流失等。

五、用好用活激励机制，调动职工增产节约的积极性

（1）对建筑装饰施工项目中关键工序施工的关键施工班组要实行重奖。
（2）对装饰材料使用特别多的工序，可由班组直接承包。

 习 题

一、名词解释

1．预算成本；2．计划成本；3．实际成本；4．成本预测；5．成本计划；6．成本控制；7．成本核算；8．成本分析

二、单项选择题

1．下列一般不属于成本项目的是（　　）。
　A．直接材料　　　　B．折旧费　　　　C．直接工资　　　　D．制造费用
2．施工成本控制的步骤中，在比较的基础上，对比较的结果进行（　　），以确定偏差的严重性及偏差产生的原因。
　A．预测　　　　　　B．分析　　　　　C．检查　　　　　　D．纠偏
3．按照某种确定的方式将施工成本（　　）逐项进行比较，以发现施工成本是否已

超支。

A. 计划值与目标值　　　　　　B. 目标值与实际值
C. 计划值与考核值　　　　　　D. 计划值与实际值

4. 根据成本信息和施工项目的具体情况，运用一定的专门方法，对未来的成本水平及其可能发展趋势做出科学的估计，这是（　　）。

A. 施工成本控制　　　　　　　B. 施工成本计划
C. 施工成本预测　　　　　　　D. 施工成本核算

5. 在施工过程中，对影响施工项目成本的各种因素加强管理，并采用各种有效措施加以纠正，这是（　　）。

A. 施工成本控制　　　　　　　B. 施工成本计划
C. 施工成本预测　　　　　　　D. 施工成本核算

6. 作为施工企业全面成本管理的重要环节，施工项目成本控制应贯穿项目（　　）的全过程。

A. 从策划开始到项目开始运营　　B. 从设计开始到项目开始运营
C. 从投标开始到项目竣工验收　　D. 从施工开始到项目竣工验收

7. 遵循事前、事中、事后控制三个环节，施工成本控制的步骤是（　　）。

A. 预测—计划—控制—分析—考核　　B. 计划—分析—预测—控制—考核
C. 控制—计划—分析—预测—考核　　D. 分析—预测—计划—控制—考核

8. 在建设工程项目施工成本管理的程序中，"进行项目过程成本分析"的紧后工作是（　　）。

A. 编制成本计划　　　　　　　B. 确定项目合同价
C. 编制项目成本报告　　　　　D. 进行项目过程成本考核

9. 施工成本分析的主要工作有：①收集成本信息；②选择成本分析方法；③分析成本形成原因；④进行成本数据处理；⑤确定成本结果。正确的步骤是（　　）。

A. ①-②-④-⑤-③　　　　　　B. ②-③-①-⑤-④
C. ①-③-②-④-⑤　　　　　　D. ②-①-④-③-⑤

10. 编制成本计划时，施工成本可以按成本构成分解为（　　）等。

A. 人工费、材料费、施工机具使用费和税费
B. 人工费、材料费、施工机具使用费和企业管理费
C. 人工费、材料费、施工机具使用费和间接费
D. 人工费、材料费、施工机具使用费和措施项目费

三、多项选择题

1. 装饰工程施工成本控制的依据包括（　　）。

A. 工程量变更　　　　　　　　B. 工程承包合同
C. 工程竣工期限　　　　　　　D. 进度报告
E. 工程变更

2. 关于分部分项工程成本分析的说法，正确的是（　　）。

A. 分部分项工程成本分析的对象为已完成分部分项工程
B. 分部分项工程成本分析是施工项目成本分析的基础

C. 必须对施工项目的所有分部分项工程进行成本分析
D. 主要分部分项工程要做到从开工到竣工进行系统的成本分析
E. 分部分项工程成本分析是定期的中间成本分析

四、简答题

1. 简述建筑项目成本的构成。
2. 简述建筑项目成本管理内容。
3. 简述降低建筑项目成本的途径。

项目七　建筑装饰施工项目安全管理

任务一　建筑装饰施工项目安全管理的基本概念

建筑装饰施工项目安全管理,就是在施工过程中,组织安全生产的全部管理活动。通过对生产因素具体的状态控制,使生产因素不安全的行为和状态减少或消除,不引发为事故,尤其是不引发使人受到伤害的事故。

建筑装饰施工企业是以施工生产经营为主业的经济实体。全部生产经营活动,是在特定空间进行人、财、物动态组合的过程,并通过这一过程向社会交付有商品性的建筑装饰产品。在完成建筑装饰产品过程中,人员的频繁流动、生产复杂性和产品一次性等显著生产特点,决定了组织安全生产的特殊性。安全生产是施工项目重要的控制目标之一,也是衡量建筑装饰施工项目管理水平的重要标志。

安全法规、安全技术、工业卫生是安全管理的三大主要管理措施。安全法规也称劳动保护法规,是用立法的手段制定保护职工安全生产的政策、规程、条例、制度;安全技术是指在施工过程中为防止和消除伤亡事故和减轻繁重劳动而采取的措施;工业卫生是施工过程中为防止高温、严寒、粉尘、毒气、噪声、污染等对劳动者身体健康的危害采取的防护和医疗措施。

任务二　建筑装饰施工项目安全管理的原则

施工现场安全管理的内容,大体可归纳为安全组织管理、场地与设施管理、行为控制和安全检查技术管理四个方面,分别对生产中的人、物、环境的行为与状态,进行具体的管理与控制。为有效地将生产要素的状态控制好,在实施安全管理过程中,必须正确处理好五种关系,坚持六项安全基本管理原则。

一、正确处理五种关系

（一）安全与危险并存

安全与危险在同一事物中是相互对立和相互依赖而存在的。因为有危险,才要进行安全管理,以防止危险。保持生产的安全状态,必须采取多种措施,以预防为主,危险因素是可以控制的。

(二)安全与生产的统一

生产是人类社会存在和发展的基础。如果生产中人、物、环境都处于危险状态,生产则无法顺利进行,生产有了安全保障,才能持续、稳定地发展。

(三)安全与质量的包含

从广义上看,质量包含安全工作质量,安全概念也包含质量,互为作用,互为因果。安全第一、质量第一并不矛盾。

(四)安全与速度互为保障

速度应以安全作保障,安全就是速度。生产中蛮干、乱干,在侥幸中求得速度,缺乏真实与可靠,一旦酿成不幸,不但无速度可言,反而会延误时间。

(五)安全与效益的兼顾

在安全管理中,投入要适度、适当,精打细算,统筹安排,既要保证安全生产,又要经济合理,还要考虑力所能及。单纯为省钱忽视安全生产或单纯追求不惜资金的盲目高标准,都是不可取的。

二、坚持六项安全基本管理原则

(一)管生产同时管安全

安全寓于生产之中,并对生产发挥促进和保证作用。因此,安全与生产有时会出现矛盾,但从安全、生产管理的目标、目的来看,又表现出高度一致性。安全管理是生产管理的重要组成部分,安全与生产在实施过程中,两者存在着密切的联系,存在着共同管理的基础。

(二)坚持安全管理的目标性

安全管理的内容是对生产中的人、物、环境因素状态的管理,有效地控制人的不安全行为和物的不安全状态,消除和避免事故,达到保证劳动者的安全与健康的目的。没有明确目的的安全管理是一种盲目行为。在一定意义上,盲目的安全管理,可能纵容危害人的安全与健康的因素向更为严重的方向发展和转化。

(三)必须贯彻预防为主的方针

安全生产的方针是"安全第一,预防为主",它表明在生产范围内安全与生产的关系,肯定安全在生产活动中的位置与重要性。在生产活动中,针对生产的特点,对生产因素采取管理措施,有效地控制不安全因素的发展与扩大,把可能发生的事故消灭在萌芽状态,以保证生产活动中人的安全与健康。

(四)坚持"四全"动态管理

安全管理涉及生产活动的方方面面,涉及从开工到竣工交付的全部生产过程,涉及全部的生产时间,涉及全部变化着的因素。因此,生产活动中必须坚持"全员、全过程、全方位、全天候"的动态安全管理。

(五)安全管理重在控制

在安全管理四项重要内容中,虽然都是为了达到安全生产的目的,但是对生产因素状态的控制与安全管理目标的关系显得更直接、更为突出。因此对生产中人的不安全行为和物的不安全状态的控制,必须看作动态安全管理的重点。

(六) 在管理中求发展和提高

既然安全管理是在变化着的生产活动中管理,其管理就意味着是不断发展、变化的,以适应变化的生产活动,消除新的危险因素。然而更为需要的是探索新的规律,总结管理、控制的办法与经验,指导新的变化后的管理,从而使安全管理不断地上升到新的高度。

任务三　建筑装饰施工项目安全管理措施

安全管理是为建筑装饰施工项目实现安全生产开展的管理活动。建筑装饰施工现场的安全管理,重点是进行人的不安全行为和物的不安全状态的控制,落实安全管理政策与目标,以消除一切事故,避免事故伤害,减少事故损失为管理目的。

一、落实安全责任、实施责任管理

建筑装饰施工项目部承担控制、管理施工生产进度、成本、质量、安全等目标的责任。因此,必须同时承担进行安全管理、实现安全生产的责任。

(1) 建立、完善以项目负责人为首的安全生产领导组织,有组织、有领导地开展安全管理活动,承担组织、领导安全生产的责任。

(2) 建立各级人员安全生产责任制度,明确各级人员的安全责任。抓制度落实、抓责任落实,定期检查制度安全责任落实情况。安全组织管理制度主要包括:安全生产教育制度,安全生产检查制度,安全技术措施制度,伤亡事故报告及处理制度,职工劳动用品的发放制度等。

(3) 施工项目应通过监察部门的安全生产资质审查,并得到认可。

一切从事生产管理与操作的人员,依照其从事的生产内容,分别通过企业、施工项目的安全审查,取得安全操作认可证,持证上岗。特种作业人员除经企业的安全审查,还需要按规定参加安全操作考核,取得监察部门核发的"安全操作合格证",坚持"持证上岗"。

(4) 项目负责人负责施工生产中物的状态审验与认可,承担物的状态漏验、失控的管理责任。

(5) 一切管理、操作人员均需与项目部签订安全协议,向项目部作出安全保证。

(6) 安全生产责任落实情况的检查,应认真、详细地记录,作为分配奖偿的原始资料之一。

二、安全教育与训练

(一) 所有管理、操作人员应具有安全的基本条件与素质

(1) 具有合法的劳动手续。没有痴呆、健忘、精神失常、癫疯、脑外伤后遗症、心血管疾病、眩晕,以及不适合从事操作的疾病。没有感官缺陷,感性良好;有良好的接收、处理、反馈信息的能力。

(2) 具有适于不同层次的操作所必需的文化。

（3）必须具有基本的安全操作素质，经过正规训练、考核且劳务输入手续完备。

（二）安全教育、训练的目的与方式

安全教育、训练包括知识、技能、意识三个阶段的教育。安全知识教育使操作者了解、掌握生产操作过程中潜在的危险因素及防范措施。安全技能训练使操作者逐渐掌握安全生产技能，获得完善化、自动化的行为方式，减少操作中的失误。安全意识教育在于激励操作者自觉实行安全技能操作。

（三）安全教育的内容根据实际需要而确定

（1）新工人入场前应完成三级安全教育。

（2）结合施工生产的变化适时进行安全知识教育。

（3）结合生产组织安全技能训练，干什么训练什么，反复训练、分步验收，以达到完善化、自动化的行为方式，划为一个训练阶段。

（4）安全意识教育的内容不宜确定，应随安全生产的形势变化，确定阶段教育内容。

（5）受季节、自然变化影响时，针对由于这种变化而出现生产环境、作业条件的变化进行的教育，其目的在于增强安全意识，控制人的行为，尽快地适应变化，减少人为失误。

（6）采用新技术，使用新设备、新材料，推行新工艺之前，应对有关人员进行安全知识、技能、意识的全面安全教育，提高操作者实行安全技能操作的自觉性。

（四）加强教育管理，增强安全教育效果

（1）教育内容全面，重点突出，系统性强，抓住关键反复教育。

（2）反复实践，养成自觉采用安全操作方法的习惯。

（3）告诉受教育者怎样才能保证安全，而不是不应该做什么。

（4）奖励促进，巩固学习成果。

（5）进行各种形式、不同内容的安全教育，同时应把教育的时间、内容等清楚地记录在安全教育记录本或记录卡上。

三、安全检查

（一）安全检查的形式和内容

安全检查的形式有普通检查、专业检查和季节性检查，还可以进行定期、突击性、特殊检查。

安全检查的内容主要是查思想、查管理、查制度、查现场、查隐患、查事故处理。

（1）施工项目的安全检查以自检形式为主，是对自项目负责人至操作人员，生产全部过程、各个方位的全面安全状况的检查。检查的重点为劳动条件、生产设备、现场管理、安全卫生设施以及生产人员的行为。发现危及人的安全因素时，必须果断地消除。

（2）各级生产组织者，应在全面安全检查中，透过作业环境状态和隐患，对照安全生产方针、政策检查对安全生产认识的差距。

（3）对安全管理的检查主要包括：安全生产是否提到议事日程上，各级安全责任人是否坚持"五同时"（指在计划、布置、检查、总结、评比生产工作的同时，要计划、布置、检查、总结、评比安全生产工作）；项目部各职能部门、人员，是否在各自业务范围内落实了安全生产责

任;专职安全人员是否在位、在岗;安全教育是否落实,教育是否到位。

（二）安全检查的组织

（1）建立安全检查制度,按制度要求的规模、时间、原则、处理方式等全面落实。

（2）成立由第一责任人为首,业务部门、人员参加的安全检查组织。

（3）安全检查必须做到有计划、有目的、有准备、有整改、有总结、有处理。

（三）安全检查的准备

进行安全检查前,必须做好充分的准备工作,其内容主要包括思想准备和业务准备。

（1）思想准备。发动全员开展自检,自检与制度检查相结合,形成自检自改、边改边检的局面。

（2）业务准备。确定安全检查目的、步骤、方法。成立检查组,安排检查日程。分析事故资料,确定检查重点,把精力侧重于事故多发部位和工种的检查。规范检查记录用表,使安全检查逐步纳入科学化、规范化轨道。

（四）安全检查方法

常用的安全检查方法有一般检查方法和安全检查表法。

（1）一般检查方法。常采用看、听、嗅、问、查、测、验、析等方法。

看:看现场环境和作业条件,看实物和实际操作,看记录和资料等。

听:听汇报、听介绍、听反映、听意见或批评、听机械设备的运转响声等。

嗅:对挥发物、腐蚀物、有毒气体进行辨别。

问:对影响安全的问题详细询问,寻根问底。

查:查明问题、查对数据、查清原因、追查责任。

测:测量、测试、监测。

验:进行必要的实验或化验。

析:分析安全事故的隐患、原因。

（2）安全检查表法。

这是一种原始的、初步的定性分析方法,它通过事先拟订的安全检查明细表或清单,对安全生产进行初步的诊断和控制。安全检查表通常包括检查项目、内容、回答问题、改进措施、检查措施、检查人等内容。

四、作业标准化

按科学的作业标准规范人的行为,有利于控制人的行为,减少人的失误。

（1）制定作业标准,是实施作业标准化的首要条件:

①采取技术人员、管理人员、操作者三者结合的方式,根据操作的具体条件制定作业标准。坚持反复实践、反复修订后加以确定的原则。

②作业标准要明确规定操作程序、步骤。

③尽量使操作简单化、专业化,尽量减少使用工具、夹具的次数,以降低操作者熟练技能或注意力的要求,使作业标准尽量减轻操作者的精神负担。

④作业标准必须符合生产和作业环境的实际情况,不能使作业标准通用化。不同作业条件的作业标准应有所区别。

(2)作业标准必须考虑到人的身体运动特点和规律,作业场地布置、使用工具设备、操作幅度等,应符合人体工程学的要求。

(3)作业标准训练的方法:

①训练要讲究方法和程序,宜以讲解示范为先,符合重点突出、交代透彻的要求。

②边训练边作业,巡检纠正偏向。

③先达标、先评价、先报偿,不强求一致。多次纠正偏向,仍不能克服习惯操作、操作不标准的,应得到负报偿。

五、正确对待事故的调查与处理

事故是违背人们的意愿,且又不希望发生的事件。一旦发生事故,不能以违背人们的意愿为理由,予以否定。关键在于对事故的发生要有正确认识,用严肃、认真、科学、积极的态度处理好已发生的事故,尽量减少损失。同时采取有效措施,避免同类事故重复发生。

(1)对各类事故应认真查处,坚持事故原因未查清不放过、责任人员未处理不放过、整改措施未到位不放过、有关人员未受教育不放过的"四不放过"原则,不仅要追究事故直接责任人的责任,同时要追究有关负责人的领导责任。

(2)事故处理程序如下。

①事故报告:发生事故后,以严肃、科学的态度去认识事故,实事求是地按照规定要求报告。不隐瞒、不虚报、不避重就轻对待事故。

②事故调查分析:a.积极抢救负伤人员的同时,保护好事故现场,以利于调查清楚事故原因,从事故中找到生产因素控制的差距。b.分析事故,弄清发生过程,找出造成事故的人、物、环境状态方面的原因。c.分清造成事故的安全责任,总结生产因素管理方面的教训。

③事故处理:根据事故处理意见进行事故处理。

(3)安全教育和事故整改:以事故为例,召开事故分析会进行安全教育;采取预防类似事故重复发生的措施,并组织彻底的整改;采取的措施完全落实。

习 题

一、名词解释

1. 安全检查;2. 安全教育;3. 安全事故

二、单项选择题

1. 安全性检查的类型有(   )。

A. 日常性检查、专业性检查、季节性检查、节假日前后检查和不定期检查

B. 日常性检查、专业性检查、季节性检查、节假日后检查和定期检查

C. 日常性检查、非专业性检查、节假日前后检查和不定期检查

D. 日常性检查、非专业性检查、季节性检查、节假日前检查和不定期检查

2. 安全检查的主要内容包括(   )。

A. 查思想、查管理、查作风、查整改、查事故处理、查隐患

B. 查思想、查作风、查整改、查管理

C. 查思想、查管理、查整改、查事故处理

D. 查管理、查思想、查整改、查事故处理、查隐患

3. 关于事故的等级,以下表述错误的是(　　)。

A. 重大事故,是指造成 10 人以上 30 人以下死亡,或者 50 人以上 100 人以下重伤,或者 5000 万元以上 1 亿元以下直接经济损失的事故

B. 较大事故,是指造成 5 人以上 10 人以下死亡,或者 10 人以上 50 人以下重伤,或者 1000 万元以上 5000 万元以下直接经济损失的事故

C. 一般事故,是指造成 3 人以下死亡,或者 10 人以下重伤,或者 1000 万元以下 100 万元以上直接经济损失的事故

D. 等级划分所称的"以上"包括本数,所称的以下不包括本数

4. 建设安全事故发生后,事故现场有关人员应当立即报告(　　)。

A. 应急管理部门　　　　　　　B. 建设单位负责人

C. 劳动保障部门　　　　　　　D. 本单位负责人

5. 装饰施工中,需在承重结构上开洞凿孔,应经相关单位书面许可,其单位是(　　)。

A. 原建设单位　　　　　　　　B. 原设计单位

C. 原监理单位　　　　　　　　D. 原施工单位

6. 三级安全教育是指(　　)。

A. 业主、监理、项目部　　　　B. 企业、项目、班组

C. 项目经理、安全员、班组长　D. 安监站、监理公司、施工企业

7. 下面关于工程项目安全生产责任体系的说法,正确的是(　　)。

A. 工程项目的第一责任人是项目负责人

B. 工程项目的第一责任人是企业法人代表

C. 工程项目的第一责任人是专职安全员

D. 工程项目的第一责任人是企业职能部门负责人

三、多项选择题

1. 生产安全事故调查和处理应做到"四不放过",具体是指(　　)。

A. 事故原因不查清楚不放过

B. 事故责任者和从业人员未受到教育不放过

C. 事故责任者未受到处理不放过

D. 没有对受害者进行赔偿不放过

E. 没有采取防范事故再发生的措施不放过

2. 下列施工的形式中属于经常性安全教育的有(　　)。

A. 事故现场会　　　　　　　　B. 安全生产会议

C. 上岗前三级安全教育　　　　D. 变换岗位时的安全教育

E. 安全活动日

3. 企业员工的安全教育的主要形式有(　　)。

A. 特种作业人员的安全教育　　B. 新员工上岗前的三级安全教育

C. 改变工艺和变换岗位安全教育　D. 经常性安全教育

E. 事故现场安全教育

四、简答题

1. 简述安全管理内容。
2. 简述六项安全管理基本原则。
3. 简述安全检查的形式和内容。
4. 简述"四不放过"原则。
5. 项目安全管理中可采取哪些措施？
6. 常用的安全检查方法有哪些？

项目八　建筑装饰施工项目绿色施工与环境管理

绿色施工是指在工程建设中,在保证质量、安全等基本要求的前提下,通过科学管理和技术进度控制,最大限度地节约资源和减少对环境负面影响的施工活动,实现节能、节地、节水、节材和环境保护。

任务一　施工项目绿色施工原则

一、绿色施工原则

(1)减少场地干扰,尊重基地环境。
(2)节约水资源。
(3)节约电能。
(4)减少材料损耗。
(5)合理利用可回收资源。
(6)减少环境污染,提高环境品质。

二、绿色施工措施

(1)与业主、设计方等共同确定哪些区域将被保护、哪些植物将被保护,并明确保护方法;在满足施工、设计和经济方面要求的前提下,尽量减少清理和扰动面积,尽量减少临时设施、减少施工用管线。
(2)通过监测水资源的使用,安装小流量的用水设备和器具;在可能的情况下,利用雨水和废水等措施减少施工用水量。
(3)通过监测电能的使用,安装节能灯具和设备,利用声光控制照明灯具,采用节电型施工机具;合理安排施工时间,降低用电量,节约电能。
(4)通过更仔细的采购方式、合理的现场保管措施减少材料的二次搬运次数;完善操作工艺,减少浪费,增加摊销材料的周转次数,提高材料的使用效率。
(5)加大资源和材料回收利用和循环利用。
(6)加强对施工现场的粉尘、污水、废气、噪声、光污染监控和监测以及检查工作。

任务二　施工项目环境保护

工程施工中产生的大量灰尘、噪声、有毒有害气体、废物等会对环境品质造成严重影响，也有损于现场人员、使用者及公众的健康。施工现场环境保护是保证人们身体健康，消除外部干扰、保证施工顺利进行的需要，也是现代化大生产的客观要求，是国家和政府的要求，是施工企业的行为准则。

一、做好施工现场环境保护

施工现场环境保护主要采取如下措施。

（1）实行目标责任制。

把环保指标以责任书的形式层层分解到有关部门和个人，列入承包合同和岗位责任制，建立环保自我监控体系，项目负责人是环保工作的第一责任人，是施工现场环境保护自我控制的领导者和责任者，要把环境保护政绩作为考核各级领导的一项重要内容。

（2）加强检查和监控工作。

加强检查和监控工作，主要是加强对施工现场粉尘、噪声、废气的监控和监测以及检查工作。

（3）对施工现场的环境要进行综合治理。

综合治理重点包括三方面：一是要监控；二是要会同周边单位协调环保工作，齐抓共管；三是要做好宣传教育工作。

（4）严格执行国家法律、法规，制定相关技术措施。

（5）积极采取防止大气污染的措施。

对于水泥、木材、瓷砖的切割粉尘等，采用局部吸尘、控制污染源等方法解决。

（6）积极采取措施防止噪声污染。

通过控制和减弱噪声源，控制噪声的传播来减弱和消除危害。

二、施工中对污染源的控制

装饰施工中的污染源主要有水泥、木屑粉尘、机械设备运转噪声、有毒气体等。

（1）粉尘的控制：主要是水泥粉尘、木屑和瓷砖切割时飞起的碎屑等。在施工中设置必要的吸尘罩、滤尘器和隔尘设施，可有效地防止粉尘的飞扬和扩散，同时还可回收粉尘再利用。

（2）噪声控制：主要是减弱噪声源发出的噪声和控制噪声的传播。从改革工艺入手，以无声的工具代替有声的工具，如用液压机代替锻造机、风动铆钉机等来减弱设备运转的噪声；对发生噪声的设备质量、频率和振幅等进行必要的限制或控制使用间歇；通过采取消声措施，来控制噪声的传播。

（3）有毒气体和废弃物的排放控制：建筑装饰工程中，使用涂料和油漆较多，使用中会挥发有毒物质，主要是苯的浓度在局部范围内较大，危及现场及周边人员的身体健康。为此,需要采取综合性预防措施,使苯在空气中的浓度下降。

废弃物,主要是各种液体装饰材料的残渣、残液、废水以及固体包装物、废弃物、下脚料等。要进行分类和妥善处理,不能在环境中吸收、消化的要送垃圾处理场,同时,可以进行加工回收和再利用。废水废液的遗弃要经过消毒处理,不能直接排放,以免造成地下水源的污染或向环境中散发有毒气体。

习 题

一、单项选择题

1. 下列施工现场防止噪声污染的措施中,最根本的措施是(　　)。
   A. 接收者防护　　　　　　　　B. 传播途径控制
   C. 严格控制作业时间　　　　　D. 声源上降低噪声

2. 关于建设工程施工现场环境保护措施的说法,正确的是(　　)。
   A. 工地茶炉不得使用烧煤茶炉
   B. 经无害化处理后的建筑废弃残渣用于土方回填
   C. 施工现场设置符合规定的装置用于熔化沥青
   D. 严格控制噪声作业,夜间作业将噪声控制在 70 dB(A)以下

3. 根据《建设工程施工现场环境与卫生标准》,施工单位采取的防止环境污染技术措施中,正确的是(　　)。
   A. 施工现场的主要道路进行硬化处理
   B. 施工污水有组织地直接排入市政污水管网
   C. 采取防火措施后在现场焚烧包装废弃物
   D. 废弃的降水井及时用建筑弃物回填

二、简答题

1. 简述绿色施工原则的内容。
2. 装饰施工中的污染源有哪些?如何进行控制?

参考文献

[1] 任雪丹,曹雅娴.建筑装饰装修施工组织设计[M].2版.北京:北京理工大学出版社,2023.
[2] 任雪丹,王丽.建筑装饰装修工程项目管理[M].北京:北京理工大学出版社,2021.
[3] 张萍.建筑装饰施工组织与管理[M].北京:北京邮电大学出版社,2010.
[4] 冯美宇.建筑装饰施工组织与管理[M].4版.武汉:武汉理工大学出版社,2018.
[5] 张长友.建筑装饰施工与管理[M].2版.北京:中国建筑工业出版社,2004.
[6] 危道军.建筑施工组织[M].4版.北京:中国建筑工业出版社,2017.
[7] 吴琛,熊燕,王小广.建筑工程施工组织[M].2版.南京:南京大学出版社,2022.
[8] 闫超君,毕守一.建设工程进度控制[M].合肥:合肥工业大学出版社,2009.
[9] 王胜明.土木工程进度控制[M].北京:科学出版社,2005.
[10] 全国一级建造师执业资格考试用书编写委员会.建设工程项目管理[M].北京:中国建筑工业出版社,2023.
[11] 全国一级建造师执业资格考试用书编写委员会.建筑工程管理与实务[M].北京:中国建筑工业出版社,2023.